金属の歴史

学問・技術・社会

山部 恵造

けやき出版

金属の歴史
学問・技術・社会

まえがき

　この本は、金属の歴史について書いてあります。
　同時に、金属「以外」の科学・技術および社会一般の歴史についても書きました。歴史は一つ一つの事実だけでなく関連する背景・時代などもよく見ることが重要だといわれているからです。
　例えば、パリのエッフェル塔は「錬鉄」で組み立てられています。ところが同年に架けられたスコットランドのフォース橋は「平炉鉄鋼」製です。材料の細かな成分などは別として、そこに込められた建設者の狙いは何だったのでしょうか。「平炉」鉄については年表にちょっと書いてありますが「イギリス商務省」の認可直後です。ひょっとするとフォース橋のために認可したのかも知れません。
　もう一つ、科学史上重要問題の一つは天動説・地動説ですが、それはどんな時代に起こったことでしょうか。そもそもコペルニクスが在学した1490年代のクラクフ大学で、すでにコロンブスの"大陸発見"が注目されていました。その後、遊学したイタリアでは、ダ・ヴィンチ、ミケランジェロ、ラファエロ達が活躍していました。そしてレギオモンタヌスの「アルマゲストの要約」を手に入れています。もちろん、鉱山・冶金・ポンプの発達、ビリングチオ・アグリコラの基盤的生産、メディチ家による金融の発達、ヨーロッパの物資の大規模な流通、などの経済の活性化が、ルネサンスを支えていたのです。これが地動説の時代背景だったのです。
　このように考えると年表一つでさまざまな歴史が見えてきます。

　また、年表はどんなふうに見られるのでしょうか。
① もちろん第一は、事柄が何年に起こったかでしょう。
② そして、上述のようにどんな社会情勢の中で起こったことなのかです。
③ 興味深いことは、関連する他の学問・技術との関連です。

④　さらに、同じ学問における系統的なつながりです（系譜）。
⑤　逆のつながりですが、どのような論争を経て結論にいたったかも興味深いことでしょう。
⑥　また、物の伝わり方。「紙漉き」の方法は中国の唐から751年に出て、イギリスには1494年という長期間を経てやっと届いています。途中にどんなドラマがあったのでしょうか。墨で書く紙と印刷する紙はどこで分かれたのでしょう。

これからも勉強して「論争史」や個別の歴史も考えたいと思っています。

この本の構成はちょっと複雑です。

第1部は、第1章「金属の技術と理論」が「宇宙の始まりから『鉱山』まで」から始まります。この宇宙全体を視野に入れています。

第2章「一般の技術と学問」は「『最古』の人類と『道具』」からです。道具と人間に注目しています。

そして、第3章「社会・経済・政治」は「人類誕生の偶然性と進化」から始まります。文字通り偶然から人類が始まったことです。

以上は西暦紀元までです。

第2部は、西暦紀元後で、こちらは年表形式です。ページ見開きで「金属の技術と理論」「一般の学問」「一般の技術」「社会・経済・政治」の4列で構成されています。

この時、第二と第三の欄の割り振りには「適当」なところがあります。例えば、古くは「医療」だったものが、そのまま「医学」につながっている、など、欄の制限なく広い"年表"も作ってみたいと思っています。

また4つの欄に納まらない事項や、一部主観的な配置もあります。出来るだけその時代を広く見ていただきたいと思います。なお、年代については、研究、特許、発売…いろいろの年代が考えられるので余裕を

もって考えて下さい。

　時代区分は通常のもと異なり、「古代（続き）」「中世」「ルネサンス」「産業革命」「帝国主義」「第二次世界大戦終結後」「21世紀」としました。このほうが政治・経済に先だって進むからです。

　それにしても現在、武器・兵器にも金属が多く使われ残念です。「死の商人」はやめさせたいものです。「武器はみんな捨てろ」の歌を思い出さずにはいられません。

　参考文献に挙げなかったものも含め多くの書物に助けられ感謝しています。

　全体にまだまだ取り上げるべき重要な事項があるかも知れません。また内容の誤読・認識不足・誤りも多々あるのではないかと思われます。どうぞ、ご批判、ご叱正のほどをよろしくお願いいたします。

　いつもながら、けやき出版の皆さんにはいろいろお世話になりました。特に年表本の「索引」項目の多さは格別で、この点からも心からお礼を申し上げます。

　最後に、妻の山部美登里には世界史についてさまざまな参考意見をもらいました（責任は著者）。

2016年1月1日

エッフェル塔の「鉄鋼のレースあみ」(山部)

夕暮のフォース橋遠景(山部)

目　　次

まえがき…2

第 1 部　宇宙の始まり～B.C. 1 年

第1章　金属の技術と理論

1 - 1　宇宙の始まりから「鉱山」まで…10

1 - 2　金属への関心、有用性の発見…15

1 - 3　磁石との出会い…16

1 - 4　金属製錬の始まり…17

1 - 5　古代の金属に関するその他の記述…19

1 - 6　「鉄」製錬の歴史…19

1 - 7　日本への金属器の渡来…25

1 - 8　金属技術者の位置…28

1 - 9　技術・科学・技術学…28

1 - 10　金属技術史で割愛した事項…30

1 - 11　「鉄」は「特別」！…30

第2章　一般の技術と学問

2 - 1　「最古」の人類と「道具」…33

2 - 2　石器の発達と「技術論」…33

2 - 3　人間の認識の発達…39

2 - 4　「技術学」から「科学」へ…41

2 - 5　古代オリエントの技術と科学…42

2 - 6　インドの技術と科学（紀元後も一部含む）…44

2 - 7　中国の技術と科学（紀元後も一部含む）…45

2－8　ギリシアの技術と科学…49
　　2－9　年表…56

第3章　社会・経済・政治
　　3－1　人類誕生の偶然性と進化…58
　　3－2　石器時代の社会生活…59
　　3－3　地球環境と人類社会…63
　　3－4　定住と農耕への動き…64
　　3－5　巨石文化の時代…69
　　3－6　文字の始まり…70
　　3－7　音楽・舞踊…74
　　3－8　金属器の登場による社会変化…74
　　3－9　その後 紀元前後まで…75

第　2　部　年表と解説
　第1章　古代（続き）…ゆっくり・着実に歴史は進む…82
　第2章　中世…「暗黒」時代ではない…88
　第3章　ルネサンス…花さく時代の足下は…106
　第4章　産業革命…労働者・資本家 二大階級の成立…120
　第5章　帝国主義…技術者・科学者も雇い切られる…136
　第6章　第二次世界大戦終結後…戦争は残っているが大義名分を失う…160
　第7章　21世紀…残存勢力はいずれ歴史から…176

索　引…180
あとがき…218

鉄のたたら炉
壁の向こうが炉、手前はてんびんふいご（『日本山海名物図会』）

第 1 部
宇宙の始まり〜B.C. 1 年

第1章　金属の技術と理論

　金属の「もと」をたどっていくと、鉱山から地球の構造・成因を考えることになり、さらに原子・分子の「もと」…。結局はやはり「宇宙の始まり」から考えることになります

1－1　宇宙の始まりから「鉱山」まで

(1)　宇宙の始まり（137億年前）は、現在の天文・宇宙論では、巨大な「エネルギー」があるだけで、原子も分子も存在しませんでした。その「エネルギー」から、原子・分子が生まれ、そして銀河の大集団や、多くの天体が生まれ、地球上の岩石・鉱山も生まれてきました。まずそこまでを見ていきましょう。

　宇宙の始まりは、「宇宙論」として<u>目まぐるしい時間変化</u>の中で考察されています。

　巨大な「エネルギー」から、超微細な（10^{-35}m）「ヒモ（紐）」、さらには次元の異なる「マク（膜）」などから考察が始まります。

「137億年前：宇宙の始まり」
　宇宙の始まりからの時間

↳　10^{-44}秒後～10^{-36}秒後	「超ヒモ理論」段階。量子重力的効果で生まれたミクロ宇宙。この段階で「重力」が分岐し始める（第1の相転移）。それが熱エネルギーに変換され膨張
→　10^{-36}秒後～10^{-32}秒後	インフレーション段階。急激な指数関数的膨張によって「時間・空間」もない状態から虚数の時間をくぐってトンネル効果により、マクロな宇宙になる

　　　　　　　　　　　　　　　（「強い力」が分岐、第2の相転移）

- → 10^{-32}秒後～10^{-11}秒後　大爆発：ビッグバン。真空のエネルギーは解放され、「火の玉宇宙」となる（←重力項の減少による）。同時にインフレーション段階の真空の量子的ゆらぎは宇宙の構造の種となる
- → 10^{-11}秒後～10^{-6}秒後　ヒッグス段階（つまり「質量」もない「超高温」状態）（「電磁力と弱い力」が分岐、第3の相転移）
- → 10^{-6}秒後～1秒後　「クォークとグルオン」状態
- → 1秒後～3分後　「軽元素とレプトン」状態
- → 3分後～　「水素と電子のプラズマ状態」
- → 38万年後～　「原子」の創成！「宇宙の晴れ上がり」

　すなわち、宇宙創世から38万年後。

　宇宙温度が約3000k以下になると、原子核と電子の結合が可能になり、水素・ヘリウム原子が誕生。すなわち原子はここで生まれます。

　同時に、空間を飛び廻っていた電子が原子核に捕獲されたので、光子が自由に飛べるようになります。これを「宇宙の晴れ上がり」といいます。

　現在地球から見える「最も遠い光（電波）」がこれです。実際にはドップラー効果で絶対温度3kの電波として見えています。これを「宇宙マイクロ波背景放射（CMB）」といい、ペンジアス・ウイルソンの偶然の大発見（年表1965年「学問」）。その後の、COBE衛星（年表1989年「学問」）、WMAP衛星（年表2001年「学問」）などによって精密・かつ詳細に観測され、宇宙の始まり・ビッグバンなどが一層詳しく研究されるようになりました。

(2)　やっと金属が現れる！

　しかし、この後の「宇宙」はしばらく「観測」が出来ません。そこま

で届く望遠鏡がないのです。

　ところが本当は、宇宙創成後1億年以前に、宇宙で最初の「天体」が出来たと考えられ、これを「宇宙第1世代天体」といっています。その天体での核融合反応により、鉄までの元素が生まれるのです。金属の誕生です！

　しかしそれ以上の元素は、これらの天体が600万年程度経つと起こる超新星爆発により宇宙に放射された物質によるものです。こうしてその後の宇宙の物質進化・銀河形成が始まります。

　すなわち、質量の大きな星で核融合により<u>鉄までの元素</u>が生成され、超新星爆発などの繰り返しで、<u>鉄以上の重元素</u>が形成されたと考えられています。

　現在見えるもっとも遠い銀河は宇宙の始まりから8億年たった状態で、そこまでの間が「宇宙暗黒時代（ミッシングリンク）」といわれています。それ以後は、大型望遠鏡で観測可能です。「晴れ上がり」に近い天体からいうと、ギャップの後、まず「超銀河団」「銀河団」「銀河群」（以上を「大規模構造」という）、そして「銀河」「恒星」「惑星」の世界に、金属を含め原子・分子が広がっているわけです。

(3) <u>地球上での動き</u>

　<u>ここからは現在から遡った年代順にします。</u>

　（ⅰ）　今から46億年前（宇宙創世から91億年後）：太陽系の形成が始まります。多くの天体で観測される様々な恒星系の誕生と同様、星間物質の集合、中心になる恒星（太陽）、惑星の赤道面集合などの過程を経て、水星・金星・地球・火星を「内惑星」に、木星と土星などを「外惑星」に構成されます。内惑星は岩石から出来た惑星で、外惑星はガスあるいは氷のようなものです。

　そして殆ど同時に、地球の形成も始まります。

　（ⅱ）　地球に対しても、まだ周りの星間物質から多くの隕石が衝突していました。地球自身も灼熱状態で、地球の半径が現在の1/2ぐらいか

ら、数億年後半径が今ぐらいになるまでが「マグマオーシャン」の時代で、密度の大きい金属すなわち鉄やニッケルが地球の中心に（コア）、珪酸質マントルが地球の表面に二相化しますが、地球内部の熱もあって対流も激しかったようです（今もマントル対流として続いています）。

（ⅲ）　地球は今も中心部が固体（内部コア）、すぐ外に液体（外部コア）の二つがコア部分を作り、その外にマントルが取り囲んでいます。内部コアと外部コアの間には、自転に伴って電流が発生し、これが「地磁気」の源になっています（ダイナモ理論）。実は、磁気コンパスで方位を計ったり、太陽風から地球を「守ったり」、オーロラを輝かせたり…、地上の様々な生態系に大きな影響を与えているのです。

（ⅳ）　また大きな事件は、太陽系形成から5000〜1万年後頃に、火星と同じくらいの彗星が衝突し、月が出現したということです。まだまだ大量の彗星が衝突し続けており、非常に大きなものが、地球に「めり込んで」地球を破壊し、一部分を「月」として持っていったというのです。地球自体も軟らかかったのでしょう。これをジャイアント・インパクトといっています。

（ⅴ）　しかし地球の岩石についても 46億年から40億年まではミッシングリンクだといわれていますが…

　　44億年前：地球外つまり彗星によるものらしいジルコンが発見がされています（年表1986年「学問」）。一部分に陸と海があった。
　　40億年前：地上で発見されている最古の岩石（カナダ北部アカスタやグリーンランド南部の片麻岩）がこの時代です。
　　25億年前：太古代：浅い海にはシアノバクテリア（ラン藻類）が活動を始め光合成による酸素も増え、地表の鉄イオンと結合し

て酸化鉄を作り出しました。オーストラリア西部のシャーク湾では今も大量のシアノバクテリアと砂泥が層になったストロマトライトが見られます（2価の鉄は溶融して溶け、3価の鉄は沈殿しました）。

　これが、縞状「鉄鉱石」の形成で、引き続く大・小の大陸変動、地球大洋の状態、地殻変動を経て来たものが現在の鉄鉱石なのです（現在日本では、オーストラリア、ブラジル、ロシア、中国などから「縞状鉄鉱石」が輸入されています）。

20億年前以後：大陸の衝突も繰り返され（ヌーナ・ロディニア・ゴンドワナ・パンゲア）、地殻の変動も激しく続いています。

5億年前：全地球凍結（スノーボールアース）現象。

約6500万年前：巨大隕石衝突（メキシコ・ユカタン半島）：生物の大量絶滅。および、隕石衝突の衝撃で、イリジウムが地球上に拡散しました（年表1980年アルヴァレス）。

　こうした地球上の大変化の上に、大きくは大陸移動、造山運動をはじめ隆起、沈降、褶曲、断層、火山、地震などの変化を受け「鉱山」が形成されます。

　その時の状況は次のように考えられます。

① 地球の進化過程で表面を形成するケイ酸塩に集まりやすいもの
アルカリ金属、アルカリ土類金属、B, Al, 希土類, C, Si, Ti, Zr, Hf, Th, V, Nb, Ta, Cr, W, など

② 地球表面から1200～2900kmの硫化物に集まりやすいもの
Cu, Ag, Zn, Cd, Hg, Ga, In, Tl, Pb, As, Sb, Bi, S, Se, Te, など

③ 地球最深部の鉄層に集まりやすかったもの
Fe, Co, Ni, Ru, Pd, Os, Ir, Pt, Au, Re, Mo, Ge, Sn, など（「金属」Vol.70 p.1023）

(4) <u>日本の鉱山</u>

　さていよいよ現実の「鉱山」ですが、とりあえず日本の鉱山を見てみ

ましょう。日本の主要金属鉱山（志賀美英「鉱物資源論」）です。
　黒鉱鉱床：青森、秋田、岩手、山形など
　　　　　　　銅・鉛・亜鉛・金・銀
　接触交代鉱床：岩手、福島、埼玉、岐阜、福井、島根、山口など
　　　　　　　銅・鉄・鉛・亜鉛・銀・コバルト・錫
　層状含銅硫化鉄鉱鉱床（キースラーガー）：北海道、岩手、茨城、岡山、高知など
　　　　　　　銅・鉛・亜鉛・鉄
　鉱脈鉱床：北海道、秋田、宮城、新潟、茨城、奈良、京都、兵庫など
　　　　　　　金・銀・水銀・鉛・亜鉛・銅・タングステン・アンチモン・クロム・ヒ素
　勿論多くの鉱石は輸入されています。

1-2　金属への関心、有用性の発見

　長い石器時代の間に、全く偶然に「金属」も目にはしていたでしょう。しかしやはりある程度の後、約10万年前ホモ・サピエンスになってから、「飾り物」に関心が出るような時代になって初めて金属への関心も芽生えたのではないでしょうか。

　そして、同じ固体ではあるが、叩いても割れないで、強い力を加えると変形し、光沢がある、などと認識されていたでしょう。それには一種の「神秘性」もあったことでしょう。そういう「固体の一群」が金属だったのです。

　金属（metal）の語源はギリシア語の $\mu\varepsilon\tau\alpha\lambda\lambda o\upsilon$（鉱山、採石場）あるいは $\mu\varepsilon\tau\alpha\lambda\lambda\alpha\omega$（捜索する、詮索する）だといいます。

　これらの中で最初は、天然の金属や合金の利用・活用から始まったのでしょう。全くの好奇心だったのか、いやもうすでに何らかの用途も考えられていたのかも知れません。

　天然・自然の金属としては、銅、金、銀、鉄などがあったと考えられます。銅と金の利用はどちらが早かったかについては諸説ありますが、

見つかる量の多さからは前者に、目だって珍重される点からは後者に支持が挙がるでしょう。なお、「古代の、あるいは超歴史的」金属といって、金、銀、銅、鉄、錫、鉛、水銀、アンチモンなどをいうこともあります。これはもうかなり認識の進んだ後の段階でしょう。

<u>考古学的発掘資料に依存する</u>この時代の金属の歴史は、<u>発掘・研究の進展と共に遡る</u>ことが予想されます（以下「技術の歴史」シンガー、「人と金属のあゆみ」原などから）。大まかな年代として次のように考えられています。

  自然「銅」の利用：B.C.8000〜6000年頃から（イラン・トルコ高原）（原）
    6千年紀〜4500年頃から（ドナウ下流域）
  自然「鉛」の利用：B.C.6500年頃トルコから
  自然「金」の利用：B.C.4500年頃から（エジプト、メソポタミア）
  自然「鉄（隕鉄）」の利用：B.C.4400年頃から（イラン：テペ・シアルク）
  自然「銀」の利用：B.C.4000年頃から

利用の中には、細工などの加工、いささかの加熱処理も含まれます。

鉄を除き、金などのように、「天然の金属」と様々な工夫を凝らして「鉱石から」手に入れたものとの間には区別のつきにくいものもあるようです。鉄も「隕鉄」と「鉄」には組成的な差もあり同列には考えられませんが、「隕鉄」はそれはそれとしての利用法があったのかも知れません。

1-3 <u>磁石との出会い</u>

金属と似ていますが少々変わった「石」との出会いに<u>磁石</u>があります。おそらく磁鉄鉱がなんらかの原因で磁化され鉄を<u>引きつけたこと</u>から不思議な石として、珍しくも、神秘的なものとしても認識されたでしょう。

その後、ずっと後になって、<u>一定の方角を向く指極性</u>、さらに鉄の線

を磁石で撫でるとその線も磁石になるという着磁性などが次第に知られていったことでしょう（1－5 B. C. 240年、年表A. D. 80年以降記述多い）。

1－4　金属製錬の始まり

「金属の製錬」は、おそらく長期にわたる試行錯誤の結果だったでしょう。

ただ、「火」を十分に制御していたであろうこと、土器や陶器の製造にも習熟していたであろうことが考えられます。というのは、金属の製錬は土器の焼成にからむ偶然の発見からの様々な工夫の積み重ねにあったと思われるからです。

焼成炉に含まれていた鉱石成分や、たまたまかけられていた釉薬の中にあった金属成分が、高温において金属すなわち「銅」になるなどのこともあったのではないかと思われます。

この時、鉱石の多くが、酸素、硫黄との化合物である場合には、熱源であり還元剤にもなる木材・炭素が「偶然の好都合」であったかも知れません。一説によれば、化粧品として使われていた緑色の「孔雀石」（$Cu_2(OH)_2CO_3$）は火中で銅の小さい「玉」になる例が述べられています。

鉱山としては小アジアのアルメニア、エラム、キプロス島（銅の語源cuprum）などがありました。

銅より力の強い「青銅」への歩みはいろいろな偶然もあり、はっきりしません。銅と錫の混じった鉱石だったのだろうとか、理由は分かりませんが銅と錫の割合だけははっきりしていたとかです。しかし割合がはっきりしたのはもっと新しいことでしょう。やはり最初は試行錯誤だったに違いありません。

「鉄」の製錬は、銅や青銅とは全く異なり、「てごわい」ものでした。鉱石としては、平地や山の割合表面的な鉱石、沼鉄鉱、海岸の砂鉄、などとして十分にあったのですが、もちろん最初はそういう「鉄鉱石」で

あることも分かってはいませんでしたが…。

そもそもの初め、地球上には多くの「鉄鉱石」が不純物も含めて「多量に」あって、さまざまな方法で「試行錯誤」され「なんとかならないか」という状態だったのではないかと思われます。次に述べるようにヒッタイトで鉱滓が発見されたのと、中国の炭素の多い「鉄鉱石」の違いはやはり「鉱石」自体の差だろうと思われます。

すでに農耕の時代（B.C.1万年頃）になっており、磨製石器の「鎌」から「銅か青銅」の鎌になる用途も開けていたのではないでしょうか。金属の種類別に述べます（年代はすべてB.C.）。

銅　4500頃：採掘・製錬（おそらく酸化銅鉱からの還元）・加工：ハンガリー、ブルガリア、チェコスロバキア（原）

　　4000〜3500頃：メソポタミア（山岳地帯）（原）

錫　3000頃：錫石と酸化銅鉱から青銅：メソポタミア、次いでエーゲ海周辺（原）

　　3000〜2000頃：北アジア青銅器文化：アンドロノヴォ（天山アルタイ北麓）（原）

　　1500頃：錫石から錫の生産

　　1400頃：中国に青銅

銀　2800頃：銀と鉛の精錬（方鉛鉱から）

鉄　鉄は「貴重品」。鉄鉱石からすぐには鉄になりません。繰返し繰返し鍛錬して少量のものが「鉄」になります。

　　2500頃：貴重品としての「鉄」：「鉄の値段は金の8倍」（カッパドキア文書：キュテルペ）

　　1300頃：表面滲炭硬化鋼：少数例として、アナトリア、パレスチナ、クレタ、ミケーネ（クレタでは焼入れ・焼戻しをしている）

　　1250頃：鉄の初歩的生産：「良質の鉄はキズワトナでは…切らし

ています。…鉄を生産するには悪い季節なのです。…」
(キズワトナ文書)：ヒッタイト帝国ハットゥシリシュ

1200〜1000頃：ヒッタイト帝国の崩壊と鉄技術者のイラン、トランス-コーカシア、シリア、パレスチナ、キプロス、コーカシア、クレタへの拡散

次いで、一方でイタリア、他方でギリシアとバルカンへ

850頃：西ヨーロッパの鉄器時代（ハルシュタット：ケルト人）も始まる

500頃：アフリカ中南部「バンツー系」の人たちが「製鉄」をはじめ、樹林帯を移動しながら民族移動を始める。この鉄の由来については諸説あるが、鉄は伐採のためで「製鉄業」にはならなかった

1-5　古代の金属に関するその他の記述（B.C.）

B.C.1500頃：遺跡から保存用の水銀：エジプト

1500頃：ふいご（「火吹き竹」でなく足踏み式）文献初出（エジプト）

950頃：アンチモンとアンチモン青銅：ティフリスとクバン川（コーカサス北側）

400頃：酸化鉄の木炭製錬：マガダ（西ベンガル）。インドでは「るつぼ法」の鋳鉄が古く、アレクサンドロスに鋼塊15kgを献上とも

4c頃：アリストテレスによれば：黒海南岸で砂鉄製錬

300頃：混汞法（アマルガム法）による金の採取と金メッキ（ローマのテオフラストスの記述）

240頃：「指南針」の記録

1-6　「鉄」製錬の歴史

鉄の重要性を考えて少し詳しく通時的に見てみましょう。

(1) 鉄については、B.C.2500年頃から文献に見えますが、これは非常に貴重な少量の例だったのではないかと思われます。B.C.17世紀の鉄滓がアラジャホユック博物館にあると大村幸弘氏の本に見えます。2005年の分析ではB.C.18世紀ともいわれています（年表2005年「金属」）。B.C.1250年の記述では「鉄を生産するには悪い季節…」と「季節風」と「炉」の関係のように聞こえます。

エジプトとヒッタイトの大きな戦争である、カディッシュの戦い（B.C.1280年）は、双方が「勝利」したと文献にあるそうですが、その勝敗とともに鉄器が用いられたことで知られています。しかし、どの程度の量だったかははっきりしません。フォーブスによれば、国王とその親衛隊ぐらいしか鉄器を持っていなかっただろうといっています。時代が下がっても鉄の利用には大きな困難が続いていました。以下にその経過を述べます。

① 鉄の融点が高い（1536℃）のが何よりの困難のもとでしたが、古代の人達はもちろんそれを知るよしもありません。しかし「金属」は温度を上げると軟らかくなるので、まずその方向を目指したのでしょう。

② 最初は、温度を出来るだけ上げて見ると少しずつ「じゃまなもの」が除かれていきます。しかし全部ではなく、どうしても「鉄」らしいものになりません。「青銅」などとも違っています。なんとかならないかと考えたことでしょう。

そこで、不純物などの混じっているものを、固いものの上に置き、温度も上げながら、何度も「鍛造」して次第に「鉄」らしいものが出来ることにも気付いたのでしょう。試行錯誤です。そして「鍛錬」の度合いとともに次第に良質なものが出来るようになってきたのでしょう。その後もいろいろな工夫があったでしょうが、基本的には同様な製法が続きました。

古代の鉄は今のところヒッタイト帝国といわれています。黒海の南岸から東岸、あるいはカスピ海南岸などともいわれています。前述のヒッタイト王の手紙（キズワトナ文書）もそれを示しています。

1-6 「鉄」製錬の歴史

　そのうちに、出来た鉄を急冷すると鉄が一層硬くなる「焼き入れ」や、その後にもう一度温度を上げる「焼き戻し」などの「熱処理」法が会得されたのかも知れません。みんな試行錯誤の「たまもの」です。

　一団の兵士達や農民に鉄を供給するのは、どんなにか多くの人力、あるいはエネルギーが費やされたことでしょう。想像を絶する努力です。

(2)　ところが「洋の東西を問わず」という言葉がありますが、中国ではB.C.513年に「鉄製の刑鼎に刑書を鋳込んで」いました。つまり「熔けた鉄」が得られていたのです。恐らく炭素分の多い鉱石だったのではないかと思いますが、同時に発達していた青銅技術の影響、特に製陶炉の影響も大きく1300℃近い高温が得られたのだ（龍山文化）といいます。「ふいご」の工夫など送風技術の違いも大きく影響していたのでしょう。

　フォーブスも「すでに鋳鉄が発明されていた中国から砂漠の路を経てローマ帝国に届いていた可能性はある」といっています。

　高校用の年表でもB.C.600年頃に「鉄器の使用しだいにひろがる」とあります。これがヒッタイトからのものとは、炭素量から考えても考えにくく、やはり中国独自のものではないかと思います。

　前々節「バンツー系」の人達を見ても、アフリカ起源説を採る人達はアフリカでの鉱石が地表面から採取されたものであることを指摘しています。

　かなりの民族がさまざまな方法で鉄を利用していたのではないでしょうか。

　鉄は「ヒッタイトから」というのは中東やヨーロッパでのことで、それだけではないことがいえると思います。

　その後中国の鉄は、

　　500頃：白銑鋳造
　　500頃：塊錬鉄（スポンジ鉄）を鍛成（杜）
　　450頃：中炭素鋼（0.5-0.6 C）の刃物
　　450頃：白心靭性鋳鉄（鋳鉄脱炭鋼）
　　450頃：黒心靭性鋳鉄製作（杜）

4〜3c：可鍛鋳鉄：農耕具特に鋤刀の金属化（鋤の先端にあり土を持ち上げ掘り返す部分）
　250頃：塊錬鉄から滲炭鋼
　　2c頃：「炒鋼法＝撹煉法＝パドル法」（次頁(4)項参照）が始まり鋼の種類も量も大いに増える（ヨーロッパでは18世紀）
　5〜1cに書き継がれた「管子」には探鉱・採鉱術の記述
　3〜1c：炉の種類も海綿鉄炉、円形高炉、地下高炉、製鋼炉、炒鋼炉、共融炉と増え、容量も増大。また送風法も最終的には水力駆動の皮袋ふいごに（杜他、原）

　こういう状況で大いに発展していたようです。時代がずっと過ぎて、A.D.1637年の「天工開物」には、生鉄（銑鉄）と熟鉄（鍛鉄）を連続して生産する技術が述べられています（その後の中国の技術と科学は、ヨーロッパとは異なる「封建性」の中で先進的な技術と科学は抑圧され、資本主義化も圧迫され、そこへ資本主義列強の中国侵略がわざわいしたといわれています）。

(3)　さて、14〜16世紀になって、いわゆる「竪型炉（シュティク・オーフェン。得られる鉄塊がまだ「固体」なので付いた名前）」や、高さが人間の何倍もある「熔鉱炉」（ホッホ・オーフェン、ブラスト・ファーネス）が、ライン川河口付近やジーゲルラントで始まります。それが15世紀末にはイギリスにまで達し、ロンドン近郊のウィールドの森やセバーン川下流のディーンの森に広がって行きます。しかし、16世紀いっぱいでこれらの森の木は木炭に使用されてしまい、大きな問題になりました。

　水車動力で「ふいご（鞴）」の風力を大きくしますが、出来るのはやはり半熔融状態の鉄で（ルッペとか、サラマンダーといっています）、やはり夾雑物を搾り出す鍛造作業を繰り返して鉄にしていました。もちろん場合によっては銑鉄になったこともあったかも知れません。中には銑鉄が硬くて脆いので使い物にならないと捨ててしまったという話もあります。

(4) そこで次に人間が試みたのは「反射炉での撹拌」です。それまでも反射炉は銅や青銅の精錬で使われていましたが、燃料である木炭や後には石炭が、直接金属に触れないので都合が良く、熔鉱炉からの鉄を反射炉に入れ、大気の酸素で炭素を抜き、その上で鍛造・圧延に使える「鉄」にしようというのです。

「撹拌炉（パドリング）」といって反射炉の横合いから鉄棒を差し込んで、熔鉱炉からの鉄を入れて撹拌します。「脱炭」が進むと温度も粘度も上がるのでますます困難になり、非常に厳しい労働だったことでしょう。こうして「炭素」を減らしたのです。

(5) さてこの間、高炉（ブラストファーネス）の燃料が、木炭から石炭へ、そしてコークスへと進歩したのは大きな発展でした（1709年ダービー（父）、1735年ダービー（息子））。後には錬鉄・鋼・鋳鉄の精錬にもコークスが使われるようになります。また、1760年には J. スミートンが水車を使った送風装置で高炉の容量を大きくしました。後に18世紀末には蒸気機関になります。

こうした進歩にも支えられながら、1775年（1783年とも）に開発された「撹拌」と「圧延」の生産体系があります。これは「撹拌炉」に続いて「圧延」によって板にするもので、圧延量を変えながら製品にするものです。これは「圧延」工程のエネルギーで「精錬」工程を進めようというわけです。圧延は板だけでなく「溝ロール」で絞ることもありました。こうして出来たのが「錬鉄」でこの工程をヘンリー・コートの方法といいます。エッフェル塔も錬鉄でした（1889年）。

イギリスでは「反射炉－圧延法」などで鉄を「沢山」造り、産業革命の素材的要請に応えました。機械の多くはどんどん「鉄」になり、さらに「機械を造る機械」も鉄になっていったからです。鉄道、鉄橋などなども鉄になりました。

(6) 溶鉱炉からは「溶けた鉄」も出るようにはなっていたのですが、それをどう利用すべきかは、やっと1856年「転炉」法と、1863年「平炉」法が発明され、「銑鉄」を溶融状態で「熔鋼」すなわち「鋼」に転換出

来るようになったのです。

　H. ベッセマーの転炉は、「反射炉内で温度が上昇する」ことに気付いたことによるようです。しかし、鉱石中の「燐」が多い地方では失敗。その他の地方では成功でした。

　平炉は、P. É. マルタン（仏）とイギリスに帰化していた W. シーメンスの開発です。高炉の排ガスを利用して、平炉の底に入れ複数個作った炉で蓄熱／放熱を繰り返し、非常な高温を得ました。さらにマルタンの耐熱材と「屑鉄」の再利用が役に立ちました。平炉は多いに発展し、20世紀前半は平炉が全盛でした。

　しかし転炉も平炉も「燐」が除去出来ず、撹拌炉の温度（1300℃）を超えると「燐」は鉄鋼（1600℃）に戻ってしまうのです。これは炉の内張りが「珪酸」などの「酸性」の内張りのためです。これを解決したのが1879年 S. G. トーマス（英）です。石灰とマグネシア（ドロマイト）、耐火煉瓦をクリンカー化し、水ガラス（タール）で煉瓦を焼くことなど「苦心」の開発でした。

　この「内張り」と石灰を入れた「鉱滓」そして「あと吹き」の三つが「塩基性製鋼法」です。この時出来る副産物が「燐を含んだ優れた農業肥料」となりました。

(7)　一方「鉄」を巡る理論的な研究もありました。その先駆が1722年パリアカデミー紀要に出た「鉄を鍛えて鋼にする方法」（浸炭鋼・可鍛鋳鉄について）です。R. A. F. レオミュールは、1751年から産業技術の集大成"技術と産業の記述（デスクリプション）"を刊行し始めました。彼はまだ「銑鉄」「鍛鉄」「鋼」を十分区別出来ませんでしたが「もう一歩」というところでした。

　ここからイギリス以外のヨーロッパ大陸で様々な理論が交わされます。

　1781年にスウェーデンの T. O. ベリマンが鍛鉄・鋼・銑鉄の差は炭素量であるとし、湿式分析の残渣が炭素であることを突き止めました。

　次いで1786年には、フランスのG. モンジュ、C. L. C. ベルトレ、C. A.

バンダモンが、製鉄を酸化・還元理論で明確化しました。

また1823年には同じフランスの、J. R. ブレアンが「亜共析・共析・過共析」の関係について理論を発表します。

1873〜78年には有名なJ. W. ギブス（米）が相律（年表 1876年「金属」参照）を発表します。

1885〜87年にはF. オスモン（仏）が $\alpha \cdot \beta \cdot \gamma$ 鉄という「鉄の変態」を発見。

1897年にはW. C. ロバーツ=オーステンが Fe-C状態図を発表。

1900年にはH. W. B. ローゼボーム（オランダ）が 相律を適用しFe-C状態図を確定します。こうして「鉄-炭素系」の状態図に到達したのです。

これらの成果は後述の年表部分にちりばめられています。

1−7　日本への金属器の渡来

B. C. 300年頃。日本に青銅器・鉄器が同時に伝来（稲作も伝来：弥生文化）。その後A. D. 3世紀までに道具は殆どが鉄器となります。

その際製錬された地金が、青銅器、やや遅れて鉄器と伝わってきたと考えられています。

青銅器はその後、日本でも作られ、鋳型や鉱滓も出土しています。鏡・銅剣・銅鉾・銅鐸などが、場所によっては備蓄されていたと見えて大量に出土しています。しかしこれらは祭器用で鉄器のように大きな影響を与えなかったようです。

その他の金属について簡単にいうと、金、銀、銅、鉛、錫などは、多くの場合、単独にではなく「灰吹き」「南蛮絞り」などを基本とした作業で相互に分離して得られ、日本の方法は小規模ながら一定の水準に達していたようです。労働の組織も、山先（探鉱）・寸甫（掘進：古くは大工・金名子）などの技術者、そして坑外運搬・破砕・選鉱・焼鉱などに分化していきました（「技術の社会史　2」有斐閣）（年表16世紀「金属の技術と理論」）。

鉄についていえば、生鉄（ずく：鋳鉄）、鉄鋌（てってい：鍛鉄）などの半製品で、刃物は殆ど鉄でした。鍛冶（加工）技術も技術者が持って来たのでしょう。その後次第に進歩し、地金を輸入し、日本で加工したことも考えられます。鉄は、武器・鎌・鋤・斧などの実用に使われるものが殆どです。

① 　鉄を日本でも生産しようというのは7〜8世紀で、海の砂から採取しているようです（年表704年）。次いで山（平地）からも採っています（年表820年）。いずれも砂鉄精錬でしょう。砂鉄からどのようにして「品位」を上げたのかは難しく、困難な仕事だったことでしょう。「鉄」というものに対する強い願望があってのことだと思います。

② 　炉は谷間を吹き上げる風による立型炉とか、原始的なふいごによる長方形炉とかでしょう。季節による「季節風」などをうまく利用したかも知れません（キズワトナ文書の「鉄を生産するには悪い時期なのです（今は風が良くない）」を想起します）。出来る鉄はもちろん半溶融で、その後繰り返し鍛造・圧延されたに違いありません。

③ 　年表ではかなり早くに「たたら吹き」（905年）が出てきますが、この「たたら」は原始的なものだったのではないでしょうか。風を送ることはもともと重要でしたが。

　なお、群馬・埼玉・茨城・神奈川などの製鉄遺跡が9世紀をピークとしており9〜10世紀の鉄製品の価格の下落は、需要との兼ね合いであって、中国産地からの流通だけではないといわれています。

　私事にわたりますが、1970年頃乗鞍高原鈴蘭の山裾で、「かなくそ」が沢山あるのに驚いたことがありました。いろいろな場所にあるもののようです。

④ 　大きな変化は、鉄鉱石の「品位」を上げるために「鉄穴流し（かんな（な）がし）」（一種の比重選鉱）が用いられるようになったことです（1610年）。そして同時に「屋内」の「たたら」に移行したことです（1690年頃）。この二つは関係があると思います。

⑤ 　すなわち、山砂から、長い「とい（樋）」を通す「比重選鉱」は

「長さ」に依存します。結果は、80〜90％の非常に「高品位」の砂鉄が採れたそうです。平地から山へ「山師」の誕生です。

　屋内に入った「たたら」は「高殿」とも呼ばれ、一種神聖な「山師」しか近寄れないものでした。「たたら」は、たたらの平面から3m程度掘り返して何層もの基礎部分を作り、そこには「小舟」という特別に乾燥させた空隙や、何重もの木炭と土の壁が作られます。炉底・地下構造・炉本体の作りは慎重で、簡単に「置いた」ものではありません。途中には「ふいご」から数10本（！）もの「木呂（きろ）」という羽口を作って炉内の温度の均一性に注意しています。そこへ数々の発展を遂げ「ふみふいご」「てんびんふいご」と変化してきた風を強力に送風します。この「ふいご」は炉の状態に沿って自由に「加減」が出来るのです（p.19参照）。

　還元剤には、大量の木炭が使われました。

⑥　砂鉄原料を選んで3種類の製品が出来ます。

　（ⅰ）「まさ（真砂）」を使った「けら（鉧）押し」では鉱滓を含んだ固体の鋼が得られ、これを分割・選別して高級な鋼にしました（炭素量＝0.8〜1.5）（和鋼・刃金・錬鋼という人もいます）。

　「たたら」は一回ごとに壊され、続いて使う場合も炉底のほとんど全体から作り直します。

　（ⅱ）「あこめ（赤目）」からは「ずく（銑）押し」で溶融鋳鉄が得られました（炭素量＝3.5〜3.8）（和銑という人も）。

　（ⅲ）「ぶげら（歩鉧）」は「けら」の最初に出てくる「銑鉄」などを使って、さらに半溶解・脱炭して鍛え（炭素量＝0.1〜0.15）、鍛冶作業に供され日常的なものに使われていました（和鉄・錬鉄とも）。

⑦　「たたら」製鉄は明治維新まで続き、1894年釜石鉱山田中製鉄所のコークス高炉に追い越されますが、その後も長く続きました。もっとも鉄そのものの需要が社会全体として少なかったともいえるでしょう。

　幕末・明治維新には国防のために需要も増えますが、先進的な藩や一部に限られ、国としても跛行的な様子が見られました。

⑧　明治維新を過ぎて鉄の需要も出てきますが、なかなか全般的にはならず、やっと国家予算で出来た八幡製鉄所（1901年）も最初は十分機能せず、1904年になってやっと順調に伸びていきました。

　第二次世界大戦の後、高度成長期に日本の製鉄は大いに成長しました。

1－8　金属技術者の位置

　さて、金属技術者は、高温を扱うので危険でもあり、特殊な技術者（鍛冶屋・山師）によって行なわれていくようになってきます。金属が社会にとって重要だとなってくると、一方では卑しめられつつ他方で重要視され、食料の生産に参加しない一定数の技術者をその共同体が養っていたわけです。すなわち社会の構成員が必要とする量以上の食料生産が可能な生産力を持つ段階に達していたわけで、これはすでに階級社会の段階だったでしょう。

　古代においてこの金属技術者集団は、王、祀祭者、祈祷師に次ぐ高位に位置したようです（ブリタニカ「技術史」）。

1－9　技術・科学・技術学

(1)　「技術」の「概念規定」についてはいろいろな説がありますが、私は1930年代に日本で確立された「労働手段の体系」説をとっています。

　それは、石器という「最も原始的」な「道具」からして、人間から離れた「非有機的、客観的なもの」だからです。

　また、現実の技術がからむ社会的諸問題、原発事故・環境問題・その他の事故などの原因を明確にし、解決の方向をはっきりさせるのに役立つかどうかも「技術論」としては重要です。原発事故・公害・環境問題・その他の事故の原因はさまざまですが、問題の原発や工場設備や機械すなわち「労働手段の体系」が企業や国家機関の所有物で、その人達の裁量に任されており、自由に使えるものであることがしばしばです。

事故や環境問題では、早く操業を停止させることが重要で、一方企業は使い続けようとします。

このような状況にある「労働手段の体系」を技術と規定するのです。決して操作している技術者の責任や能力ではなく、彼らを指揮・監督している企業が「儲け」や「国家の威信」のために無理な使い方をさせるからなのです。

よく知られている技術の概念規定に「人間実践における客観的法則性の意識的適用」という説もあります。しかしこれでは技術がいつも技術者につきまとって、問題が起こると技術者の責任というにとどまってしまいます。もちろん「強度偽装」のようなモラルの問題もありますが、現在問題となっている「杭打ち偽装」は明らかに三井不動産から設計施工、1次下請け、2次下請けという構造が、コスト優先・安全軽視・納期厳守などを生んだもので決して技術者のせいではありません。こうして多くの場合、前述のように技術者の責任を問うだけでは解決になりません。そこがこの説の欠陥です。

(2) ただ、「客観的法則性の意識的適用」ということ自体は大切なことです。実はこれは「技術学的労働」そのものなのです。「技術学的労働」というのは、素朴にいえば「なぜかは分からないが、こうすればうまくいく」という、しかし客観的な、法則（規則）です。ある薬が全く別の症状にも効果があるとか、新しい材料を作るのに、別の材料を下敷きにする（新SK鋼がMK鋼を下敷きにしたように）などということです。これを「技術学的労働」といいます。

さて、技術は今述べたように労働手段の体系という物的存在ですが、科学と技術学は認識活動（とその記録）です。この二つを混同しないことが重要です。

また、「科学」の研究対象は、自然のままの物質や現象ですが、「技術学的労働」の対象は、一度人間の手にかかった労働手段、古くは石器、金属器、現代では鉄鋼材料、機械設備、化学プラントなどです。

そして、技術学は、自然科学・社会・人文科学と一部分重なり合いな

がら、一応独自の（広義の）科学で、「技術科学」と呼ばれることもあります。

1−10　金属技術史で割愛した事項

　探鉱、採鉱（坑道・補強・換気など）、選鉱、鉱石、前処理、還元剤、添加剤、加熱法、送風、鋳造、鍛造・圧延、加工、合金化、用途など。シンガー「技術の歴史 2」p.474 表 3 には後期鉄器時代までのここに挙げた一部の事項が表になっています。

1−11　「鉄」は「特別」！

　鉄は金属の中でも特別です。

(1) 日本文学の古典でよく知られた徒然草（つれづれぐさ）（卜部（吉田）兼好著。1330年頃）の第122段で人の才能に触れていますが、「多能は君子の恥づる処なり。…金（こがね）はすぐれたれども、鉄（くろがね）の益多きにしかざるがごとし」と述べています。

　また、江戸時代の哲学者三浦梅園は「價原」という書物（安永2年（1773年））で、次のように述べています。「五金（金銀銅鉛鐵）の内にては、鐵を至宝とす。銅これにつぐ。鉛これにつぐ。如何となれば、鐵は其價廉にして、其用広し。民生一日も無くんば有るべからず」というのです。

　梅園は優れた「経済論」として「價原」を書きましたが、「玄語」という思索的な書物で、「反観」の説を唱え、「本当に条理の条理たるところは、反のうちに合一を知ることである」と弁証法の考えを述べています。

(2) 「鉄は民主的な金属」といっているのは、イギリスの科学史家 S. リリーです（「増補版 人類と機械の歴史」）。「青銅は、少数の職人が少数の富める階級のためにぜいたく品を生産する工具に主に使われた。…（製錬の）複雑な技術が習得されると、鉄は多くの有利さをもたらし

た。第一に、それはたいていの目的にとって青銅よりすぐれた金属である。第二に、その鉱石は地球の表面にはるかに広く分布しているので、やっかいな運輸と交易なしに入手出来た。最後に、鉄は青銅よりずっと安く生産出来る。ついに金属がひろく農民たちの手に渡るようになり、農業の生産性をひじょうにたかめた（文章短縮）」。

(3)　さて、100以上ある元素の中で、鉄・コバルト・ニッケル・（低温で）ガドリニウムだけが強磁性体です。鉄は770℃にいわゆるキュリー点を持ち、それ以下では強磁性、それ以上では非磁性です。

　いま、鉄の温度を室温から上げてゆくと、磁性（飽和磁化）はゆっくり弱くなり、770℃でゼロになります。磁気変態の間中と最終段階では比熱が大きくなり、全体として融解のエネルギーに匹敵するぐらい大きいといわれています。

　じつは鉄の「体心立方格子（bcc）」という結晶構造は、周期律上の規則性からは「稠密六方格子（hcp）」ではないかといわれます。そういえば鉄に存在する「焼き入れ」すなわち「マルテンサイト」や、「トルースタイト」「パーライト」「ソルバイト」をはじめ、恒温変態、「オーステンパー」「マルテンパー」などなどの各種熱処理も独特です。ここにも「鉄」の不思議がみえます。

　もし770℃の磁気転移がなかったら、鉄鋼としての強度も生まれず、金属材料でこれほどの重要性は持てなかったでしょう。鉄は「強磁性」という特別の性質でもって「ますます特別な不動の位置」を占めるようになったのです。

(4)　鉄の特別な重要性は考えてみるといろいろな点で特別です。前述の「鉄原子核の安定性（第1章1－1（2））」と共に、金属中で鉄の占める「位置」にはいろいろな不思議としかいえないものがあります。

　こうして、「金属の王」。鉄という字を「鐵」と書いて「金（かね）の王なる哉（かな）」とも読まれているのもむべなるかなというわけです。

参考文献
1　宇宙の始まりについては
　「宇宙論　Ⅰ、Ⅱ」　佐藤勝彦他　日本評論社
　「物質の宇宙史」　青木和光　新日本出版社
　「鉄学　137億年の宇宙誌」　宮本英昭他　岩波書店
2　地球上の変化については
　「地球全史スーパー年表」　日本地質学会　岩波書店
　「『地球科学』入門」　谷合稔　ソフトバンククリエイティブ
　「鉱物資源論」　志賀美英　九州大学出版会
3　金属への関心を巡っては
　「技術の歴史　2～9」　筑摩書房
　「フォーブス　古代の技術史　上」　平田寛　朝倉書店
　「人と金属のあゆみ」　原善四郎　アグネ技術センター
　「鉄を生みだした帝国」　大村幸弘　NHK出版
　「中国科学技術史　上・下」　杜石然他　東京大学出版会
　「技術の社会史　1～3」　三浦圭一他　有斐閣
　「鉄の語る日本の歴史　上・下」　飯田賢一　そしえて
　「たたら製鉄の復元とその鉧について」　たたら製鉄復元計画委員会　日本鉄鋼協会
4　技術論・技術者
　「現代技術と技術者」内「技術とは何か」　山崎俊雄　青木書店
　「マルクス主義哲学」内「技術学の方法」　山崎俊雄　青木書店

第2章　一般の技術と学問

2-1　「最古」の人類と「道具」

　この章は金属「以外の」技術と学問（科学）を考えます。

　人類が地球上に現れてからの話です。人類誕生については「社会・経済・政治」の項を見てください。ここでは原始的な技術から始めて、その後の壮大な技術と科学の一端を考察します。

　人類は約800万年前、「直立・二足歩行」することで、チンパンジー・ゴリラ・オラウータンなどの類人猿と分かれました。

　現在までに見つかっている最古の化石人骨は、エチオピア・アワシュで発見された アルディピテクス・ラミダスで、約440万年前の猿人であるとされています。アルディピテクスは「地上の猿」・ラミダスは「ルーツ」の意味です。

　アルディピテクス・ラミダスは、足の骨の形から、ナックル歩行（チンパンジーのように前肢の指関節を地面につけて歩くこと）はしていませんでしたが、樹上生活も多かったようです。しかし、「直立・二足歩行」は遠くまで見渡せ、危険な猛獣への用心にも、食物の在り処を探すにも便利でした。

　ただ、アルディピテクス・ラミダスは、自分自身の体力と、有り合わせの石や木の棒を使って、食物を得るとともに他の動物と競い合い、折れ合いながら生き延びてきました。この段階ではまだ「道具」は作っていませんでした。「人類は道具を作る動物である」とはいえなかったのです。この過渡期（約200万年！）を「曙石器時代」ともいいます。

2-2　石器の発達と「技術論」

　その後、約230万年を経て初めて「石器」を作り始めます。石器時代は、旧石器時代がほとんどです（230万年前から約1万年前ぐらいま

で）。石器の種類を「文化」と呼ぶ習慣があり一応それに従いました。

またここで、道具の本質について考えておきましょう。

人類の歴史では、「道具」の始めは「石器」です。「木器」もあったでしょうが、殆ど残りません。長い「石器時代」を経て「金属」の時代になりますが、「道具」というものについては変わりません。

そもそも「道具」は、自分の身体的能力をより強く、大きく、便利にするものですが、「道具」自体は「石器」にしろ「投げ槍」にしろ、土地を耕す「犂」にしろ、全て「非有機的」です。すなわち「身体」そのものではなく、対象と自分の間において使うものです。「技術」を「労働手段の体系」と規定する大きな理由がここにあります（「金属の技術と理論」1-9参照）。

一方、「道具」によってその目的達成の水準が限定されるので、「技術」は「歴史の測距儀」ともいわれます。「何を作ったかではなく、何で作ったかが重要である」ともいわれるのはそのためです。最古の道具遺跡は石器で、人類の歴史は「曙石器時代」を除いて、「石器時代」から始まることになります。

2-2-1　ホモ・ハビリス段階

① 礫石器（オルドヴァイ文化）

さて人類が始めて作った石器が「礫石器（れきせっき）」です。作ったのがホモ・ハビリス（ホモ属の始まり。ハビリスは「器用な人」の意）でした（年表1986年「技術」参照）。手に持った石（道具）で、他の石を欠き「道具」を作ったのです。始めはただ石の一部を欠いただけの石器ですが、礫石器は同時に剥片がこぼれ落ちます。これで他の猛獣が残した肉を削いだのでしょう。残った石を石核といい、それをさらに砕いて尖った部分で作ったものをチョッパーといいますが、最初は決まった形はありませんでした（木村 p.78）。

当時いた別の猿人（パラントロプス属）は、ボイセイやロブスタスでしたが、彼らは手に入りやすい食物、草食で（これを「低コスト-低リ

ターン」と名付けます)、ハビリス達はどちらかというと他の動物の食べ残しなどで栄養価の高い、手に入れにくい動物の骨髄や肉(こちらが「高コスト-高リターン」)を食べていたようです。大きな石で骨を砕いて骨髄を食べたり、また礫石器の破片は肉を削ぐのに役立ったことでしょう。パラントロプス属は死に絶えますが、ホモ・ハビリスは生き延び、種を保って、現在の人間社会に至るまでの基礎を築いてきたのでした。

2-2-2　ホモ・エレクタス段階
② 握り槌石器(アシュール文化)

　新たな種であるホモ・エレクタスが、約180万年前に登場します。ホモ・ハビリスから進化するに従い石器も進化し、アシュール型になったようです。

　ホモ・エレクタスは、初めてアフリカから出て世界に広がりました。第一回目の「出アフリカ」です。しかし「出アフリカ」はもっと古く、礫石器時代だったかも知れないという説もあります。

　アシュール型は、礫石器の石核をさらに加工して「握り槌」(ハンドアックス)の形にしたものです(木村 p.101)。動物の骨や角などの「ソフトハンマー」を使って細かい細工をすることもあったようです。ホモ・ハビリス以上に多くの動物の肉を食べていたようですが「毎日採集、時々狩猟」という「地味」な生活だったようです。アフリカや中近東でのことです(ヨーロッパについては後述)。

③ チョッパー、チョッピングツール

　同じホモ・エレクタスが、アジア・東南アジアに来てからは、チョッパー、チョッピングツールという石器を使いました(木村 p.103)。チョッパーは片面から打撃して刃部を作った石核石器。チョッピングツールは両面から打撃したものです。同時に小型の剥片石器も多く見付かっています。森林の多い自然環境の違いから、こういう石器の方が便利だったのでしょう。

④　クラクトン文化（チョッパー、チョッピングツール）

　ホモ・エレクタスがヨーロッパへ北上したかどうかが不明で、80万年を過ぎないとヨーロッパでは完全な遺跡がありません。そこでは、握り槌以外に、クラクトン文化（チョッパー、チョッピングツール類似？）が発見されています。東南アジアとかなり異なった環境で、同じようなものが発見されたのは興味深いことです。

2－2－3　ホモ・ハイデルベルゲンシス段階

　約70万年前、新しい体格のホモ・ハイデルベルゲンシスが現れますが、アシュール文化から新しい石器文化への変化は人間の進化にやや遅れて現れます。

　ヨーロッパ、アフリカ、アジアの集団にはそれぞれ特徴があり、各地でエレクタスから進化した可能性があるようです。次の時代から逆に見ると、（ⅰ）ネアンデルタールに進化した者（ヨーロッパ）、（ⅱ）アフリカではホモ・サピエンスに、（ⅲ）アジアでもホモ・サピエンスに（アジア的に）進化した者があるようです。既にかなりの「人種的」な違いが見えるのではないでしょうか。

　毎日狩猟の日々、すなわち例えば馬の追い込み猟。魚・貝の採取。マンモス猟とその骨による住居などの文化が見られます。

　実は、約20万年前、ホモ・ネアンデルターレンシスという人種が現れます。ところが、約３万年前に突然消滅します。その前にホモ・サピエンス（後述）からシャテルペロン文化（後述）を真似ていたのですが、また一定の文化水準にもあったのですが…。何故かわかりません。

⑤　ムスティエ文化（中期旧石器時代：20万年前から４万年前まで）

　石器の作り方に「未来予測性」が出てきます。まず石核の形を整え（調整石核技法）、打撃方向を垂直に採りやすくし、その周囲から整った剥片を採ります。打撃も木や骨などのソフトハンマーも使いました。

　これが「円盤技法」でその代表が「ルバロワ技法」です。すなわち、

作った剥片を「ルバロワ剥片」、さらに、縦に長く打ち欠いた剥片を「ルバロワポイント」といいます。

　文化の名前としてはこれを「ムスティエ文化」といいます（木村 p.144～146）。

　後期旧石器時代にも引き継がれる「複数工程後に製品とする」という認識力の進歩が出ています。

⑥　北アフリカでは「つまみ」のある石器を作り、それを木に矢尻（鏃）として装着し狩りをしていたようです。これを「アテール文化」といいます。

⑦　中央アフリカでは、重量感のある「サンゴ文化」が栄えます。その後東アフリカのサバンナ地域では円盤技法の中期旧石器文化が、中央アフリカの森林地帯では、長い大形尖頭器である「ルペンバ文化」が栄えました。

⑧　アジアでは、チョッパー・チョッピングツールに円盤技法が加味される程度でした。

2－2－4　ホモ・サピエンス段階

⑨　後期旧石器時代（4万年前～1万年前）

　ホモ・サピエンスが、約13万年前の温暖期（リス氷間期）に、アフリカ、中近東に現れます。もちろん後に、ヨーロッパ（約4万年前）にも、アジア（約7万年前）でもホモ・サピエンスに代わります。この時も石器の進化は遅れます。

　ホモ・サピエンスについては、ここで人類が徐々に入れ代わり、世界中の女性が同じ「ミトコンドリア」を持つという、ミトコンドリア・イブ説（アフリカ起源説）と、ホモ・エレクタスからそれぞれの地域で進化したのか（多地域進化説）という議論があります。最近では混血の状況はもっと複雑であるとの説が出てきています。

　⑨－(i)　石器の進化は、石刃石器・細石器を、特定の目的のために作っているのが特徴です。縦が幅の2倍以上ある細長い剥片を「石刃」

といいます。それを大量生産しています。それは、狩猟はもとより、大工道具、裁縫道具、彫りものなど多くの「道具」が必要になってきたことと無関係ではないでしょう。文字通り、最終製品を予想しながら石を加工していたのです（木村 p.177, 179）。これはまさしく「道具を作る道具」といえるでしょう（→機械を作る機械：p.121）。

特に、骨で作った縫針で、服や帽子も縫っていようです。

⑨-(ⅱ) ヨーロッパでは４万年頃から「ムスティエ文化」の流れを引かない「オーリニヤック文化」が始まり、石刃で骨角器・アクセサリーを作っています。

同時に「シャテルペロン文化」がムスティエ・オーリニヤックの融合として出てきます。その他にも「ペリゴール文化」「ソリュートレ文化」「マドレーヌ文化」、東ヨーロッパでは「グラヴェット文化」などが続きます。

⑨-(ⅲ) アジアでは４～３万年前から、石刃が東北日本を含む北アジアで発達しています。細石器は5000年前あたりから現れます。北部ではウマやロバの集中的狩猟もありました。しかし、中国南部、東南アジア、オーストラリアにかけては礫石器と剥片の単純な石器で済んでいたようです。

⑩ 中・新石器時代（年代は概略）

⑩-(ⅰ) １万～6000年：中石器時代

細石器はいっそう発達し、フリント石刃を並べた「鎌」、細石器を並べた「鋸」などが見られます。

狩りでは、投げ槍、投槍器、弓・矢の普及。大型動物の狩猟による「母系制から父系制共同体」への変化なども見られますが、異議もあります（第３章３-２）。

⑩-(ⅱ) 6000～3500年：新石器時代

石器は磨製石器（石や砂で研磨）になります。

漁撈では、貝は捕りやすかったでしょうが、それ以外の場合にも、や

す（魚扠）、釣針、糸、縄などが役立ったでしょう。

狩りでも、罠、ボーラー（糸がらみ）やブーメランが役立ったでしょう。

すでに農耕・牧畜社会です。磨石斧・石鏃。石鍬・石鎌・石臼・石杵などの農耕具などに応用しました。牛引きの犂（すき）（4000年前）もありました。

さらにその他の道具：帆船（アンデス：4000年前）、車輪（メソポタミア：3500年前）、ろくろ（3500年前）、煉瓦（窯で焼いたもの：3500年前）が使われていたようです。

糸・布、機織りが始まります（5000年前）。

記号・文字・所有関係を示す「印鑑」が使われ始めます。

⑩-(ⅲ)　炉を築き土器の焼成が始まります。

炉は高温を用いるので、熱の回り方やいわゆる「熱効率」への関心を高めたことでしょう。さらに高温ですから、色が変化する「化学変化」にも関心が集まり、石や粘土とも異なる物質、すなわち金属の精錬に関する知識を芽生えさせました（「金属の技術と理論」1-4参照）。

土器の製作法も、手づくね法、型塗り法、巻き上げ法、輪積み法などがあり、食器・貯蔵用になっていたようです。

2-3　人間の認識の発達

いずれは「学問＝科学」に発達しますが、人類の「認識」について考えておきましょう。まずは、経験そのものというぐらいの、原始的な認識の始まりから考えてみます。あまり聞き慣れない「技術学」という言葉についてです。

石器を作る時、手に持っている石（道具）と打撃すべき石（労働対象）について、どちらが硬い方が良いかなど非常に幼稚ではありますが一定の認識と知識が生まれるでしょう。

そういう経験的な知識、すなわち「個別的・経験的で理論化されてはいないが、実践的には有効な『規則』」、換言すれば「なぜかは分からな

いが、こうすればうまくいく」という「規則」の集積を「技術学」といいます。個々の「規則」を「技術学的知識」、それを収集・整理・利用する労働を「技術学的労働」といいます。

　当然ながら「規則」は客観的なものでなくてはなりませんから、「誰がやってもうまくいく」ものでなければ伝わりませんし、世代を超えて人類の知識にはなりません。すなわち「技術学も事実に基づいて、論理的」でなければなりませんからこれも立派な科学「広義の科学」といえるでしょう。これにたいして理論的に「なぜか」を追求し、法則性を求める一般の「科学」は、いうなれば「狭義の科学」といえるでしょう。

　「技術学」は原始時代だけではなく現代においても、解熱剤の「バファリン」が「血栓予防」に効くなど予想外の医薬品や新しい材料開発などにおいて、重要である点に注目しておきましょう。

　また日本でははっきりしませんが、科学と学問は同じものです（英・独・仏語などでは言葉も同じ）。

　このようにして人類誕生から受け継がれてきたものを考えてみましょう。

① 　本能的に親から子に伝えられたことでしょうが、「食べ物のこと＝食物論」。何が栄養になりエネルギー源になったかということです。与えられた自然環境のなかで最も重要だったでしょう。多くの試行錯誤もあったでしょう。別の面からいうと「生物学」の始まりともいえます。

② 　次に「苦痛を和らげる＝医療論」。子育て期間が長くなってきたことや、病気、高齢の人を気に掛けることなども見られるようになってきました（「社会・経済・政治」3－2④参照）。草を揉んで与えたり、なんらかの「手当」にも進んでいくでしょう。「医療＝薬学＝医学」の萌芽が見えてきます。

③ 　物を「数える」ことから数学は始まったといわれます。しかし、そもそもの始まりは、「一つと二つ、そして沢山」から始まったようです（ギリシア語に痕跡）。文字も数字もない時代です。次は人間の身体にしたがって、片手・両手・そして両手両足と進んだようです。それ以上は

石の塊、粘土の塊り（いわゆる「トークン」（近世イギリスで発行された代用貨幣）と「封筒」）、もう少し長期的には、木や骨の刻み目で数えたのでしょう。この場合にも、マークあるいは記号として5とか10の区切りが使われたようです。

文字としての数字は遅く、記号のみが先でした。

④　この後やっと「天文学」でしょうか。もちろん農耕などより前の話です。夜空より「日の出・日の入り」の方が、まず重要だったでしょう。「金星」の動きは3000年前ごろから注目されていたようです。

「暦」には大いに悩まされたことでしょう。まず、一日は地球の（空の）一回転。次に目立つのが月の巡り。この二つが「季節」と都合よくいったわけでははありませんでした。また長期間の観測では太陽も少しずつずれますが、これはもう少し後のことでしょう（エジプト暦がB.C.4228年か2773年に始まったというのは、いわゆる「ソティス周期」が一致するためです）。さらに巨石文化の目玉の一つでもありますが正確な「夏至・冬至」を決めるのは大変だったでしょう。

⑤　「投げ槍」をより遠くまで飛ばせる「投槍器」はまさに「何故かは分からないが、こうすれば遠くまで飛ばせる」という「技術学的知識」（後述）のたまもの。そして「力学」への始まりともいえるでしょう。

静電気の初めである「琥珀」と磁気の始まりである「磁鉄鉱」の不思議な「力」も、はっきりしないくらい古い。

⑥　「土器」の焼成から、土の色が変わることすなわち「化学変化」、そして「金属」という物質にも関心が生まれたでしょう。

2－4　「技術学」から「科学」へ

社会の生産力が発達し、「剰余労働」が生まれるようになると、食料生産には参加しないが、知識や思考によって社会に役立つ人間を養えるようになってきます。鉄器時代のことです。いよいよ、「なぜか」という「法則」を求める科学が発展してきます。

しかし、「科学」の出発点はやはり「技術学」なのです。例えば、

シュメール人は、月神ナンナ（ル）、太陽神ウトゥ、金星神イナンナを崇拝し、オリエントの占星術は非常に古く、それらの王家には天文観測の報告（データ）は B.C. 8世紀からあるといいます。こうした非常に長期にわたる観測の結果として、日食の一つの「規則」である「サロス周期（カルデア周期ともいう）」が、B.C. 6世紀には新バビロニアで知られるようになっていました（日本大百科全書 ⑲ p.28）。ギリシア科学（自然哲学）の始祖といわれるイオニアのターレスがこれを知っていてB.C. 585年の日食を予言したと考えられています（「ソクラテス以前の哲学者たち第2版」p.109）。

ここでは、「なぜか」すなわち「日食の原因」は分かっていませんでしたが、日食をある程度の精度で予言出来たのです。これは「技術学的段階」といえるでしょう。同時にターレスは「万物のもと（アルケー）は水である」といって科学の始まりといわれています。すなわちタレスにおいては「技術学」と「科学」が同時進行していたといえるでしょう。

2-5 古代オリエントの技術と科学

いよいよ「技術と科学」の入り口に来ました。上述のように技術論的には「技術学」から始まるのですが、認識論的には原始的特徴である「呪術」「占い」などの段階にも関係してきます。

① オリエントの技術

エジプトではいうまでもなくピラミッドの建設です。ころや傾斜路を使ったのでしょう。ヘロドトスの記述によれば「起重機」といわれているものがありますが、おそらく天秤型のものだったかも知れません。その他、ナイルの洪水をうまく使った「溜め池」式の潅漑から、人工的な水路やダム、運河による舟行も考えたことでしょう。

メソポタミアでは逆に洪水の時期が一定でないので、洪水を防ぎ、溜まった水を運河や水路に貯蔵したようです。ジッグラト（階段状の聖

2-5 古代オリエントの技術と科学

塔)の建設はピラミッドに匹敵する規模のものです。建設の難易はいろいろでしょうが。

② メソポタミアの数学

B.C.2400年頃、まず文字より前に「記数法」があり、物の名前は単なる記号に過ぎなかったところから始まります。「物」は交易品です。「貢ぎ物」より早いようです。記数法は、メソポタミアでは、まず60進法(一部では10進法)でした。10は指10本。30＝3×10。40＝20×2。50＝40＋10。後は、60の倍数と累乗でした。"ゼロ"記号は後述(2-9年表)。

続いて「数学」ですが、多くは一般論ではなく、解けた限りでの解答例です。逆数、平方根、開法、利子計算…。未知数が二つまでの一次方程式と一元の二次方程式(B.C.2000年頃)。ただし「数秘術」の影響で、「数」の特徴を探究する意志が働き、この面での数学を発展させたようです。

幾何学では、B.C.2000年頃に「辺に応じて変化する正方形、同じく長方形…」、正方角錐台…、「ピタゴラスの定理」を用いたであろう計算(B.C.2000年頃)、同じく「ターレスの定理」(三角形の一辺に平行な直線は、その三角形の他の二辺を比例して切る。B.C.1800年頃)。

③ オリエントの医学

エジプトでは「ミイラ」を通じての医学もなかったわけではありませんが、どちらかといえばミイラづくりの職人たちと宮廷や神殿にいた医師などとの間には交流がなく、解剖についてはあまり知識がなかったようです。古くは(B.C.2300年)葬儀に関する碑文とか、パピルス文書でB.C.1800年頃からの「医書」もあります。しかしやはり医療の始めに「呪術」を唱えるのが習わしでした。

一方、バビロンとシリアでは、B.C.2000年頃「医師」が職業グループを形成していました。

④ オリエントの天文学

エジプトでは、B.C.4241年(一説では150年後)、大犬座シリウスを

始点とする、一年を365日とする暦が生まれました（上述）。
　バビロニアでは、B.C.3000年頃から日・月食を予測し始め、「黄道」の概念も知っていたようです。前者から「サロス周期」（223太陰暦＝18年11日）やさらに正確な「669太陰暦」が知られていたのでしょう。

2－6　インドの技術と科学（紀元後も一部含む）

① インドの技術
　都市遺跡：「さまざまな定住」（「社会」3－4－（4）①－（ⅲ））の「メヘルガル」遺跡の後に作られた「都市遺跡」には「完全」ともいえる計画性があります。それがインダス文化（ハラッパー文化）です（B.C.2500〜1700年）。その一部「モヘンジョダロ」遺跡では、都市西部（右岸）に公共の建物があり、そこはインダス川の洪水の避難所でもあったようです。大きなものとしては「大沐浴場」と「大穀物倉庫」がありました。高い「見張塔」もありました。
　市街地は焼き煉瓦づくりの建物。下水は排水口・排水溝に入り、町から隔たった場所まで導かれました。
　交易はロータル港湾に船溜まり、運河の掘削もなされたようです。すでに金（装飾品）、銅・青銅（工具・鏃・剣・槍先）などもあり、川上からのフリントを元手に、メソポタミアやペルシアからのラピスラズリ、トルコ石などで商人との交流もあったようです。インドからは香辛料・綿織物・象牙細工・紅玉などが輸出されていたようです。
　ところが、例えば「コブ牛」の印章にある文字がまだ読めないのです。

② インドの医学
　「アタルヴァ・ヴェーダ」（B.C.800年頃）：祈祷と呪文が中心ですが、病気の内容や薬物から見て一定の知識はあったようです。「アユール・ヴェーダ」（B.C.500年頃）では一定の体系化。治療の中心が呪術から薬草に変化。主たる内容は、①異物摘出法　②外部器官　③体全体の病

気 ④精神病 ⑤小児科 ⑥解毒法 ⑦不老長生法 ⑧強精法で、現在でも医科大学や医学部でも教えられています。
③　インドの数学
　数学は「暦法学」を通じて数学へという道筋です。数字"ゼロ"は後述（本章2－9年表）。暦法学は暦において「閏月」の置き方、太陰暦では「欠日」の置き方が問題になっています。しかし「日食」「月食」の予測には関心がいっていないようです。
　天文学は西方起源のようです。しかもその内容がアリストテレス説とアポロニオス・ヒッパルコス説を不完全に結合させたものになっています。
④　インドの原子論
　もちろん古代の原子論です。ジャイナ教、仏教、ニャーヤ・ヴァイシェーシカなどの論者が、B.C. 6～4世紀頃に唱えたもので、物質を細分化した時、最後に到達するものが、「パラマーヌ」（極微）だといいます。パラマーヌの存在するところが「虚空」です。しかしこのパラマーヌを元にして物体の性質を考えることは出来ませんでした。
⑤　インドの運動論
　自然哲学のヴァイシェーシカが唱えたのは、「運動はヴェーガ」という潜在的能力によって"継続される"というものです。運動は瞬間的であり、上昇、下降、屈曲、伸長、進行運動などです。槍投げの例では、その人の心の中で、意志的努力で槍を投げますが、手と槍の間に衝撃が生まれ、初速が与えられこれが「ヴェーガ」となるのです。ヴェーガは次第に消滅してゆき、槍は地に落ちます。「インペトゥス論」に似ています。

2－7　中国の技術と科学（紀元後も一部含む）

①　中国の技術
(1)　広く知られているのは「万里の長城」でしょう。B.C. 5世紀に始

まり、秦の時代に大きく広がり、さらに随の時代まで続き、明代には煉瓦づくりになったものです。全長2400km、高さ約9m、歴史上最長・最大の建築物です。

(2) ついで「中国の三大発明」です。

（ⅰ）まず磁石です。ギリシアでも気付かれていたでしょうが、中国では秦の呂不韋（りょふい）(B.C. 290?～235)の「呂氏春秋」に「磁石は鉄を吸う。母子想恋なり」とあります。

続いて、磁針が「南北」を指すというのは「鬼谷子」(B.C. 300年)に始まり、王充(A.D. 27～104)の「論衡」(A.D. 83年)に記述があります。最初は藁に刺して水に浮かべたり、魚の形をした木に埋め込んで水に浮かべたりしていました（指南魚）。これがアラビアの商人たちを通じてヨーロッパに伝わりました。

磁石にするには、灼熱した鉄を南北に置いて冷却すればよいことも分かってきました（曹公亮「武経総要」(1070) や沈括「夢渓筆談」(1086年)）。さらに磁石の指す方向が真の北でないこと（偏角）に気付いたのも中国が最初でした（沈括同書）。

（ⅱ）紙はA.D. 105年蔡倫により発明されたといいますが、すでに前2世紀の紙が見つかっています。しかし蔡倫は樹皮、麻、古布、魚網なども使って大きな改善をしたのです。その結果が「蔡侯紙」と呼ばれるようになりました。紙の製法は唐の時代まで公表されていませんでしたが、751年タラス河畔の戦いで「紙漉き工」が捕えられ、そこからアラブ・ヨーロッパに広がりました。

紙と印刷を一括して中国に帰する人もいますが、木版はもとより、銅・陶活字は紙幣など特殊な目的が多かったようで、朝鮮の活字も含めて歴史的には早いが、ヨーロッパの聖書のような広がりを持ちませんでした。(年表1445年「グーテンベルグ」参照)。

（ⅲ）火薬の発明は、曹公亮「武経総要」に木炭・硝石・硫黄の黒色火薬があります。しかし火薬を敵陣への投入に使い、発射薬としなかったので弾道計算への発展がなかったといわれています。

(3) その他の発明
（ⅰ） 世界最初の地震計「地動儀」の発明（A.D. 132年）。張衡（78～139）。地震計の中央に下端で支えた柱があり8つの方向に開いた腕が出ている。地震がありその方向の腕が傾くと龍の口から玉が落ちて地震の来た方向を教えるというもの。
（ⅱ） 左右の車輪の動きから車上の人形が常に南を指す仕組み「指南車」を作った（A.D. 265年）（磁石で作ったというのは誤り）。馬鈞。
（ⅲ） 運河の水位を等しくして通れるようにする「閘門」を考えた（980年頃）。喬維嶽。
(4) 中国の技術書も古くは優れたものが出版されました。
（ⅰ）「考工記」（「周礼」の一編　B.C. 5世紀初頭）では武器・車輌・礼器・楽器・容器などの構造・規格・製法なども決められていたようです。
（ⅱ）「春秋左氏伝」（B.C. 4世紀？）では車輌作り・麻作り・築城計算などがあります。
（ⅲ） 秦の呂不韋による「呂氏春秋」（B.C. 239年頃）。農業技術・磁石の霊魂論・天文・暦術・音律などが入っています。
（ⅳ） 新しいところでは、賈思勰（かしきょう）（6世紀前半）の「斉民要術」（535年頃）があります。これは中国の代表的農書で、過酷な北魏の乾燥地帯での「粟」をはじめとする禾穀類から果樹・養蚕・畜産・調理・華南の植物などなど、10巻92篇にわたっています。
（ⅴ） さらに時代が下がると、宋応星（1590～1650）の「天工開物」（1637年）があります。これは当時の百科全書で、食物・衣服・鉱物・兵器・文具などなどで、日本でも江戸時代に多くの読者を得ました（年表1637年「金属の技術と理論」）。
② 中国の医学
　一応の「医学」らしくなってくるのは春秋・戦国時代で、陰陽説・五行説・経脈に関係しています。
「黄帝内経」（戦国晩期）は当時の医学の集大成で、全書18巻、162篇

からなります。人体内部はそれぞれ機能を持っていると同時に関連を持ち、有機的な関係にあるといっています。

漢代には医学の発展が著しく、後半になって張仲景（150 ?～219）が「傷寒雑病論」（3世紀初頭）を著わします。すなわち、理論・治療法則・処方・用薬に則り、「証（病証）を弁じ、治（治療法）を施す（弁証施治）」の医療原則を確立しました。

その後、発達の著しいのは、金・元の時代で、理論医学・臨床医学・薬学、三分野の融合が試みられます。但し中国の理論医学は「老・荘」の思想や、やや非現実的なものがあります。

「鍼灸」という特殊な治療法もありますが、その根拠も決してはっきりしたものではありません。

日本では「漢方」として知られていますが、病名そのものが違っていたりして注意すべきです。

③　中国の天文学

天文記述そのものは殷代の甲骨文にもあるようですが、その後、「天」と「治世」を直結する考えもあり、日・月食や変わった天空の変化、それに惑星との関わりなど多くの観測が行なわれました。

それは現在でも重要な記録です。「尚書」堯典の中の"四仲中星"は春分・夏至・秋分・冬至の目標とすべき星座（それぞれ日暮れに、うみへび座のα・さそり座アンタレス・水瓶座β・プレアデス星団、が南中）を定めています。これは商末周初期の現象です。

暦は王朝の変化と共に変えられましたが、その中で日食・月食の予測もされたといわれていますが、「食の結果」はともかくあまりはっきりはしません。江戸時代の様子を見ても、まだまだだったようです（年表1684年「社会」渋川春海）。

いずれにせよ観測は長く、詳しく続いていましたが、理論も弱く、近代化は1928年中央研究院が出来てからのようです。

④　中国の数学

（i）「漢」時代に「周髀算経」があります。天文に関する数学書

（年表「学問」冒頭）。
（ⅱ）「九章算術」これも第二部参照。
（ⅲ）六朝時代に入ると「孫子算経」が生まれます（3〜4世紀頃）。
劉徽（りゅうき）（生没年不明）：九章算術の注釈、円に内接する96角形まで計算し円周率を3.14としました。
祖冲之（そちゅうし）（429〜500）：天文学者・数学者・機械技術者。円周率の上下限（3.1415927/3.1415926）を求めました（西洋では1573年：V.オットー）。
（ⅳ）唐時代：王孝通：「緝古算経」：3次方程式を初めて扱った。教育は整備されたが試験勉強だけ。
（ⅴ）宋・元時代：多いに発展。秦九韶「数書九章」、李冶「測円海鏡」、楊輝「楊輝算法」、朱世傑「算学啓蒙」（算木を並べて方程式を解く「天元術」の書籍）など。
（ⅵ）明・清時代：「そろばん（算盤）」が流行。程大位の「算法統宗」がそれ。吉田光由の「塵劫記」の元になる。

2-8 ギリシアの技術と科学

1. ギリシアの技術
（ⅰ）広く知られているのは「パルテノン神殿」でしょう。初めは粘土ブロックを積み上げ長方形の梁と土・テラコッタで被った天井から神殿が始まります。建物としてはルーズなものですが、だんだん「造形」的に整ってきます。正面の均整（ファサード）が計画的となり、「共に測る」という意味の「シュンメトリア」が重視されます。ドーリア式とイオニア式も尊重されてきます。
（ⅱ）次によく知られているのは「アルキメデス」の「らせんによる揚水器」でしょうが、異説もあります。その他、てこ・滑車の原理などが活用されさまざまに利用されました。
（ⅲ）サモスのカストロ山を貫くトンネルは1000mで誤差「数10cm」

という正確さを持ち（B.C.6世紀）、ペルガモンの水道橋ではサイフォンの原理の応用もありました（B.C.2世紀）。

ギリシア人は手仕事を軽蔑していたので、技術はあまり発達しなかったといわれます。

2．ギリシアの科学

科学は「科学」らしく、「事実から事実を説明する唯物論」的なものになってきます。

① ギリシアの医学

（ⅰ） オリエントからの「伝統」を引き継いで、B.C.6世紀頃から医神「アスクレピオス」の奇跡治療や暗示療法が行なわれていました。

南イタリアのクロトンを中心に、ピタゴラス学派は医学校を作るなどアルクマイオン（B.C.490〜30）を中心に、病気は身体的要素の不調和・不均衡にあるとし、感覚の中枢は「脳」であるとしました。

コス島・クニドス島を中心とするヒポクラテス派（ヒポクラテスB.C.460頃〜375頃）は、病気は血液・粘液・黒胆汁・黄胆汁の不均衡にあると考えました。臨床を重視し、経験を重んじる科学的医師の創始者といえます。コス派では食餌療法、クニドス派では植物由来の薬剤が用いられました。

（ⅱ） ヘレニズム期になると、解剖学・生理学が進みました。

ヘロフィロス（B.C.250年頃）・エラシストラトス（B.C.313頃〜250）などです。前者は神経を運動神経と知覚神経に分け、知覚の中枢は「脳」であるとしました。後者は、大脳と小脳、人間の脳が動物より複雑なこと、血液は肺から心臓に入って「生命精気（生命プネウマ）」に変えられ、脳で「精神精気（精神プネウマ）」となると述べました（プネウマは「風」や「息」のことで精神的なもの。ラテン語ではspiritus）。

ガレノス（A.D.129〜199頃）は、人間の精神を世界の一部と考える

上記の説を拡張し、心臓を生命プネウマ・脳を精神プネウマ・肝臓を自然プネウマの元としました。その後ストア学派に生理学的な基礎を与え、これは、ヴェサリウス、ハーヴィまで支持されていました。

② ギリシアの数学

（ⅰ）B.C.6世紀から4世紀頃。ターレスからピタゴラスの頃。オリエントに多くのものを負っていると同時に、「論証数学」への道を進んだことが大きな発展といえます。

（ⅱ）B.C.4世紀からビザンツまでで、エウクレイデスは集大成である「原論」を書きました（B.C.300年頃）。アルキメデス（B.C.287～212）・アポロニオス（B.C.230年頃「円錐曲線論」）は、17世紀の数学に大きな影響を与えました。A.D.2世紀になるとプトレマイオス「数学的総合（アルマゲスト）」（この書名については年表150年「学問」参照）、ディオファントス「数論」などが現れます。

③ ギリシアの天文学

（ⅰ）ギリシアの天文学は、オリエントのように長期間にわたる天文観測と、神話的宇宙像ではなくて、幾何学的宇宙像を意図したことが特徴です。自然哲学派のアナクシマンドロス（B.C.610～540）は、火を封じた環が大地を巡っており天体はその炎であると考えました。アナクサゴラス（B.C.500～528）は、太陽はペロポネソスよりもやや大きな灼熱の石であり、月は太陽の光を反射して輝くと主張。天体の神聖を否定するとして不敬罪に問われランプサコスに退きました。

（ⅱ）大きな影響を与えたのはピタゴラス学派で、「円」は始めも終わりもない完全な図形で、天体はそれに従って運行している。天体間の距離や速度は科学的調和により不可聴の和音を奏でている。これは円軌道神聖化の思想からプラトンに支持され、ケプラーの時代まで続きました。クニドスのエウドクソス（B.C.408～355）は、天体の位置を説明するために27個の同心天球を用いました。天動説のこの方法は大いに広まり、より多くの軌道を持った天球儀も使われましたが、しかし具体的な惑星運動は説明出来ませんでした。

（ⅲ）　サモスのアリスタルコス（B.C. 310頃～230頃）は、太陽中心説を唱え、地球は毎日1回自転し、一年かかって太陽の周りを回っているとしました。

（ⅳ）　ヒッパルコス（B.C. 120頃～25頃）は、過去の資料だけでなく自らも地球の歳差運動などを観察しました。太陽中心説には反対でプトレマイオスの資料部分はヒッパルコスからの引用です。

プトレマイオス（A.D. 2世紀）は、80以上の円を組み合わせて、太陽・月・5惑星の運行を説明しました。地動説およびギリシアの円軌道の限界を示す妥協の産物ともいえます。後にキリスト教会がこれを絶対のものとしたので多くの悲劇を生みました。

④　ギリシアの哲学

（ⅰ）　自然哲学派

7～5世紀：イオニア派　神話を排して自然を自然から論理的に説明し始めました。

この時代ギリシアの諸王国は未発達の奴隷制で、隣国リディアに始まる「貨幣」経済によっても活発化しました。オリーブや葡萄の栽培を中心に、メソポタミア・バビロニア・エジプトなどと交流しそれぞれの文化を知っていました。以下代表的な哲学者についてのみ述べます（以下（　）内の年代は「学者の活躍期」を示す）。

ターレス（(585) ミレトス）：B.C. 585年の日食を予言。操舵術、暦など実践的。万物の始まりと帰結は「水」である。

アナクシマンドロス（(570) ミレトス）（一部前述）：ターレスと同様実践の人。万物の根源は「永遠不滅で、ありとあらゆる世界を包みこんでいる無限なもの」

ヒポクラテス（(425) コス島）（一部前述）：「医学集典」：克明な観察と記録で病状を把握し、病気の自然的原因の発見に努める。「学芸は長く、生命は短い（ars longa, vita brevis）」の名言で有名

ヘラクレイトス（(500) エペソス）：「永遠に生きる火」「万物流転」「対立物の移行性」

西方ギリシア派（イオニアへのペルシアの圧力から逃れて西方へ）
　クセノパネス（(520) コロポン→シラクサイ）：詩人でありはっきりした断定的なことはいわない。化石の理解などもある。
　ピタゴラス（(525) サモス島→クロトン：イタリア）：「数の原理がすべての事物の原理である」。ピタゴラスの定理から「無理数」の矛盾に逢着。

エレア派（ミレトス以来の諸哲学を否定）
　パルメニデス（(480) イタリア西海岸エレア）：「存在するもの」と「様々な存在」を厳しく分け、「存在するもの」と「動くもの」も峻別する。形式論理の展開。
　ゼノン（(445) エレア）：「帰謬法」によるパルメニデスの擁護。いわゆる「ゼノンの逆説」で有名だが、現代的には誤り。

多元論
　エンペドクレス（(440) アクラガス）：「多くのもの」と「運動の原理」が区別される（アリストテレス、ニュートンの「神の手」）。
　アナクサゴラス（(445) クラゾメナイ）：「混沌（カオス）」から「世界秩序（コスモス）」の原理として「理性（ヌース）」を取り入れました。

原子論者
　レウキッポス（(435) ミレトス）とデモクリトス（(410) アブデラ）は独自にアブデラで原子論を唱えた。すなわち、形と大きさのみが異なる、不可分な原子（分割されないもの：$\alpha\tau o\mu o\nu$）は、それ自身として永遠に運動している。

(ⅱ) 古典派
5世紀～4世紀：ギリシア古典文化
　この間、マラトンの戦い（B.C. 490年）・サラミスの海戦で有名な「ペルシア戦争」を闘い、アテナイは大いに発展しました。しかしそれはアテナイ市民の6割を超す、奴隷労働に立脚したものでした。スパルタと

は次第に両立しえない関係となり B.C.431年からペロポネソス戦争（B.C.404年まで）となります。これにペルシア・マケドニア・カルタゴなどが加わり、アテナイは諸ポリスと共に悲惨な状態におちいりました。

ここで「歴史学者」を一瞥しておきましょう。

ヘロドトス（B.C.480頃～430頃）：小アジアのハリカルナッソスの名門の子。「歴史の父」と呼ばれる。特徴は「大旅行」で、北は黒海北岸から南はキュレネ及びエジプトのエレファンティネ、フェニキアのティルス、ガザ、バビロンに及んでいます。多くの挿話、見聞が見られ、「ペルシア戦争」も大きな主題。「物語歴史」の典型。

トゥキディデス（B.C.471頃～400頃）：アテナイ民主政治のもとに生まれた。「ペロポネソス戦争」記。ヘロドトスと異なり「実用的歴史」とも呼ばれる。当時のアテナイの精神的雰囲気によると思われる。

クセノフォン（B.C.430頃～354頃）：アテナイの騎士出身だが心情的にはスパルタ寄り。「内陸記（アナバシス）」はトゥキディデスに続きB.C.362年のマンティネイアの戦いまでのギリシア史。その他平凡だが多くの著書がある。

哲学者

「ソフィスト」と呼ばれた人たち：アブデラのプロタゴラス、レオンティノイのゴルギアス、エリスのヒッピアスなど。

B.C.5世紀の前半から後半にかけて、公の場で人々に納得させる力量が求められていました。自然学的教養も一応備え、啓蒙的な視野を持って弁論が巧みな人達でした。ソフィスト批判はプラトンの激しい批判によるもので、現実には一定の役割を持っていたのでした。

またこの人達の中から「より高度なもの」を学ぶための「一般教育」（enkyklios paideia）の、つまり"教養学部"が生まれ「自由学芸」（artes liberales）につながりました→後述ウァロ。

ソクラテス（B.C.469～399）：人間にとって大切なことは「自分が知っていないことを知っている」（探究、すなわち哲学（ピロソピアー）

が始まる）ことであると考え、「広場（アゴラ）」で対話によって魂の「善導」を試みました。

　プラトン（B.C. 427〜347）：真の認識が成り立つとすれば、感覚的なものとは別種のものが存在しなければならない。普遍的な本質として自存するのが「イデア」である。

　「アカデメイア」は B.C. 387年頃に作られた世界最初の研究施設兼大学で、東ローマ皇帝ユスティニアヌスの禁令後（A.D. 529年）も、数10年間存続したとされています（後述年表の中世冒頭およびA.D. 529年「学問」の記述参照）。

　アリストテレス（B.C. 384〜322）：非常に広範囲な学問を「体系そのもの」から説いた。すなわち、「体系」：見ること・行なうこと・作ること。次いで「学問の道具（オルガノン）」。その後に「各論」が続く。「形而上学」「自然学」「動物運動論」「倫理学」「政治学」など。

　アテナイの「リュケイオン」（B.C. 335年）で歩きながら議論・講義をしました。これを「逍遙派」（ペリパトス派）といいます。

(ⅲ) ヘレニズム時代

4〜1世紀：ヘレニズム時代（「ヘレニズム」という言葉は「ギリシア文化とその模倣」と「明るく開放的な人間主義」をいう：西欧主義史観）

　B.C. 323：アレクサンドロス帝国の終焉から、B.C. 27年アウグストスのローマ帝国成立までをいいます。

　B.C. 300年には、アレクサンドリアに大図書館と研究機関（ムセイオン）が築かれます（ファレロンのデメトリオスがアレクサンドリアに亡命し、その進言による。A.D. 389年頃まで続きます）。

　主な学者。

　エウクレイデス（B.C.（300））：アレクサンドリアで活躍。主著「原論」：厳密な演繹的論証法。"学問に王道なし"の名言

　アリスタルコス（B.C.（280））：月と太陽の相対距離も計算（前出）

　ケオスのエラシストラトス（B.C.（250））：解剖で心臓の三尖弁の命

名者（前出）

　カルケドンのヘロフィロス（B.C.（250））：人体解剖図（解剖学の父とも）

　キュレネのエラトステネス（B.C.（250））：地球の大きさを推定

　アルキメデス（B.C. 287〜212）：円周率の計算。アルキメデスの原理。てこ（「支点があれば地球をも動かしてみせよう」）。滑車。凹面鏡。らせん揚水機にはもっと古いという説もあります。

　ルクレティウス（B.C. 94頃〜55）：ローマの哲学者。「事物の本性について」は「古代原子論」を伝え、またウェルギリウスの先駆でローマの思想界に大きな影響を与えました。

　ウァロ（B.C. 116〜27）：ローマの百科全書的著述家。「学問論」で「三科（文法・修辞学・弁証法）」「四科（幾何学・数論・天文学・音階学）」と医学・建築に分類。その後「自由学芸七科」として広まる（年表A.D. 420年マルティアヌス）。

2—9　年表

あまり知られていない人・事項（ややランダムに。「1000の発明・発見図鑑」から）

　450：インドビハール州のナーランダ大学（A.D. 1100年まで存続）。

　300：最初の植物学者テオフラストス。200冊以上も出版（2冊のみ現存）。

　300頃：数字"ゼロ"の始まり。バビロニアで始まるが、空位にのみ適用され、数字の末尾には適用されなかった。ついでマヤ数字（B.C.〜A.D.）でも空位にのみ適用。インドで初めてゼロと1から9までの10個の記号・基数・位取りに適用（→A.D. 1209年ピサのL. フィボナッチ）。

　280：アレクサンドリアのファロス島に最初の灯台：クニドスのソストラトス。

　150：ロドス島に天文台：歳差運動・星の等級：ヒッパルコス（バビ

2-9 年表　　　　　　　　　　　57

　　　　ロニア・アレクサンドリアには観測機がなく、9世紀にダマス
　　　　クス・バグダードに）。
　　2ｃ頃：中国で紙が遺跡から発見される（西安市灞橋で出土）。書写
　　　　には不十分だったろうが麻とからむしの紙→A.D.105年蔡
　　　　倫参照（パピルス：B.C.3000年、羊皮紙：B.C.2400年。
　　　　ヨーロッパの製紙は12世紀）。
　　100頃：鉋（かんな）：ポンペイで発掘
　　　46：ローマのユリウス暦：カエサルが制定。エジプト暦の1年＝
　　　　365.25日を採用。4年毎に閏年を置く。1582年グレゴリオ暦の
　　　　改正（年表　p.112）まで続いた。

参考文献
1　技術論については
　「現代技術と技術者」内「技術とは何か」　山崎俊雄　青木書店
2　石器とその持ち主
　「人類誕生の考古学」　木村有紀　同成社
　「考古学でつづる世界史」　藤本強　同成社
3　認識の発達とオリエント・インド・中国
　「科学の誕生　上・下」　アンドレ・ピショ　山本啓二・中村清訳　せ
　りか書房
　「中国科学技術史　上・下」　杜石然他　川原秀城訳　東京大学出版会
　「科学史技術史事典」　伊東俊太郎他　弘文堂
4　ギリシアの文化
　「ソクラテス以前の哲学者たち」　G.S.カーク他　内山勝利他訳　京都
　大学学術出版会
　「ギリシア・ポリス社会の哲学」　岩崎允胤　未来社
　「ヘレニズム・ローマ期の哲学」　岩崎允胤　未来社

第3章　社会・経済・政治

3－1　人類誕生の偶然性と進化

　この節は「社会」を中心に、経済・政治を見ていきます。

　人類の誕生は、約800万年前チンパンジーやボノボと分かれ、「ヒト属」が成立して始まります（年表1984年「技術」シプリ、アルキスト参照）。

　大まかな年代順に「アルディピテクス属」、「アウストラロピテクス属」、そして「ホモ属」が現れます。「ホモ属」は、ホモ・ハビリス、ホモ・エレクトス、ホモ・ハイデルベルゲンシス、ホモ・ネアンデルターレンシス、そして「ホモ・サピエンス」につながっています。

　さて、チンパンジーと分かれたことも、「ヒト属」の成立も、自然の「進化」の一部に過ぎないわけですが、進化とは一体どんなことで、どんなきっかけで進むのでしょうか？

　もちろん、あやふやな私の仮説ですが、そして実は極めて不安定なことでもあるのですが、ひょっとしたら「ヒト属」も成立しなかったかも知れないというくらいの「些細な」能力なのです。それはあまり最初から「人間の特殊性」を考えたくないからです。

　それは「好奇心を持ってさまざまな事態に対処してきた」ことと、「複数の方法を身につけていた」ことが、「ホモ属」が生き残った上で最も重要な意味を持っていたのではないかと思うのです。

　例えば、食べ物についての「雑食性」。果実を中心に草の新芽、芋や球根、小動物、さらに他の肉食獣の食べ残しなど。また、猛獣が来たら樹上へ避難する。しかし一人でいるときと集団でいるときでは他の獣に対して態度が違うなどです。

　こうして極めて「些細な」、一つ一つは「とるに足りないような」そんなことの積み重ねが「進化」だったのではないでしょうか。こんなこ

とを積み重ねて、人類は生き抜いてきました。全く、あやふやなことの上に、実は人間の生命はつながれてきたということなのではないでしょうか。もちろん、その後の意識的な営々たる積み重ねがあってのことですが、それは次の時代以降のことです。

3-2　石器時代の社会生活

① さて、現在（2014年）はっきりしている最も古い化石人骨は、アルディピテクス・ラミダス（約450万年前）です（年表1994年「学問」参照）。これまではアウストラロピテクス・ラミダスが最古といわれていましたが、それより古く、かつ別種であると考えられるところから現在ではアルディピテクス・ラミダスに変更になりました。

このアルディピテクス・ラミダスについての「社会生活」にある程度の内容が想定出来ます。

それは一定の「一夫一婦制」です。もちろん本能的なものだったでしょうが、「雄」が必要な食物を取ってこれるかどうかが、パートナーになる条件だったのではないかというのです。殆どの類人猿の雄は大きな犬歯を持ち、雌をめぐって争うときの有効な武器にしていますが、「ヒト属」の犬歯は小さく武器になりません。そこで必要な食物を取ってくることで「一夫一婦制」の関係を保ち、子孫を残すことが出来るようにするという関係が成立したというのが、アルディピテクス・ラミダスの発見者である、諏訪元氏や O. ラヴジョイ氏の見解です。

足の親指の間隔が広くて、樹上生活も可能でしたが、「地上・時々樹上」の生活だったようです。もちろん地上では直立・二足歩行でした。食物も遠くから見つけられるし、その場で食べないで離れた住み処に持って帰るという生活だったのでしょう。

② それから約230万年たって、「ホモ・ハビリス」に至り石器が作られるようになります。「ホモ属」の出現です。

ホモ・ハビリスは、原始的な石器（礫石器）で、堅い木の実を割ったり、動物の骨を叩き割って骨髄を食べたり、肉片を削ぎ取ったりして生

き延びてきました。

　じつはその頃、もう一つの猿人集団パラントロプス属は、大きな歯と頑丈な顎を持っていましたが、菜食を続け、結局は生き延びることが出来ませんでした（「高コスト-高リターン」の生活は「一般の技術と学問の2-2-1」参照）。こんなところにもきわどい「分かれ道」があったのです。

③　さて、二足歩行は、四つ足動物よりもスピードでは劣るけれども遠距離を歩けることで有利なのだといいます。そして、これが食物を運ぶだけではなくもっと重要な「社会的意味」を持っているのだというのです。

　それは、遠距離歩行による他集団との出会いです。食物確保の集団（生業集団）の中だけでは、配偶者を見つけるには小さすぎるというのです。より大きな集団（生殖集団）間の行き来が必要で、ここにも二足歩行が役立っているらしいのです（赤澤 p.69）。

　他集団との出会いは、一定の緊張感を伴いながら、またさまざまな情報も交換しながら、全体として「新しい好奇心」で、世界を広げて、試行錯誤しながら生き延びてきたということになります。

④　さらに50万年経ち（B.C.180万年）、ホモ・ハビリスは進化し、大型化し、ホモ・エレクタスになります。ホモ・エレクタスは、中国・ジャワ、少し遅れてヨーロッパ南部へ進出します。

　これが「人類の出アフリカ」の第一回目です。

　ホモ・エレクタスは存在期間が約180万年前から50万年前までと長く、特に後期をホモ・ハイデルベルゲンシス（60万〜30万年前）、ホモ・ネアンデルターレンシス（20万〜3万年前）ともいっています（書物によってはこの二種を、「古い ホモ・サピエンス」に含めることもあります。またネアンデルターレンシスは3万年前にどうしたことか消滅します）。

　ホモ・エレクタスは、初めて「火」を利用したことで知られています。最初は山火事や自然の火（100万年前頃）だったでしょう。後には

「錐揉み」式や「火打ち石と火口（ほくち）」式などさまざまな方法を工夫して火を作りました。火の利用で影響が大きかったのは、動物の肉を焼いて食べるようになったことでしょう。そのため強い「咀嚼力」が必要でなくなり、微妙な発音が出来、言語がいっそうはっきりしてきたといわれます。もちろん食物の幅も一層広がったことでしょう。

　洞窟などの住居も一層住みやすくなったことでしょう。

　またこの頃、子供の乳児期間が長くなり、女性の発情期がなくなったといわれています。そして男女間の結びつきも一層強くなります。「家族」らしさが出てきたといわれています。

　そして高齢者や障害者の介護もしていたようです。屈葬して花を手向けたり、幼い子供の頭骨を大切に保存していた例も見られました。なんらかのお弔いや追想の儀式だったのか、人間の想像力の進化も見られるようです。

　日本列島における最古の人跡（2014年現在）は、20万～10数万年前の前期・中期旧石器のでものです（捏造事件後の出版：愛知県加生沢遺跡、群馬県不二山遺跡など：「縄文の生活誌」）。

⑤　そしていよいよ、現代につながるホモ・サピエンス（13万年前から）の時代が始まります。

（i）　ホモ・サピエンスについては、「一般の技術・学問」で述べたように「ミトコンドリア・イブ説（アフリカ起源説）」と世界各地でホモ・エレクタスから進化したという説（多地域進化説）がありますが、最近では「世界はもっと複雑な混血による多様な世界である」との説になっているようです（2014年現在）。

　しかし、オーストラロイド、コーカソイド、ネグロイド、モンゴロイドの成立も、「民族」の成立さえこの時期だという説もあります。

　しかし、そうしたこと以上に興味深いのは、モンゴロイドの一部が、ユーラシア大陸の北端からアメリカ大陸に渡り、南米の先端まで到達したこと、また南太平洋の島々に広がり、ハワイ島・オセアニアまで広がったことでしょう。前者は3万年前から始まり1万年前、後者は

5000年前から1000年前のことといわれています。この壮大な移動には食物はもちろん、衣服などの備え、さらに、日常的な慰めも含むさまざまなドラマがあったことでしょう。
（ⅱ）　この時代から、最古の装身具（10万年前）や数珠玉・腕輪・ペンダント（3万年前）などが見つかっています。

　次いで有名なのが多くの洞窟絵画です。ヨーロッパはもとより、世界のさまざまな場所にあるもので「オーストラリアやアフリカ南部の砂漠地帯、ブラジル・アマゾン流域や東南アジア、コンゴ流域の熱帯ジャングルから北極のツンドラ地帯」（「アルタミラ」p.173）まであり、これからも増え続けるものと思われます。ヨーロッパでは、B.C.3万5000年あたりから現れ、B.C.1万年ぐらいまで続きます。

　最初は「手形」です。実に「意味深長」です。指を曲げたり伸ばしたり、明らかになんらかの「メッセージ」を伝えているとしか思えないのです。この「メッセージ」がもし「解読」されたらすばらしいことでしょう（狙っている動物の行方などの説はいろいろありますが（「文字の世界史」p.30））。

　続いて動物絵画です。これも輪郭線を主としたものから、彩色をほどこしたものまで実にさまざまです。いずれにせよ見る者を圧倒する力強さで迫ってきます。

　このほか奇妙な文様がランダムにあるもの、縦に引き伸ばされた人物像、それに覆い被さるような奇っ怪な「魔物」等々。まさにホモ・サピエンスが訴えかけているものが、もうちょっとのところで見えてくるような位置に私たちが今いるように思います。

（ⅲ）　狩猟は4万年前頃から、大型獣を狩猟することも出来たようです。アジアではマンモス、中東・ヨーロッパではトナカイ・馬が大量に捕獲されます。マンモスの骨で作った住居（ウクライナ）。追い込み猟に用いた崖（フランス・ソリュウトレ）などもあります。

　日本列島でよく知られているのは4万～3万年前の「野尻湖人」で、ナウマンゾウ・オオツノジカの化石と槍や皮剥用の石器と骨器が見付

かっています。

　こうした役割変化の結果、「母系制から父系制共同体」への変化が起こったといわれます。本当でしょうか？　これではあまりにも簡単な「役割分担」の差に過ぎないように思いますが。

（iv）　B.C.1万8000～1万7000年からの、後期旧石器文化は「細石器」文化です。石材の利用効率も向上し、「移動生活」にも適した石器でした。西ヨーロッパ北部などにも多くの遺跡が発見され、人類の行動範囲も広がり、地方色も豊かになってきます。

3-3　地球環境と人類社会

　人類がチンパンジーやボノボと分かれたのは、アフリカの大地溝帯が形成されてからずっと後のことで、すでにそこは「サバンナ」でしたが、それでもアルディピテクスの段階にやや寒冷化し、ホモ・ハビリスからホモ・エレクタスの時期にかけて気温の上下が繰り返されていました。さらに、ホモ・ハイデルベルゲンシス、ホモ・ネアンデルターレンシスの時代には、いよいよ「氷河時代」になってきます。

　「氷河期」というのはただ寒いというのではなく、約20万～10万年の低温期と、1万～3万年の高温期が繰り返されるものです。もっとも、人間の「世代」から見れば非常にゆっくりしたもので、無視出来るぐらいの上下ではありますが…。また細かく見れば、小さな変動や、「小氷期」、行ったり来たりの期間も見られます。

　名前の付いている氷河期には、
　　　ギュンツ氷期（約78万～65万年前）
　　　ミンデル氷期（約57万～42万年前）
　　　リス氷期（約33万～15万年前）
　　　ヴュルム氷期（約12万～2万年前）
があり、それぞれの氷期の後を「～間氷期」といっています。現在は「ヴュルム間氷期」なのですが、1万8000年前、1万5000年前、1万2000年前頃に再び寒冷期にみまわれ、その後は安定しているようです

（産業革命後の「温暖化」はその後に続く急速なもの）。

　ホモ・サピエンスは最後の氷河期を超えて世界に広がったことになります。もちろん何度もの試行錯誤や新たな防寒具も用意しました。骨で作った縫針やちゃんと仕立てられた靴や帽子も見つかっています（2万年前）。しかし多くは毛皮で、布になったのは遅く、亜麻（B.C.7000年頃）、木綿（3000年頃）、絹（2600年頃）といわれ、機織りも5000年頃に始まります。

3－4　定住と農耕への動き

　進化の次の段階は狩猟・採取の時代から、「農耕・牧畜そして定住」への進化です。

　石器としては中石器時代（1万年から6000年）から、新石器時代（6000年から3500年）です。

　しかし、地球上には東南アジアのようにもともと定住し、食料も「いも類」のように用具も殆ど要らずに手に入れる人たちもいます。以下の記述はやはり「西洋的」なものです。

（1）　縄文文化の特殊性

　最初に世界でもやや特殊な、日本の、B.C.1万3000年頃からの、縄文文化について述べておきましょう。約20万年前に日本列島に住み着いた日本人は、二つの氷河期を乗り越え、B.C.1万3000年頃には、暖かくなった日本列島で、豊かな自然に囲まれて暮らしていたようです。

　青森の「三内丸山」遺跡などが知られていますが、これが有名なのは「農耕なしの定住」だからです（もっとも最近「タネをまく縄文人」の話も出ています（小畑弘己　吉川弘文館））。

　一年の生活が割合安定していて、毎年春から夏にかけては、ノビル・コゴミ・カイソウ・アサリ、そして季節によらずイワシがたくさん取れ、夏にはフグ・アイナメ・メバル・ウナギと変わり、秋になるとトチ・クルミ・ハシバミ・オニグルミ・そしてキノコ、ヤマノイモ、冬に

なるとシカ・イノシシ…。もちろん木ノ実や乾燥山菜、貝・干物・塩などはずっと保存されます。こうして一定の食料を確保して習慣化していたようです。もちろん場所による変化はあったでしょう。

食料の保存はもちろんですが、炊事用にも、そして芸術的にも土器の発展がすばらしいです。

縄文文化はB.C.1000年頃まで続きます。次は弥生文化ですが、人間の大きな体質的変化はなくて、少数の渡来人はいたものの、米食に移っていったことによるゆっくりした変化だったといわれています。

(2) 農耕・牧畜と定住の「なぜ？」

何故この時期に「農耕・牧畜と定住」への進化が起こったのかは、複合的な原因でしょう。何よりも地球環境の変化が基本でしょう。しかしそれだけなら地球の温暖化は以前にもあったのです。コムギやイネの突然変異で食べやすくなったという説もありますが…。石器が磨製石器に変わったからでしょうか。

こんなことを考えながら、地球の気温から考えます。じつは「ヴュルム氷期」の後に小さな氷期があることを前述しましたが、その「小氷期」と関連づける説もあるようです。しかし、ちょっと細かすぎる議論ではないでしょうか。なにしろ何万年という変化を問題にしているのですから、数10年の人間の「世代」と大きな差があります。懸命な努力をしながら、成功した場合や、あえなく失敗した例もあったものと思われます。

さて地球が温暖化して大型獣は北のほうにいってしまいました。それを追って北へ行った人もいたでしょうが、多くの人は残りました。ここに、農耕の望みがあったためでしょうか。コムギやイネの変化なるものは半ば自然によるものでしょう。自然の変化をうまく利用したものと思われます。

牧畜も一部は自然の恵みであり、一部は人間の本能でしょう。うまく餌をやれば集まってくるという。

問題は定住です。しかしこれも農耕・牧畜と同じで、どちらが先かも含めて理由は複合的です。

じつは、定住もすぐに始まるのでなく、移動しながら一定期間定住する。それは特定の場所例えば墓地に集まるとかで、そういうときには集団も大きくなるなど、いろいろな形があったようです。

ここにもいくつかの偶然があるように思います。狩猟と農耕でどれだけの土地が必要か、という研究もあるようですが、いうまでもなく結果論です。

(3) まずは食料から

こうして定住・農耕が徐々に「おずおずと」始まります。世界的に見ると極めて多彩です。まず食料となる「野生植物」に依存します。そこから考えてみましょう。

大別すると、① ムギ・イネ・その他の穀物　② 根栽作物　③ サバンナ　④ アメリカ大陸でのことです。

①－（ⅰ）　地中海沿岸のナトゥフィアン文化といわれる地方。B.C.1万500年頃に始まります。次いで南西アジア地方。
　　　　　いずれも、コムギ・オオムギ。エンドウ・レンズ豆・どんぐり・ピスタチオ。山羊・羊・豚・牛など（いうまでもなくかなり発達した状態です）。
　（ⅱ）　東アジア北部：アワ・キビ。豚。1万年前。
　（ⅲ）　東アジア南部：イネ。魚。1万年前。
　（ⅳ）　インド北西部：コムギ・オオムギ。牛・羊・山羊。7000年前。
　（ⅴ）　東ヨーロッパ・北ヨーロッパ：ライムギ・オートムギ。
②－（ⅰ）　東アジア南部：ヤムイモ・タロイモ・パンの木・サトウキビ。豚・鶏。
　（ⅱ）　オセアニア：同上・バナナ・サゴヤシ・キャッサバ。
③－サバンナ（アフリカ）：ゴマ・ヒョウタン・キビ（もろこし）・シコ

クビエ（稗）・ササゲ・トウモロコシ。

④ーアメリカ大陸
- （ⅰ）メキシコ市南部のテワカン谷。B.C.7000年頃。野生植物を求めて雨季に大集団。乾期に分散。大集団の時に集まるとそこが、栄養豊富な有用植物の発生地になる。インゲンマメ・アボカド・カボチャ。小さなトウモロコシ。小動物。
- （ⅱ）中央アンデス。B.C.4000年頃に定着。ジャガイモ・オカ・オユコ（いずれも芋類）・雑穀のキノア・インゲンマメ・カボチャ・ヒョウタン。リャマ・アルパカの飼育。
- （ⅲ）中央アメリカの B.C.5000〜2000年頃。サンプウイード・ヒマワリ・カボチャ。木の実。川貝。洞窟定住で、オハイオ州・ケンタッキー州・テネシー流域など。
- （ⅳ）コロンビア沿岸B.C.3000年頃。インゲンマメ・トウモロコシなど。

ここで、一応の目安として西アジアを中心とした家畜化の過程を見ておきましょう。

犬：約1万年前
羊：8000年前
牛：7000年前
ロバ：3500年前
馬：2500年前
ラバ：450年前

こうして、やや形式的ですが世界の有用食物が分かります。これ以外の地方はそれぞれの地方から広がっていったものが多く、一種の「完成型」として広がりました。

また「縄文文化」と似た状態で、カリフォルニアでは木の実が多く、農耕が生まれませんでした。一方、デンマーク地方では、魚や小動物、ベリー類や堅果の採集で過ごしました。

さらに、ユーラシア大陸の北方では、トナカイの飼育を生業とする人たちがいました。

（4）さまざまな定住

　定住のありさまも様々です。

①－（ⅰ）　地中海沿岸のナトゥフィアン文化地方。定住は食料と同時に（B.C.1万300年頃）始まったようです。住居は、洞窟内の竪穴住居から始まり、円形・個室構造から、先土器・新石器段階には、隅の丸い方形・多室構造などと変化しています。中にはチャタル・ヒュユクのように、屋上を通って隣家に行く構造の家もありました。レヴァントのベイダ・イェリコ・ムハンタなどの遺跡が残っています。

　　（ⅱ）　東アジアでは北部も南部も同様な定住の様相で、1万年前を過ぎた頃から古い竪穴住居です。農耕による定住以前に土器が出現しています。煮ることが古くからあったようです。村は寄り集まって生活していたようです。黄河流域では南庄頭遺跡、長江流域では彭頭山遺跡などが古いものです。

　　（ⅲ）　インド北西部カッチ平原のメヘルガル遺跡では（B.C.7000年頃）、日干し煉瓦・壁構造で、二室から四室からなる住居だったようです。

②－（ⅰ）東アジア南部　（ⅱ）オセアニア：古くから定住。

③－サバンナ（アフリカ）：変化が少なく、古くから定住。

④－アメリカ大陸

　　（ⅰ）　メキシコ市南部のテワカン谷。B.C.7000年頃、乾期（小集団）と雨期（大集団）に分かれていたことは前述しましたが、B.C.3000年頃には竪穴住居で集団化します。

　　（ⅱ）　中央アンデス。長い歴史の末、B.C.4000年頃に定着したことは前述しました。儀礼的な公共的性格の建造物も出現するようになってきます。

（ⅲ）中央アメリカの B.C. 5000〜2000年頃の洞窟定住については前述しました。B.C. 1000年頃になると定着化が進みます。

3-5 巨石文化の時代

　ここで「巨石文化の時代」を取り上げるのは、「階級社会」の一つの萌芽があるのではないかと考えるからです。これまでは、なんらかの指導者が出てくるのは「潅漑工事」と「ピラミッド」がよくその例とされていました。後者はすでに「王権」成立後のことで、巨石文化はもう少し前の段階にあり、ここに萌芽があるのではないかと思うのです。

　巨石文化にもいろいろなものがありますが、B.C. 4000年頃からB.C. 2000年頃に作られたものが多いようです。

　有名なものはイギリス・ソールズベリー平原の「ストーンヘンジ」（B.C. 2800〜1100年頃）で、中心には祭壇石、その周りに現存三組の三石塔（トリリトン）、そして立石の上に横板を少しずつずらした形態の円周環14基（半壊も含めて）が並んでいます。もう一つ重要なものは円の中央付近から見て、ストーンヘンジ外周近くにあるヒル・ストーンで、これが夏至の日の出の方向にあたるといいます。この方位と外周付近から墓地が見付かったこと以外目的ははっきりしません。ケルト人などをめぐる伝説は沢山あります。

　一方フランス・ブルターニュの「カルナック遺跡」（B.C. 5000〜3000年頃）では、極めて多数の「見渡す限り」の立石（アリュニマン）が立ち並んでいます。メネック・ケルマリオ・ケレスカンという隣接した遺跡からなっており、メネックだけでも、11列、長さ1200mにもなっています。

　巨石文化は西ヨーロッパに多く、60〜70ヵ所にも上っています。墓地や祭祀、天文・季節の観測など多くの謎がありますが、いずれにせよ、その大がかりで、石それ自体の運搬も大変な中で、やはりなんらかの指揮・指導する者の存在が欠かせなかったでしょう。力を揃えるだけでなく、天文学的な知識も必要だったことでしょう。こうした作業を指揮す

る「指導者」にも「階級社会」の萌芽があるのではないでしょうか。

3-6 文字の始まり

「文字」の考案は「農耕・牧畜」に劣らぬ大きな発展だったといえるでしょう。何よりも後の世に「記録」が残るのですから。特に後述の「楔形文字」は書かれたものが粘土版の上でしたから「火」にも滅法強く、残った物からは多くの「王」などの事跡が見られます。但し最初は荷物の受け渡しのようですが。

その時、「話しことば」からそのまま記録出来るやり方が都合よく、「口でいうように書ける書記が本当の書記である」といわれた通りです。ヒエログリフのように一部の人たちだけで文字を独占したところもありましたが、出来初めは今述べたようにメソポタミアの商業の「伝票」なのでした。

実際には「絵文字」の段階を通って、徐々に形成されて来たのでしょうが、とりあえず年表等から探ってみましょう。

ⅰ　メソポタミア：文字の最も古いものは「楔形（せっけい・けっけい）文字」で、他の文字はなんらかの「前史」があるといいます（「西アジアの考古学」p.119）。

また、「楔形文字」も「絵文字」の段階を通りますが、実はその前に約 8千年紀からある「トークン」という粘土で作った球や円錐、円盤などをカウンターとして使っていました。これと同時に「ブッラ」（粘土の封筒）を用いていたのです。これでいわば物品の数と中身（絵文字）を示す「納品書」のようにしていたのです（「文字の起源と歴史」p.65。トークンは第2章3「人間の認識の発達」③で記述しました）。

そして「楔形文字」が完成してくると絵文字も「トークン・ブッラ」も消滅するそうです（「西アジアの考古学」p.125）。

8000：最も古いトークン（「西アジア…」p.126）
6000：トークンとブッラ

3400：トークン・ブッラ。南メソポタミア（ウルク）で大量の物資の集積・保持・再配分（「西アジア…」p.126～130）
3200：シュメール文字（ウルク）で文字も数字も絵文字記号。都市遺跡の神殿や公共的建物から
3100：シュメール語で楔形文字への移行
2850：アッカド語（ウル：北メソポタミア）の楔形文字。文字はそのまま、発音は変更。後にエラム人、ヒッタイト人に広がる（言語は変わるが文字は殆ど変わらない）
2350：ラガシュの楔形文字。数字は絵文字
1500：ヒッタイト語：バビロニア楔形文字の文字記号と発音の大部分を借用。ヒッタイト語にはヒエログリフ的な言葉もあるが装飾的らしい
1400：ウガリット語：シリアのラス・シャムラで発見された楔形文字：原フェニキア文字に用いられたアルファベット書式の始まりといわれる→フェニキア文字
 800：ウラルトゥ語
 600：ペルセポリス語：形式は楔形文字だが内容はアルファベット
楔形文字は紀元前後まで使われました。

ⅱ　エジプト　ヒエログリフについては B.C.3100年頃「完成された」ものとして現れたように見えますが、もともと表意文字であり、前身は絵文字なのですから「前史」がないとはいえないでしょう。
　絵文字の中に、土器・武器・お守り・装身具などに書かれたものと似たものがあるといいます。
　また、メソポタミアからということについては、シュメールの文字との違いはヒエログリフが子音だけを書いていることです（シュメールは音節的）。しかし全く異なったものともいえません。
　太古シュメール語を元にしているともいわれます。
　3000：ヒエログリフ。殆ど同時にヒエラティック（「行書体」）

2600：パピルス記録
560：デモティック（「日常的に使う」という意味の「デモティコス」から（「草書体」））

ヒエログリフはA.D.4世紀頃まで用いられました。その後「コプト・アルファベット」となりました（エチオピア）。

iii インダス インド大陸西北に初めて都市を築いたインダス人は、モヘンジョ・ダロでもハラッパーでも、住居、通路、上下水道などがしっかりしているのに、不思議なことに文字が未解読の状態にあります。

2500：未解読：書かれた文字が全体として400前後と圧倒的に少なく、言葉も短文で5文字以下です。語数が多い点から表意文字らしいと考えられますが、表意文字と表音文字の混合という説もあります。やや関連するものとして南インドの「ドラヴィダ系」に近いかとも見えます（反論もあります）

なおインダス文字・文化については、その後も住民は在住していたのであり、世界史の一種の「ミッシング・リンク」として研究が望まれます。

iv エーゲ海

1800：線文字A（未解読）：粘土板に刻まれ、クレタの南にあるミノア人の宮殿からで、クノッソスにはなかった。クレタ島と南エーゲ海で栄えたミノア文明の文字

1700：ファイストスの円盤（未解読）：クレタ島南部の宮殿遺跡から発見された直径16cm、厚さ1.2cmの粘土板。両面に異なる絵文字。このために作った「スタンプ」で押された「世界初のタイプ文書」。文字数両面で242字。クレタの古い「ヒエログリフ」とも、線文字AでもBでもない。外部から持ち込まれたのかも知れない

1450：線文字B：解読されたヨーロッパ最古の文字。クノッソス宮殿（ラビリントスかといわれているもの）とギリシア本土（スパ

ルタの古代王国ピュロスの遺跡）で発見。クノッソスやクレタがギリシア人に征服されてから、ギリシア人とミノア人に使われた文字

v　中国
　　1250：甲骨文字（「中国史」（山川出版社）p.122）：殷代後期に作られ、亀や牛の骨に書かれた「絵文字」に近いもの。占いの風習はB.C.17世紀からありますが、文字が現れるのは13世紀からで、殷後期第21代武帝からです。

　その後も、中国では徐々に変化しながら一貫して同じ文字が書かれています。「印章体」「金文」「隷書」「楷書」「簡体字」など。

　日本も、読みを変えて漢字はそのまま、さらにカタカナ・平仮名を加えて使っています。

vi　フェニキア　アルファベットの歴史にはやや古い「前史」があります。

　「原カナン文字」：B.C.17〜16世紀のものとされている文字。「原シナイ文字」より古いという。カナンのシケム・ゲゼル・ラキッシュなどで発見されたもの。殆ど絵文字段階。

　「原シナイ文字」：シナイ半島のサラービト・エル・ハーディムで見つかったB.C.1700年頃のもので、23〜27個の文字から出来ています。エジプトのヒエログリフによく似た文字も含まれています。

　「ウガリット文字」（前出）：シリア北部のウガリットで発見された、B.C.14世紀頃のもの。約30字の単純な楔形文字一式を作ったらしい。その後、粘土版の中に「ABCとの対照一覧」が見つかっています。

　そして、いよいよ
　　1000：フェニキア・アルファベットの使用が始まります。ビブロスの遺跡で見つかりました。アヒラム王棺の碑文で、かなりギリシア文字に似ています。そして…

vii　ギリシア

730：ギリシア・アルファベットの初め22個のフェニキア文字に、ギリシア人が5個増やして使うようになったといわれています。すなわちユプシロン(Y)，フィ(Φ)，キ(X)，プシ(Ц)，オメガ(Ω) です。

こうして、その後ギリシア文字からは、エトルリア文字・ローマ（ラテン）文字を経て現代へ続いています。

また、原シナイ文字の系列からは、初期アラム文字を通じて現代アラビア文字・現代ペルシア文字・現代ヘブライ文字などにつながっています。

3－7　音楽・舞踊

いろいろな見方があるでしょうが…

B.C.2万5千頃：壁画に「踊っている人」が描かれています
　　　　　1万頃：笛の出現
　　　　9000頃：ハープとリラの出現
　　　　6000頃：太鼓の出現
　　　　1500頃：素朴な管楽器の出現
　　　　 250頃：パイプオルガンの出現
　　　　 250頃：横笛（フルート）の出現

3－8　金属器の登場による社会変化

金属の項でも述べましたが、様々な試行錯誤の末に手にした「青銅器」は（B.C.3500年頃から）、社会に対して非常に大きな影響力を持ちました。

銅に比べて一層強く、農業生産は飛躍的に増大、余剰生産も増え、階級社会が出現します。それを狙って戦争が起こります。戦争の激しさも金属のなかった時代より一層激しくなります。

ところが、これらの変化は、「鉄」の出現（B.C.2000年以降）によっ

て何倍にも大きくなります。鉄は資源も多いのですが、製品にするには大変な努力が必要なので、それについては金属の項でるる述べました。

「金属」がどんなに現在の社会に深く結合されているかは、ちょっと振り返ってみるだけで十分でしょう。パソコンもワープロも、本立ても机も、町に出ればバスも電車も、ビルディングも。空中にも地下にもいたるところに、インフラストラクチャーの多くが金属です。片時も「金属」から離れては生活は出来ません。

3－9 その後 紀元前後まで

B.C. 1万頃：農耕・牧畜の始まり

　8000頃：アフリカ サハラ砂漠がいわゆる「緑のサハラ」となる

　　→4000頃：バンツー系住民の大移動。中央アフリカから東→南アフリカまで。アフリカ住民の1/3を占める広大な地域に現存する。森林環境に適応した農耕文化で鉄器を持っていた。この鉄器には、その始まり（B.C. 5世紀以前？）も含めていくつか説があり、アフリカ固有説（炉の構造も移入されたものにしては原始的）もあります。ただ石器から直接鉄器に移行したことは確かなようです。クシュ国のメロエには膨大な鉱滓（スラグ）があって「アフリカのバーミンガム」ともいわれています。

　　　これ以後も「全アフリカ」の歴史は、はっきりとしていて「歴史のない大陸」ではありません

　6000頃：余剰生産の発生→原始共産制から奴隷制社会へ

　　階級の発生：生産手段の私有と生産物の私有

　3400頃：メソポタミア都市国家群：ウル・ウルク・キシュ・アッカドなど

　3200頃：エジプト：都市国家「ノモス」から王国へ

　2500頃：インダス文化：ハラッパー・モヘンジョダロ

　2000頃：エーゲ（クレタ）文明：クノッソス宮殿：海洋文明とも

　　　　　→1500年頃ミケーネ文明を創る（黄金のマスク）
1750頃：ヨーロッパ人の先祖（先に住んでいたケルト人とゲルマン人にインド・ヨーロッパ語系の侵入者が混血）
　　　　　→900年頃鉄器文化（ハルシュタット：ヨーロッパ最古の文化。国家というより部族集団）
1700頃：中国 殷王朝
1700頃：ハムラビ法典：バビロニア王国→796年アッシリアにより滅ぶ
1500頃：アーリア人のインド北西部侵略→1000年頃 ガンジス川中流域。デカン高原へ
　　　　　アーリア人によるインド社会の差別体制：四姓（ヴァルナ）；祭司（バラモン）・王侯・武人（クシャトリア）・庶民（ヴァイシャ）。この下に隷民（シュードラ）・不可触賤民（パリヤー）がおり、これらのカースト制をバラモン教の教典は是認していた
　　　　　6世紀になって、バラモン教に批判的な宗教指導者が現れ、その一人がゴータマ=シッダールタで、もう一人はマハービーラであった（第2章2-6④⑤）
1400頃：アッシリア自立：1141年ネブカドネザル→933年アッシリア帝国→701年オリエント統一→アッシュルバニパル文庫
1300頃：メソ（中央）アメリカ　オルメカ文化：巨大な祭祀場。人頭像・翡翠（ひすい）・人物とジャガーの像が多い
1200頃：ペルー地方にチャンピ文化：海岸から10ないし数10km離れた位置に巨大な司祭場とジャガーの彫り物がある
1000頃：縄文時代から弥生時代へ
1000頃：中米ユカタン半島にマヤ文化（A.D.16世紀まであったという）：オルメカ文化の流れを引くが、一方で独自との意見もある：文字を持ち、一年365日の暦を持つ（但

しひと月20日や「長期暦」があったが、「ゼロ」を表わす数字がなければゼロの概念があったとはいえない）

900頃：フェニキア人の地中海植民地：カルタゴ・チンギス（タンジール）・ガデス（カディス）・マラガ

7c頃：ハルシュタット文化が拡大→4世紀頃にはラテーヌに達し、ブリタニアもケルト化される

750頃：ギリシア人の地中海植民始まる。ネアポリス（ナポリの地下遺構）・ビザンティオン・マッサリア（マルセイユ）

560頃：シャカ（ゴータマ＝シッダルータ）仏教の始まり：王城を捨てて7年の修行の後ブッダ（真理を悟った者）となり、欲望を捨て、国王から商人・不可触賤民まで参加出来る僧院を開いた

550頃：ギリシア文化の隆盛：抒情詩人（サッフォ・ピンダロス・シモニデス・アナクレオン）

悲劇作家（エスキュロス・ソフォクレス・エウリピデス）

525：ペルシアによるオリエント統一

500〜479：ギリシアとペルシアの戦争：テルモピレー・サラミス・プラエーテ

484：孔子が魯国に帰り弟子を教育（論語）

450：「十二表法」（「市民法」とも）：最初の成文法。奴隷と外人以外には自由と平等が国家形成の理念である→「万民法」などを通じ、A.D. 6世紀東ローマ皇帝ユスティニアヌスにより「ローマ法大全」に集大成（年表539年頃「社会」）

443〜429：ペリクレスの執政（アテナイ全盛）

431〜404：ペロポネソス戦争

ギリシア文化（続）：喜劇作家（アリストファネス）・芸術：彫刻（フィディアス・ミロン・ポリクレイトス・ス

コーパス・プラクシテレス・リシッポス）：建築（イクチノス）：絵画（ポリグノトス）

356：マケドニアのアレクサンドロス ペルシア遠征：東西文化・民族の強制的交流（〜323年）

→その後「アンチゴノス朝マケドニア」・「セレウコス朝シリア」・「プトレマイオス朝エジプト（アレキサンドリア）」：ヘレニズム＝ギリシア文化とその模倣。明るく開放的な人間中心主義（もう一つはヘブライズム＝キリストの神中心主義）

211：秦の統一（〜206年）：度量衡・貨幣制。焚書坑儒の暴挙

27：ローマ帝国成立（←509年王政から共和制に。269〜241年 第一/218〜201年第二ポエニ戦争。第1奴隷反乱（シチリア）〜第3奴隷反乱（ベスビオス）：スパルタクス）

ローマ文化：312年アッピア街道・水道着手。政治家キケロ。歴史家 ポリュビオス、リヴィウス。地理学者・歴史家 ストラボン。詩人・哲学者 ルクレチウス。

文学者 ウェルギリウス・オヴィディウス・ホラチウス-フラックス

4頃：キリスト生誕

参考文献

1 人類誕生の偶然性と進化
山部恵造：未発表

2 石器時代の社会生活
NATIONAL GEOGRAPHIC 日本版　2010年7月号　p.36
「モンゴロイドの地球　1 アフリカからの旅だち」　赤澤威他　東京大学出版会
「人類誕生の考古学」　木村有紀　同成社

「考古学でつづる世界史」　藤本強　同成社
「アルタミラ洞窟壁画」A・ベルトラン他　大高保二郎他訳　岩波書店

3　地球環境と人類社会
「地球史が語る近未来の環境」　町田洋他　東京大学出版会
「気候文明史」　田家康　日本経済新聞出版社

4　定住と農耕
「縄文の生活誌」　岡村道雄　講談社
「世界の歴史 1　人類の起原と古代オリエント」　大貫良夫他　中央公論社
「人類文明の黎明と暮れ方」　青柳正規　講談社
「人類誕生の考古学」　木村有紀　同成社
「考古学でつづる世界史」　藤本強　同成社

5　巨石文化の時代
「巨石文化の謎」　J.P.モエン　蔵持不三也他訳　創元社
「世界の文明」　M.アストン他　大出健訳　原書房

6　文字の始まり
「文字の起源と歴史」　A.ロビンソン　片山陽子訳　創元社
「文字の世界史」　L.J.カルヴェ　矢島文夫訳　河出書房新社
「文字の歴史」　G.ジャン　矢島文夫他訳　創元社

7　その他
「新書アフリカ史」　宮本正興他　講談社現代新書
「世界の歴史　1〜5」　中央公論社
「世界史再入門」　浜林正夫　講談社学術文庫
「新講世界史」　土井正興他　三省堂
「日本国民の世界史」　上原専禄　岩波書店

第 2 部
年表：A.D. 1年～現在

第1章 古代（続き）（1）

紀元 ──

金属の技術と理論	一般の学問
10頃：[中]車が通るのに十分な強度の「鋳鉄」の橋を作った 1c頃：[日]西日本で鉄器が普及し、石器は急速に消滅する（鉄の原材料は朝鮮・中国からのもの。最初は技術者もやって来た。第1章「日本への金属器の渡来」参照） 20：[中]杜詩：鋳鉄用に水力ふいごを発明 60：[ギリシア]アレクサンドリアで蒸気の噴出を利用した球形のエンジンを作る 70頃：[伊]プリニウス（23〜79）：「博物誌」に「鉄はセーレスが最高、ペルシアがそれに次ぐ」との記述。セーレスは中国かインド→中国では B.C.600年頃に金属の時代。インドに入ってきたアーリア人は鉄を持っていたといわれる。「ウーツ鋼」の源はインドだともいう 80頃：[中]王充（27〜104）：「論衡」磁針が南北を指すことに気付く。「指南の杓」は方角だけでなく、占いなどにも使われたがあまり普及しなかった。後に「指南魚」として使われた→1070年 1c：磁石の着磁法：灼熱した鉄を南北に向けて冷却すると、磁石になることが知られていた 80：[中]王充：鎖をつけたバケットで低地から高地へ揚水した 90：[中]穀物の籾殻と穀物を分けるため、扇を回転させる「唐箕（とうみ）」を発明 100：[中]多数の種を一度に蒔く「種蒔き機」を発明	紀元頃（一説ではB.C.300〜200）：[中]「周髀算経（しゅうひさんけい）」：現存する中国最古の天文・数学書。著者・成立年不詳：垂直に立てた柱を用いた天体観測用の器具（18世紀頃まで：グノーモン）と天空の円軌道。ピタゴラスの定理（由来不詳）など→1世紀頃「九章算術」参照 1c頃：[中]「九章算術」中国第2の古数学書。著者・成立年不詳。分数、正負の計算、開平法・開立方、比例、連立方程式、様々な図形の求積、パスカルの三角形」など。中国の数学書として最良のもので注釈も多い 150：プトレマイオス・クラウディオス（アレキサンドリア・ギリシア人、生没年不詳）：「アルマゲスト（最大の書）」執筆（原著名は「数学的大集

➡ **2世紀**

一般の技術	社会・経済・政治
5：中国で、船の「舵」が描かれている絵がある（西洋最古の舵は1180頃） 9：[中]「ノギス」の発明。ただし6寸目盛りと1寸の1/10目盛りが刻まれている（このままではバーニア目盛りにならない）。キャリパーにはなる。レオナルド・ダ・ヴィンチの1000年前となる 40：アナザルボ（現トルコ）のディオスコリデス（後ローマ）：「医薬資料について」：600種に上る植物が整然と配列され、1000近くの医薬学的特性を扱う。中国の本草学「神農本草経」はB.C.300年頃のものであるが現存せず、残っているのは梁の陶弘景（451～536）のもの 45：ギリシアの船乗りたちは、アフリカ南端から南インドまでを40日で航行できるモンスーンの風を知り、香料貿易に利用してローマへ運んだ 70：ローマのプリニウス：「博物誌」を著わす：宇宙から薬品に至るまで豊富な知識の百科全書。37巻・2500章。内容は真偽入り乱れ注意が必要であるがさまざまに有用。重要な「古典」である 97：S.Y.フロンティヌス「ローマの水道2巻」を執筆	1～8c：ペルー南西部「ナスカ文化」：巨大な地上絵 30頃：ユダヤにおいて原始キリスト教団成立。最初はユダヤ人のみ。 　　次いでキリキア出身でローマ市民権を持つパウロは「民族的・階級的差別に拘わらず、苦しみはあの世で救われる」と説教。これを「かたくなな迷信」として信者を広げた。 　　しかしユダヤ教信者は「メシアの出現」を待ち続け抵抗した。しかし結局、国を持てず「亡国の民」としてヨーロッパや西アジアに離散した。 　　その後ローマでは、250～300年大迫害、313年「ミラノ勅令」で公認 25：後漢：光武帝 中国平定（～220年） 57：[日]倭奴国王、光武帝の「金印」を受ける（当時の日本の社会状況：王・大人（豪族）・下戸（人民）・生口（奴隷）） 70：[伊]「博物誌」：プリニウス（「金属の技術と理論」。「一般の技術」参照） 79：[伊]ヴェスヴィオス火山噴火：ポンペイ、ヘルクラネウム埋没 84頃：[ブリタニア]ローマによるブリタニア・カレドニア一応の征服→120～140年長城建設
105：[中]蔡倫（生没年不詳）：製紙原料を拡大した改良者（第1部第2章2－7前出）。製紙法は長期にわたって門外不出だったが、751年タラス河	2c：ガンダーラ美術隆盛：パキスタン北部 ポルシャプラ（ペシャワール）を中心に、ヘレニズムの影響を受け、インド文化とギリシア文化の融合し

[古　代]（2）

金属の技術と理論	一般の学問
	成」：マテマティケ・シンタクシス」、後に尊称「マジェステ」がつけられ、イスラムで「最大の書」となる。「12世紀ルネサンス」でラテン語化されるときもそのまま）。 　地動説を一考しながらそれを捨てて天動説に。観測にあわせるためアポロニオスとヒッパルコスの「周転円(epikyklos)」「離心円(ekkentros)」などを採用。観測結果によく合わせてあったので直接の批判が難しく、16世紀まで天動説を支えた 180：ガレノス(ペルガモン・ギリシア人、129〜199)：医学的知識をまとめる。ヒポクラテス註解を根幹とし、解剖学・生理学・衛生学・養生法、特に解剖を重視した。もちろん当時の限界がある→1543年ヴェサリウスに至るまで医学界で重視された→1628年「技術」ハーヴェイ
270：[中]初めての羅針盤(磁石式)が使われた 2〜3c：[日]静岡県登呂遺跡では鉄製工具を使用して農耕具・木製品を作っていた 3c：[エジプト]ゾシモス：錬金術の発生と百科事典的著作(生涯は不明)。プラトン主義やグノーシス派の影響も見られるが各種蒸溜器など基準的操作も述べられている 270：[中]木炭の代わりに石炭が使われた 270：[中]馬を制御するための「鐙(あぶみ)」の絵がある	
319：[印]デリーにある鉄柱(99.72%の錬鉄、約7m/23kgの鉄の鍛造品)が作られる(後にダハール、セイロン、	313：[伊]「ミラノ勅令」でキリスト教公認(392年国教に昇格)→ヒュパティア事件、アカデメイア閉鎖などに影響

→ 350

一般の技術	社会・経済・政治
畔の戦いで捕虜になった「紙漉き工」から広がり、→751年サマルカンド。バグダードには794年、エジプトには900年、イベリア半島には1187年、フランスのエローに1189年、イタリアのモンテファーノには1276年、イギリスには1494年に到達した 132：[中]「赤道天球儀」の作成。B.C.240年に始まり「北極星」の基準に合わせた後。赤道中心の方向に合わせる。水力で動く天球儀を作った。「晋書」に詳しい 2c：[中]中国船では多数の「隔壁」があり、一部分に海水が入っても全体は沈まない。またその一部に水を入れ「いけす」として使える 2c：[中]地図に「碁盤の目」(方格法)を入れ方角・距離などを正確化した 2c：[中]「覗きからくり」の発明。始めは単純な数場面の「覗き」だったが、次第に場面も多くなり、音の出るものもあった。ヨーロッパでは1634年が始めという	た独自の仏教美術が増え、仏陀の姿が初めて創られ、大乗仏教の広がりとともに数を増す 100頃：[伊]タキツス：「ゲルマニア」：堕落したローマへの警告を含む。他に「同時代史」「年代記」(←「弁論」においてキケロと対比される) 100頃：[ギリシア カイロネイア]プルタルコス：「対比列伝(英雄伝)」：ギリシアの学者・政治家と類似のローマ人の伝記を並べた 117：[伊]ローマ帝国最大版図：軍隊の巨大化、拡大が終わり奴隷の不足と値上がり、奴隷労働の非能率化。その後、土地付小作人(コロヌス)の発生 150頃：[パキスタン]クシャナ朝のカニシュカ王のもとで第4回仏典結集
260：[中]康泰の著書にはすでに多数の帆を持つ船舶について書かれているが、中国では竹を使って多くの帆を立てその向きによって、順風・逆風でも自由な帆走が出来た 265：馬鈞が、歯車の組み合わせで車上の人形が常に南を向く「指南車」を作った。「差動装置」のように働き一種の「サイバネティックな装置」といえる(第1部2-7)	200頃：[印・パ]サータヴァーハナ(アーンドラ)朝とクシャナ朝で大乗仏教運動の大成：ナーガルージュナ(龍樹、150～250頃) 220～252：魏・蜀・呉 起こる。いずれも265年・271年滅亡→晋 226：ササン朝ペルシア建国(～642年)(後、アテナイの「アカデメイア」が避難) 239：[日]倭女王卑弥呼の使節 帯方郡・魏都に至る：「魏志倭人伝」
	330：[ローマ]ローマからコンスタンチノープルへ遷都 350頃：グプタ朝チャンドラグプタ1世の

[古　代]（3）

金属の技術と理論	一般の学問
コナラークにも）。当時おそらく職人は固まり、一種のカーストを形成し、地位も低く記録を残さなかったためと思われる	
400：[中]鋳鉄と錬鉄から「鋼」を作るようになる 5～6c：[日]東日本の住居跡からも、くわ・鎌・刀子（こがたな）・鏃（やじり）などの出土が急増する	415：ヒュパティア（アレキサンドリア・ギリシア人、370？～415）：虐殺事件：哲学・数学者：ギリシア数学の継承者として有名。才能・雄弁・謙虚さで知られたがキリスト教徒により虐殺 420：マルティアヌス・カペラ（カルタゴ、生没年不詳）：「自由学芸」を七科目に整理。初等三学科：文法学、論理学、修辞学。上級四学科：幾何学、数論、天文学、音楽。これはB.C.1世紀後半のヴァロを引き継いだもの（第1部2-8参照）。→500年カッシオドルス参照 425：コンスタンチノープルに「大学」

→ 476

一般の技術	社会・経済・政治
	もとで アジャンター・エローラなどの岩窟寺院の掘り始め 375頃：ゲルマン民族大移動開始：「西ゴート族」がドナウ川の南モエシアに渡ったのを発端として（→西ゴート族は「フン族」に追われたためであり、フン族は一説によれば東アジアの「匈奴」と同族ではないかといわれボルガ流域で漢の鏡が発掘されてもいる） 395：ローマ帝国東西に分裂：西ローマの首都：ミラノ後ラヴェンナ、東ローマの首都：コンスタンチノープル
	406：[伊]ヒエロニムスによりラテン語聖書（ウルガータ）成る。「ウルガータ」は普及版を意味する 449頃：アングロ＝サクソン族（シュレスウィヒからの「アングル族」・古サクソン地方の「サクソン族」・ユトランド半島付近の「ジュート族」）のブリタニア侵入。 　「アングロ＝サクソン七王国」成立→829年イングランド統一 476：西ローマ帝国滅亡：ローマではゲルマン人を一部では傭兵・農民にもしていたし、ある所ではゲルマン人の王国も出来ていた。ガリアケルト系の「バガウエダ」の決起も大きく影響し、それに対抗するためにゲルマン人を使ったりもした →486年「フランク王国」成立（メロヴィング朝）

第2章 中世（1）

499 ──

西ローマ帝国滅亡の「476年」を一応の目安として「中世」の始まりとします。ヨーロッパ以外では

金属の技術と理論	一般の学問

「中世、封建制の時代へ」
① ローマ帝国では、奴隷を使った大土地制度（ラティフンディウム）という制度はありましたがすでに崩れかかっており「奴隷」制という生産方法は時代後れになっていました。
「奴隷制」から「コロヌス制」を過渡期とし、それに代って「領主－農奴制」に変わっていきます。それまでのやり方をある程度引き継ぎ、土地は領主のもので、一部の農作業道具は農奴のものにするというものでした。もちろんこれは長い間に起こったことで、内容もすぐに決まったことではありません。
「農奴」は限られた範囲で農耕に自主性を持ち生産します。領主は収穫の多くを取り、残りを農奴のものとします。冷害や病気がはやったときには冷酷な領主に苦しめられますが、一定の生産物が自分のものとなります。生産への意欲も出たと考えられます。もちろん移動の自由もなく、裁判も領主の自由でした。
「領主」が国王から封土（土地）を与えられ（先祖の土地・戦争で奪った土地なども）、領主裁判権（行政・司法・課税＝不輸・不入権（インムニテート））を持ってその地の農民（多くは農奴）を支配。国王も領主も農民からの年貢で支えられていました。領主にもいろいろな段階がありました。農民には農耕権・入会権（農民の権利）・夫役（農民の義務）などもありました。
こうして多くの国では「国王－領主（－家臣）－農奴制」に基づく「封建制」の国になっていきます。
② 中世の始まりは「ゲルマン民族大移動」がきっかけでした。すでに250年頃にはフランク人がガリアに進出。375年頃には西ゴート人が、そして、400〜500年と、まさに「ゲルマンの大移動」の時代でした。こうして、その後に続く国として、フランク、西ゴート、ランゴバルド、イング↗

「アテナイの「アカデメイア閉鎖」：ギリシア文化の系譜」
東ローマ帝国ユスティニアヌスにより529年には、アテナイのアカデメイアが閉鎖されます（実際にはもう数10年続いていたようです）。アテナイ（およびアレクサンドリア）の学者は、コンスタンチノープル、さらにササン朝ペルシアへ逃れます。
キリスト教は313年「ミラノ勅令」で公認され、392年にはローマの国教になり、キリスト教以外の宗教は禁止されます。アレクサンドリアでは415年ヒュパティアが虐殺されたり、また異端として435年ネストリウス派が追放されたりしていました。
さて、ササン朝のホスロー1世の下クテシフォンではギリシア文化とインド文化が花開いていました。また、ジュンディーシャプールではネストリウス派の医師がすでに5世紀から評判を得て↗

588：[日]法隆寺建立。多くの建築家と同時に鍛冶屋も来日したでしょう。法隆寺の鉄釘は解明されており、燐・硫黄・マンガンは後世のものより少ないそうです。おそらく良く鍛えて不純物も取り除いているからであろうといわれています

499：[印]アールヤバタ1世：インド数学の体系化の始め。天文・数学書「アールヤバティーヤ」。「アールヤ学派」の基本テキスト
500：[南イタリア]カッシオドルス（470？〜570？）：「聖俗学芸教程」（「学問論」または「自由七学科の百科全書」）。

→ 588
適切でないのですが。

一般の技術	社会・経済・政治

↗ランド、ローマ教皇領、そしてビザンツ帝国（東ローマ帝国）となっていきます。
　800年頃から「ノルマンの大移動」もあります。デーン王国はフランク王国の一部分にノルマンディー公国を成立（911年）させました（フランク王国は黙認。843年分割の切掛け）。
　スウェーデンでは8世紀中葉に王国。バルト海を東進し、スラブ人によってバリャーグ人と呼ばれ、ビザンチンにまで進出。ロシアに「ノブゴロド公国」を建設したがまもなくスラブ人によって統一されます（882年キエフ公国）。
　イギリスでは9世紀にハラール（ハロルド）王により統一。アイルランド・アイスランド・グリーンランド、さらにイタリア南部とシチリアまで征服（ロジェⅠ、Ⅱ世）。
③　基本的な生産力として、11〜13世紀には生産農具の一つに「有輪犂」の存在が見られます。これは車輪で「犂の重量」を減らし、同時に、鋤自体の改良、牛の引き綱の問題などの工夫がありました。
　犂の重量を減らすために車を使うことは考えやすいことでした。しかし「犂」そのものの改良もありました。鉄製の「ゲルマン犂」が使えるようになって、「重く、湿った、粘り気のある耕地」を開墾出来るようになったのです。「ゲルマン犂」は、先頭に土を垂直に切る犂刀（草きり）、その後ろに土を水平に切り削る犂刃（刃板）、最後に土を脇にどけて裏返す犁べら（発土板）で出来ています。土を掘り返さなかった犂から（B.C.5000年）、北ヨーロッパ・西ヨーロッパの重い土のための鉄製犂べら（B.C.100年）、そしてA.D.500年頃にはゲルマン犂への道が始まっていたようです（「1000の発明」）。長い経験によるものでしょうがいくつもの工夫がされています。
　「引き綱」は牛を使う時は角から胴体へ、馬の場合も首から胴体へ移動しました。

↗いました。
　そこではギリシア語からシリア語への翻訳が進められていました。医師セルギウスをはじめ、天文学・数学のセウェルス・セボクト（インド数学の記述がある）、サービト・ブン・クッラやアル・バッターニーなどです。
　一方、技術の分野では、アレクサンドリアのヘロンやビザンチンのフィロン。現実物体としては潅漑システムや繊維工場などがありました。
　こうして、ギリシア文化はかろうじて東方に安住の地を得ました。そしてさらに、アラビア文化に組み入れられ（8世紀）、「12世紀ルネサンス」（年表p.98、100）でアラビア語からラテン語化され西ヨーロッパにもたらされることになります。

532：[東ローマ]聖ソフィア大聖堂の建築：ミレトスのイシドロスの設計：直系37m、高さ14mの大ドームを持つ	533頃：[ビザンチン]ユスティニアヌス帝：「ローマ法大全」完成：宗教的には「反ユダヤ」的思想と規則を含む。同時に近代ヨーロッパ諸国法の二つの源泉（もう一つはゲルマン法）
555：[中]帆を持ち風力で走る車を作る。30人・1日・数100km運ぶ。一輪車にも応用された（18世紀ヨーロッパ	552頃：[日]仏教伝来→604年「憲法十七条」：「…君を則ち天とし…」など国

[中 世]（2）

金属の技術と理論	一般の学問
600：[ペルシア]最古の風車が作られる。製粉用	内容はカペラ(420年)と同じ→610年イシドルス 529：[東ローマ]ユスティニアヌス1世によりアテナイのアカデメイア閉鎖 550：ササン朝ペルシアの首都テクシフォンに医・哲学研究機関設立 550：[印]ヴァラーハミヒラ「パンチャシッダーンティカ(五天文学書綱要)」：ゼロを初めて演算に使用。ゼロそのものについては第1部2-9 B.C.300年頃参照
695：[中]則天武后は周王朝を記念して1325トンの鉄から鋳鉄の柱を築かせた 7～8c：[日]日本の鉄の原料からの精錬は、各地の鉄製品の普及程度などから、散発的には、おそらくこの頃からであろうといわれている→701年 8c：シュタイエルマルク(オーストリア南東部)、ケルンテン(同南部)で鉄の生産増加(竪型炉、まだ融けた鉄ではない。鍛造で鍛え続けて使われていたのであろう)(原)	610：セビリアのイシドルス(570～636)：「語源論」全20篇：百科全書的書物で、おそらく数百の写本が流通した。それなりの書斎には不可欠だったもので、語源と定義を尊重し、数百年の知識の宝庫。「自由七学芸」に始まり「農事」「家庭用品」に至る→800年頃カロリング・ルネサンス 640：[印]ブラフマグプタ：数学書「ブラーフマスプタ・シッダンタ」：「パイターマハーシッダーンタ」「パーティーガニタ」「ビージャガニタ」などの天文・数学書を詳しく論じた。8世紀後半アラビアでアル・ファザーリーの「大シンドヒンド天文表」の基礎となる
701：[日]大宝律令の規則に「鉱業規則」：官営と民営の両方あり。「庸・調」に	8c：イスラム勢力の台頭。ただし最初は医療程度しかなかったから、ギリ

→ 8世紀

一般の技術	社会・経済・政治
で流行る) 568：東洋人アヴァール族が、中国で作られた引き綱と鐙を広げる 580：[中]水車の回転を篩(ふるい)の往復運動に変える装置の発明	土も国民も大王のものであるとした 589：[中]隋統一：この頃「均田制」：男女に一定の土地を与え世襲・売買を禁じる。租(穀物)・庸(労役または織物)・調(織物)を命ずる。科挙始まる(明・清時代まで襲用された)
610：[中]弓形アーチ構造の始め(河北省赤化荘郊外。大石橋)。設計は李春。材料が少なくて済む上に強度は変わらない 635：[中]「晋書」に「彗星」の「尾」が太陽との関係で、今でいう「太陽風」の関係が示される	610：[アラブ]ムハンマド(マホメット)によるイスラム教成立 622：[アラブ]聖遷(ヒジュラ元年)。これは、不毛のアラビア半島から周辺の豊かな土地・財産を求めての、50万人の大移動を意味し、それに聖戦(ジハード)という名目を与えた(イスラム帝国)。 　　大征服の理由：アラブの諸部族は必ずしもカリフ(神の使徒の代理)に服属してはいなかった。そこでカリフはササン朝や東ローマなどを聖戦の目標にして呼びかけ、ササン朝や東ローマの巨大な富、金銀・宝石・織物への欲望も大きかった。権力闘争は続き661年ウマイア朝(→750年)が生まれたが、アラブ至上主義が強まった 618：[中]唐成立：官僚制の始まり。律令制：律は刑法、令は行政法。科挙制度完成(1905年まで続いた)。合格者は少数 645：[日]大化の改新：公地・公民、班田収授、租・庸・調などの制度 672：[日]壬申の乱(その前に天智天皇が「天皇」という称号を初めて用いた)
8c：唐で木版印刷進む。「石刷り」から始まり、「謄写」「圧写」などを経て、	8c頃：アフリカ西部：中世のガーナ(8〜11世紀)：大西洋からニジェール川

[中 世] (3)   700 ——

金属の技術と理論	一般の学問
当てても良いといっている 704：[日]常陸(茨城県)の国司が鍛冶(かぬち)らを率いて若松の浜で砂鉄を採り「鉄(マガネ)」から良質の剣を作った。しかし海岸が鹿島神宮の神域だったので多くは採れなかったという記録がある(常陸風土記) 708：[日]「和同開珎(和同開宝ともいう)」鋳造。日本最初期の貨銭。円形で方孔を持ち、一面に「和銅開珎」の四文字がある	シア語およびペルシア語をアラビア語(これがコーランの言葉だったから)へ翻訳することから始めた。次項「イスラムによるギリシア語文献翻訳」参照。さらに、「12世紀ルネサンス」を通じて、トレドなどから、再びラテン世界へ拡がる基礎ともなった

「イスラムによるギリシア語文献翻訳」
　8世紀：イスラムによるギリシア語文献（ペルシア語も含めて）のアラビア語への翻訳の始まり。
　イスラム勢力は一定の版図を持った後、文化にも眼をやりました。それは先ずギリシア・ヘレニズム文化の翻訳からでした。問題は「コーラン」との折り合いをどうつけるかでした。さしあたり、医学、数学、天文学などから始まったようですが、物理、生物、栽培、地球科学…などは「疑わしいもの」と考えられたようです（現在の学問分野との差もありますが…）。
　最初はバグダードに始まり、10～11世紀にはバグダード、イスファハン、コルドバ、カイロに広がりました。そこまでを見てみましょう。
　① 医学のイスラム化：ヒッポクラテス・ガレノスのアラビア語化
　　アッ—ラージィー（864頃～932）：「包含の書」イラン屈指の医学者・哲学者
　　イブン・シーナ（アビセンナ、980～1037）：「医学典範」理論体系の最高峰
　　イブン・ルシュド（アヴェロエス、1126～98）：哲学者として有名。「医学概論」↗

713：[日]「風土記」：「野だたら製鉄」の記載もある 721：アラビアの錬金術師ジャビール・イブン・ハイヤーン（？～804）：塩化アルミ、白色鉛、硝酸、酢酸などの製法を記す→1320年頃にラテン語に翻訳「金属貴化秘法大全」 725：[中]中国の僧一行と技術者の梁令瓚は、脱進機の前身ともいうべき時間間隔の水時計を工夫し天文用に用いた 749：[日]奈良の東大寺 大仏鋳造開始 756：[日]正倉院建造：外来の金属製品もあるが、日本刀の基礎ともなる	712：[日]「古事記」成立 800頃：フランク王国「カロリング・ルネサンス」：推進者アルクイン：古典ラテン語の再興・古代ローマの古典的再興・古典教育の復興・古典文化の定型的享受など→1088年大学制度 800：[バグダード]アル・フワリズミー（イブン・ムーサ、780～850）：初期アラビア最大の科学者。数学・天文・地理・歴史。 インド由来の1～9とゼロの位取り法(位置記数法)の導入。 伝えられた「アル・ジャブルとアル・ムカーバラの算法」（アル・フワ

→ 800

一般の技術	社会・経済・政治
8世紀には仏経書が大量に必要となった。韓国を経て日本も「百万塔陀羅尼」の経本と小塔が作られた。陀羅尼経は世界最古の印刷物として知られる(764年)→「一般の技術」1050年、「金属の技術と理論」1377、1445年	にいたる帝国で「ワガズーの黄金」を元に交易していた。 マリ(13〜15世紀):マンサムーサ王はメッカ巡礼で多量の金を使い、カイロの金相場が暴落。1352年イブン=バットゥータが訪問。 ソンガイ(15〜16世紀):中央集権制。学者をはげまし、トンブクトゥ・ジェンネ・ワタラを宗教と学問の街にした 700:イスラム軍北アフリカで大西洋到達

② 数学のイスラム化:「外来の学問」という位置付けです。エウクレイデス、アルキメデスなどの翻訳。特に「幾何学原論」を編集したこと。数の概念ではインドまたはバビロニアからの「ゼロ」と「桁」による「数字」での計算を移入。
アル・フワリズミー(780〜850):数学・天文学者。上記計算。年表「学問」800年
ウマル・アル・ハイヤーム(ウマル・ハイヤーム、1048〜1131):生前は数学・天文学・歴史家、没後は詩人として評価。エウクレイデスの「第5公準」の考察に努力
③ 天文学のイスラム化:インド・ペルシアの伝統もありました。プトレマイオス「アルマゲスト」の翻訳と注釈。
④ 役に立つ諸情報:版図が広がるにつれ、動物・植物・鉱物についての情報を集め検討された。水脈の探査。潅漑工事。水時計の進歩。

12〜14c:コルドバ、トレドなどイベリア半島から西欧に広まる点が重要(後述12世紀ルネサンス)。

	732:ツール・ポアチエの戦いでフランク軍イスラム軍を破る
	750:[イスラム]アッバス朝成立(首都は後にバグダード、892年頃)。クーデターで倒されたウマイア朝の一族が、756年逃れたコルドバで「後ウマイア朝」を興す(イスラム帝国の分裂)
	751:タラス河畔の戦い:唐はイスラム軍と戦い敗北→「一般の技術」105年参照
	755:[中]安禄山の乱(〜766年)
	756:[後ウマイア朝]首都コルドバで学問がラテン世界に広がる基礎となる→

[中世]（4）

金属の技術と理論	一般の学問
精巧な作品もある。製法も恐らく「のだたら」で、少しずつ進歩している 790：スカンディナヴィアで鋳鉄用の溶鉱炉があったという	リズミーから「アルゴリズム」が、アル・ジャブルから「代数学」が生まれた）
820：[日]「日本霊異記」：砂鉄採取の鉄穴（かんな）労働が方々にあったようだ。穴に埋まる労働災害も起こっている（官営・民営） 905：[日]「古今和歌集」に「たたら吹き」の歌 927：[日]「延喜式」：伯耆・美作・備中・備後を主要な鉄産地と定める。調として鍬鉄の納入。鍛冶職は高い地位を授かる 980頃：[日]優れた刀剣の技術：備前の正恒、京の宗近、筑後の光世など 10c：バスク地方で鉄鋼生産増加（原）	830：バグダードに「知恵の館」：学問の中心とする：プラトン哲学。エウクレイデスの幾何学。プトレマイオスの天文学。天体観測 962：コルドバ「大学」創設

「暗黒」時代ではない   95

→ 1000

一般の技術	社会・経済・政治
	「12世紀ルネサンス」（別掲） 786～806：アッバス朝最盛期：カリフのハルン-アル-ラシッド、その他。灌漑事業の発展。手工業（織物・陶器・ガラス・製紙）も発展。商業・銀行・為替・隊商路の発展（アレッポ・ダマスクス・サマルカンドなど）。農民は貧しく蜂起が起こった。学問については前述 794：［日］平安遷都 800：［仏］フランク王国カロルスが「西ローマ皇帝」となる（ゲルマンの子孫が「西ローマ皇帝」は皮肉）（カール大帝、シャルルマーニュ、チャールズ大帝とも）→学問奨励（カロリング・ルネサンス） 800～：ノルマン人の活動始まる。本章冒頭参照
9c：南イタリア サレルノに医学校創設。その後ヨーロッパ各地に広がる。東方、アラビアの医学をも引き継ぎ14世紀にヨーロッパへ。「サレルノ養生訓」は有名→1140年参照 976：［中］張思訓がチェーン駆動を発明。その後天文台の駆動に使われ「新儀象法要」に自筆の図がある 980頃：［中］喬維嶽：水門の一種である閘門を発明。水位を上下することにより川の交通を自由にした（水の流れはもちろん一方向である）→1373年 1000：［トルキスタン］イブン・シーナ（アビセンナ、980～1037）：「医学正典」：ギリシア、アラブの医学を5巻に集成。17世紀までヨーロッパの医学に影響。また「治癒の書」は、後ラテン語化され新プラトン的な「神からの世界の流出」で神と宇宙の永遠説を解いた	843：フランク王国三分裂（ヴェルダン条約）：フランス・イタリア・ドイツのもと 850～：西ヨーロッパで封建的土地所有進む。第2章冒頭参照 862：ノヴゴロド王国創建（伝承） 882：キエフ公国成立：オレーグ：ノルマン人の侵攻に刺激されて、スラブ人の間で森林を切り拓いた耕作地が現れる 10c頃：アフリカ東南部：10世紀頃から金の輸出でインド洋はその圏内であった。多くの港があり、海図も測天儀も多くの水先案内人もいた。イブン=バットゥータも訪れている 939：［日］平将門・藤原純友（天慶の乱）：古代国家の動揺：国司の徴税に対して「富豪之輩」と「院宮王臣家」が結託するなどの争い 962：［独］神聖ローマ帝国：オットー大帝：多数の領邦国家の連合 980～：［スペイン］イベリア半島を支配し

[中 世] (5)　　　　　　　　　　　　　　　　　　　　　　　　　　　　　　　　　　　1005 ──

金属の技術と理論	一般の学問
1070：[中] 曹 公亮(999～1078)：「武経総要」に「指南魚」の記録(「指南魚」は魚の形をしたものの中に磁針を埋め込んで南北を示したもの) 1086：[中] 沈括(1031～95)：「夢渓筆談」で偏角の発見を述べている(偏角：航海用の磁石羅針儀が真北を指さないこと)	1005：カイロの科学図書館「ダル・アル・イム」設立 1014：紫式部「源氏物語」、清少納言「枕草子」出来る 1067：バグダード「大学」創立 1088：ボローニア大学創立：一定の制度を具備した最古の大学(諸特権取得など)(「大学制度の始まり」参照)

「大学制度の始まり」
　1088：ボローニア大学創立：最古の大学(一定の制度を具備したもの：諸特権を持ち、3または4学部と予科制があり、学生の後には教師との組合(ギルド風のもので、これをウニヴェルシタスという)がある)
　　　　ボローニアとパリの大学(1200年)が典型。教師組合加入資格試験により教授免許(マスター(パリ)、ドクター(ボローニア))を与えた
　大学への道
　　「7自由学科(リベラルアーツ)」：自由な人間(vs.技術職人)に必要な教養科目：5世紀のマルキウス・カペラが命名、10世紀ジェルベール(Gerbert d'Aurillac)(945?～1003)が↗

1098：シトー派修道会創設：フランス・シャンパーニュ地方で「製鉄」(→12世紀にはイングランド・ディーンの森、ウィールドの森でも)(原) 1100：磁針の利用が航海用に拡大：中国からアラビア商人を通じて	1100：[ニーシャブール]ウマル・ハイヤーム(1048～1131)：限定された3次方程式を解く：イランの数学者・天文学者・歴史家。「ルバイヤート」：詩人(?)

→ 1100

一般の技術	社会・経済・政治
	たイスラム教徒に対する「レコンキスタ＝国土回復運動」始まる
1010：イブン・アル・ハイサム（アル・ハーゼン、965～1039）：目に物が見えるのは視覚対象から目への光線であること・放物面鏡の作成 1040：[中]曾公亮：3種類の火薬の組成を発表 1050：[中]「活字」を用いた書物の印刷。膠泥（陶土）による 11c：宋で羅針盤・火薬の発明・木版印刷の普及 1054：「かに星雲」のもとである超新星発生。22日間輝く。これと1572年「ティコ新星」、1604年「ケプラー新星」の3つが銀河系内で、他の多くは銀河系外である。鎌倉前期の「名月記」にも見えるが、時代的には伝聞であろう。1181年の「客星」は実視であるが、銀河系外のものと思われる 1075：バグダード天文台設立：天体観測。日食予測	1034：セルジュクートルコ成立：バイカル湖からカスピ海におよぶ地域にいたチュルク（鉄勒）族の一分派で、イスラム王国。1055年バグダードに入り「スルタン」の称号をうける。ガザーリー・オマル-ハイヤーム・ニザーミーなどの学者でイスラム文化に貢献 1066：[仏]ノルマンディー公ウィリアム イングランド進入（ヘースチングの戦い） 1085：[スペイン]カスティリアのアルフォンソ6世 アラビア科学の中心トレドを占領

↗形式化。学芸学部（今の教養学部）につながる
下級（3学）：文法・修辞・論理（弁証法）
上級（4科）：算術・幾何・天文・音楽
　12世紀ルネサンスにより内容が充実され、古典研究の隆盛、次いで論理学（弁証法）と法律・修辞学が盛んとなる。修道院時代から大学時代まで教えられる
　機械的技芸（職人技術）と対照的とされる（1273年ラモン・ルルス）
大学：「4学部」：完全な大学を構成する学部（初期には哲学を欠く場合も）
　　　神学・法学・哲学・医学

1098：シトー修道会設立：製鉄・鍛冶・薬草・ワイン等の活動も	1096：十字軍始まる：第1回のみ成功。キリスト教徒側の残虐さ極まる。第5回は懐柔策で「成功」。第4回はコンスタンチノープルの後継者争いの援助を口実に、キリスト教徒同士の戦争となった。1270年第7回で一応の

[中 世]（6）　　　　　　　　　　　　　　　　　　　　　　　　　　　11世紀——

金属の技術と理論	一般の学問
1171：フライベルク銀山開掘（ケムニッツとドレスデンの中間 エルツ山地北東麓）：鉛・亜鉛・黄銅鉱など産出。鉱山学校（1761年）も有名。1913年閉山	1110：[英]バースのアデラード（1080頃～1145頃）：東方を旅してアラビア科学を西洋に紹介した。普遍論争ではアリストテレスとプラトンを融和させた。 　著書：「自然の諸問題」では科学的方法を試みている。アラビアの科学的事項も記述。アストロラーベの使用法も。1142年にはユークリッドの「幾何学原論」をアラビア語からラテン語に翻訳→12世紀ルネサンス 1140：[仏]P.アベラール（1079～1142）：哲学者・神学者：合理主義を守って批判と闘う。「然りと否」。幾度も異端視される。エロイーズとの恋。 1170頃：[コルドバ]イブン・ルシュド（ラテン名アヴェロエス、1126～98）：アリストテレスの注釈・研究で功績（「政治学」以外）。科学的合理性を「コーラン派」に批判され追放。後、召喚されるがイスラム世界では「正統派の神秘主義」が主流となる。後、ラテン語世界で「アヴェロエス主義：二重真理説」となる 12～13c：アラビア語からラテン語への翻訳始まる（アラビア語からラテン語への翻訳活動「12世紀ルネサンス」参照） 1170頃：[独]アルベルトゥス・マグヌス（Albertus Magnus）（1193?～1280）：哲学者、神学者、自然科学

→ 1192

一般の技術	社会・経済・政治
	終了。 　結果は、地中海貿易の発展・イタリア諸都市の繁栄・イスラム文化の西ヨーロッパへの流入 11〜12c：西ヨーロッパで「都市の空気は自由にする」(11世紀からの商業都市の発展と自治権の獲得、商業の自由と通行の自由。「都市に逃れて自由民に」というのは諺の主題ではない)
1117：[仏] A.シュジェ：フライング・バットレスを持つ最初のゴシック教会。サンドニ修道院を建築 1140：[伊]サレルノ医学校で医師免許制。モンペリエ医学校(1220年)・パリ大学(1260年パリ内科医組合)なども続く 1150：[中]火箭(ロケット)を開発 1155：[中]最古の「印刷地図」(中国西部) 1173：サレルノ大学創立 1180：彫刻に西洋最古の「舵」の描写 1189：[仏]フランスのエローに、ヨーロッパ最初の製紙工場	12〜16c：メキシコの高原部に「アステカ文化」が出来る。形象文字・太陽暦を持つ。1521年コルテスにより滅ぶ 1167：[日]平清盛 太政大臣に 1192：[日]源頼朝征夷大将軍となる：武家の政治・力の政治として日本の中世が始まる。すでに侍所(さむらいどころ)・公文所(政所＝まんどころ)・問注所(1183年)を設け、一時的な1185年の日本国惣追捕使・惣地頭の任命権を得たが、これらの事後処理の結論として征夷大将軍の地位を受け(一時的とはいえ)、鎌倉幕府が成立

[中 世]（7） 12世紀 ──

金属の技術と理論	一般の学問
	者：「全科博士」とも呼ばれる：アリストテレス主義と神学の融合を目指す。ラテンアヴェロエス主義を論破。トマス・アクィナスの師（→1273年）

> 「アラビア語からラテン語への翻訳活動始まる（「12世紀ルネサンス」）」
> 12～13世紀：
> ①　コルドバは永い間、ギリシア文献の翻訳・注釈のメッカでしたが、ここに新たに、それをラテン語に翻訳する活動が始まります。それは西ヨーロッパにも学問の新しい動き、ここではギリシア文献を見ようという気運が高まってきたからでしょう。この動きはシチリア、ヴェネツィアなどでも起こります
> 　　11世紀初めイベリア半島のキリスト教徒は、イスラム勢力を追い出す「レコンキスタ」の途上にありました。ノルマンのシチリア侵攻があり十字軍も始まっていました
> 　　一方アラビアの学問にもいくつかの差がはっきりしてきました。イスラム教とそれに関わ↗

金属の技術と理論	一般の学問
12c：[日]鍛造技術の発展。日本刀の名刀匠輩出 12c：十字軍を通じてダマスカスからインドのウーツ鋼（Wootz）が伝わる（折れず・曲がらず・波紋がきれい）→1820年ファラデー・ストダード 13c：ウェストファリア、シュワーベン、ハンガリーで製鉄盛ん（半熔融鉄） 1269：[仏]ペトルス・ペレグリヌス（ピュール・ド・マリクールの）（1240～94）：「磁石についての書簡2部13章」：書簡とはいえ詳しいもので、近代磁気学の基礎ともいうべく多くの研究者間で読まれたらしい。内容は、球形の磁石を作り、二つの極の存在。それが天球上の両極に対応すること。二つの極の違いをはっきりさせたこと。同種の極は反発し、異種の極は引き合うこと。磁石に接触した鉄は磁石と同じ性質を持つが不安定であること。磁石を折ると同様な磁石になることなどを述べている。R. ベーコンが称讃。W. ギルバートの本（→1600年）はこれを拡	1209：ピサの L. フィボナッチ（ピサのレオナルドともいう、1170～1250）：ゼロ（0）を西ヨーロッパに初めて紹介し、同時にインド・アラビアの数学も伝えた。 　また「フィボナッチ数列」（新たな項がそれ以前の2項の和であるような数列。例えば1, 1, 2, 3, 5, 8, 13, 21…で、この数列には規則性はないがランダムではない（1984年「準結晶」で生きる）も紹介している 1210：パリ大学で、アリストテレスの著作の教育はキリスト教を脅かすとして禁止 1222：イタリアのパドヴァ大学創立 1231：イギリスのケンブリッヂ大学創立 1266頃：[英]ロジャー・ベーコン（Roger Bacon）（1214？～94）：哲学者、自然科学者、神学者：「驚異的博士」とも。「大著作」「小著作」「第三著作」。経験論、数学と実験的手法、光学研究 1273：[伊]トマス・アクィナス（Thomas Aquinas）（1225？～74）：教会博士。

→ 1280

一般の技術	社会・経済・政治

↗る科学と、合理的な古代ギリシアとの差です。前者は日常的な一般の学問、後者は宮廷やその庇護を受けている教師の個人師弟ということもありました
② クレモナのゲラルド（ゲラルドゥス、1114〜87）：比類なき貢献者：アリストテレスの主要な自然学書「アルマゲスト」、エウクレイデス「幾何学原論」、アル・フワリズミー「代数」
　　イブン・ルシュド（アヴェロエス、1126〜98）は、アリストテレス注釈「自然学的著書」を書き、一種の学派を成していましたが、それをラテン語化しました。イスラムの正統神学者アル-ガザーリの強い反論にあって迫害・投獄されたこともありました。しかし、アリストテレスは中世西洋世界に大きな影響を与えました（大学の学芸学部などで）

1220：[仏]シャルトル大聖堂のステンドグラスに「一輪手押し車」：中国ではB. C. 1 世紀頃 1276：イタリアのモンテファーノで製紙工場運転開始 1273：[スペイン]ラモン・ルルス（Raimundas Lullus）(1232〜1315)：スコラ哲学者「大技法」：普遍的な思考法を説く。その中で「機械学科(art mechanik)」の提唱：冶金・建築・裁縫・農業・商業・航海・軍事・からくり・医術・狩猟・演技など。「もの造り」が表に 1280：[独]シュパイエルのギルドが西洋最初の「紡ぎ車」に言及	1206：[印]デリーにインド初のイスラム王朝「デリー・スルタン王朝」建設（→1526年）。後1526年ムガール王朝（→1858年インド植民地化まで） 1206：[モンゴル]テムジンが統一してチンギスハン(汗)(太祖)と名乗り即位。後、大ハン国、オゴタイ・ハン国（1224〜1310年）、チャガタイ・ハン国（1227〜1321年）、キプチャク・ハン国（1243〜1502年）、イル・ハン国（1258〜1411年）の部族国家とする→1271年元朝成立 1200〜1533：南米ペルー・チリに「インカ文化」出来る。マチュピチュは有名（1533年ピサロにより征服） 1215：[英]「マグナ・カルタ」制定：封建貴族とロンドンの特権を認めたもの（議会政治の確立でも、租税・裁判の民主的原則でもなかった）。国政の象徴的なものとして 1297年エドワード１世が新法令の最初に加えた 1241：ハンザ同盟成立：北海・バルト海の港湾から河沿いの内陸にかけて広い範囲を含む都市群で当時最大の自治

[中 世] (8)　　　　　　　　　　　　　　　　　　　　　　　　　　　　1260

金属の技術と理論	一般の学問
大したもの	「天使的博士」とも。「神学大全」完成。アリストテレスの批判的摂取でカトリックの信仰体系を説明。「哲学は神学の婢」とも。アルベルトゥス・マグヌスの弟子
1320頃：[伊]ジーベル：「錬金術(金属貴化秘法大全)」：ジャービル-イブン-ハイヤーム(8～9世紀 アラビアの錬金術師・医師。著書多数。アラビアの科学の父。西洋ではゲベルとして名高いが実在性は疑問)のラテン語訳 1320頃：[欧]大砲の発明：穿孔技術の進歩による。青銅製から鉄製まで(鉄砲はやや遅れて1370年頃に登場) 1340：リエージュ(ベルギー)で最初の木炭「高炉」(→1709年：コークス炉の登場まで森林伐採問題続く。まだ半	1304：[伊]A.ダンテ：「神曲」：イタリア人文主義：天文学・光学・科学的経験・観察・数量的観念など科学的にも重要な指摘がある 1350：[仏]J.ビュリダン(1300?～58?)：「駆動力(インペトゥス)」の考えを展開。 　これはアリストテレスが「空を飛ぶものはそこから力をもらっている」に反論したもの。すでにヒロポノス(490～570)も反論しているが、ビュリダンは投射運動・落体の加速運動・星の運動は最初からなどと説

→ 1373

一般の技術	社会・経済・政治
	都市。陸海軍を擁し貿易権を独占。国王は商人の財政力を利用して特許状を与えた。都市は裁判権を持ち、年貢は免除、国王に租税を納めた
	1260頃：[スペイン]グラナダ王国アルハンブラ宮殿建設始まる。レコンキスタが迫る「たそがれ(黄昏)」の中で精巧・緻密・壮大なイスラム建築の粋を集めた
	1271：[モンゴル]元朝始まる：フビライ(世祖)。征服は軽装で強力な短弓を持つ騎馬戦術。手工業者は助け、農民には農具と種は保障。通商路の改善、駅伝制度。
	特にイスラム商人の活躍(西域色目人)。イスラム商人のもたらす情報。イスラム医学・薬学・天文観測も重視。マルコ-ポーロは有名
	1271：[伊]マルコ-ポーロ東方へ出発(〜1295年)→「東方見聞録」は1299年成る
	1274, 81：[日]文永・弘安の役
	1291：[スイス]スイス独立の始め(原初三州の「永久同盟」)→1315年八州同盟に拡大。15世紀には内乱も鎮め、1499年に独立を達成。1513年に十三州同盟に拡大
1310：ヨーロッパ最初の「脱進装置」付き、重り駆動の機械時計開発 1316：[伊]M.デルッチ(1275〜1326)：人体の解剖が始まる。「解剖学」。H.ド・モンドビルなどに影響する。ダ・ヴィンチ、ミケランジェロなどにも 1373：ヨーロッパ最初の「閘門工事」(中国では400年前から→983年)	1304〜08：[伊]ダンテ：「神曲」(地獄編)：地獄・煉獄・天国に多くの人物をおいている。 　イタリアの俗語で書いていることも重要。アリストテレス・ソクラテス以下アヴェロエスまで地獄の第一圏(煉獄：洗礼を受けていないので天国には行けない)にいる 1330頃：[日]卜部(吉田)兼好：「徒然草」(二巻)：内容は多岐にわたる随想集。その中で、鉄(くろがね)に触れた節がある(第122段　第1部1-11) 1338：英仏間の百年戦争始まる(〜1453

[中　世]（9）　　　　　　　　　　　　　　　　　　　　　　　　　　　　　　　　　　1338 ──

金属の技術と理論	一般の学問
熔融のサラマンダー） 1377：[朝]「高麗」世界最古の現存「銅活字本」：鋳造銅（青銅）活字で「白雲和尚抄録仏祖直指心體要節」（パリ国立図書館在） 1389：ヨーロッパで鋳鉄の利用広がる（ルッペ、サラマンダーを鋳造したもの）	明。ただし運動に「最初の動者」の存在を認めている。近世力学への中継者。「ビュリダンのロバ」は資料にはない 1355：[モロッコ]イブン=バットゥータ（1304～68？）：「三大陸周遊記」：1325～54年にわたる旅行記。イスラム世界の政治・社会・交通・商業を詳細に記述。至る所で学院や学者を訪ねている 1375：[チュニス]イブン・ハルドゥーン（1332～1409）：主著「教訓の書」において、「世界史序説」は史学を文明の学とし広い視野の社会認識に基づき歴史発展の形をとらえるべきと提唱

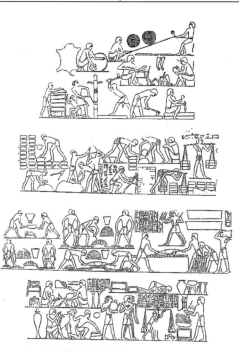

レクミレ王の墓にある技術

1389

一般の技術	社会・経済・政治
	年） 1338：[日]室町幕府成立（～1573年） 1346～50：全ヨーロッパでペスト大流行。1346年クリミア半島に包囲されていたイタリア商人の「ノミ（蚤）」から始まり、地中海を経て西ヨーロッパ、イングランド、東欧にも広がった。繰返し1400年まで続いた。死者はヨーロッパ人口の1/3に達したともいわれる。「百年戦争」も休戦協定を更新、一方では納税負担が増えジャックリー（1358年）・ワットタイラー（1381年）などの農民一揆も起こった

左頁の図の一部を拡大（青銅の鋳造）

第3章 ルネサンス（1）

1350 ——

金属の技術と理論	一般の学問

『ルネサンスの芸術家たち』
　ルネサンスの画家など：イタリア（芸術家の〈　〉内の年代は「活躍期」）
　　ブルネレスキ〈1401〜36〉：サンタ・マリア・デル・フィオーレ大聖堂ドーム
　　ボッティチェリ〈1476〜89〉：「春」「ヴィーナスの誕生」：後にサボナローラを信奉
　　レオナルド・ダ・ヴィンチ〈1470〜1516〉：「最後の晩餐」「モナ・リザ」。その他「技術」参照
　　ミケランジェロ〈1496〜1564〉：「ピエタ」「ダビデ」「最後の審判」
　　ラファエロ〈1508〜20〉：「アテネの学堂」「サン・シストの聖母子」
　　マキャヴェリ〈1512〜32〉：「君主論」
　西ヨーロッパのルネサンス
　　デューラー〈1507〜26〉：ドイツの画家：「アダムとイブ」「4人の使徒」「メレンコリア」↗

『西欧勢力の世界制覇』
　ポルトガル
　　1415：航海王子エンリケ：セウタ（モロッコ領 ジブラルタル海峡のアフリカ側、金の集散地で背後は穀倉地）を攻略。エンリケ伝説の一つ：彼がサグレス岬に作ったといわれる「航海術学校」の石碑（1836年ポルトガル政府）は、1959年ポルトガル人ドゥアルテ・レイテの厳密な研究で否定されています（和辻哲郎、司馬遼太郎が盲信しているのです）
　　　　　　これが、西欧勢力世界制覇の嚆矢
　　1471：シエラ・レオーネのエルミナへ到達。金の取引でポルトガル潤う
　　1488：「希望峰」到達：バルトロメウ・ディアス
　　1497：ヴァスコ・ダ・ガマ インドに出発→1498年カリカット（カレクート）到着
　　　　　ガマの贈り物は相手にされず逆に海賊扱いされ、出国税を踏み倒し、大砲を打ちながら出港
　　1500：ペドロ・アルヴァレス・カブラルの指揮する13隻の大船隊でインドカリカットを攻撃
　　　　こうしてインド洋とその周辺で、あるときは武力で、あるときは交渉で、幾つもの城塞や商館を配置、ただし原住民を奴隷化したり、植民地化はしませんでした。日本に到達したのが、↗

15c：鉱山学・冶金術・ポンプの発達・錬金術から化学へ（西欧）	1464：[独]J. M. レギオモンタヌス（1436〜76）：「三角形のすべて」「方向表」で三角法の集大成。1471年ニュルンベルグに天文台を建設、印刷術を確立するが印刷は不明（1494年）。1474年「太陽の赤緯表」は船乗りに大好評
15c：[伊]レオナルド・ダ・ヴィンチ（1452〜1519）：「アトランティコ手稿」で、鉄線の強度実験（強度実験の最初）。鉄線の下に重りを入れた籠を置いておく。そこへ漏斗型の籠から徐々に少量の小粒の重りを入れ、鉄線が切れたところで重りを計る	1473：ルクレティウス「物の本性について」がラテン語に翻訳され、西欧の学者に知られるようになる
1445：[独]J. グーテンベルク（1400？〜	1484：[トレヴィソ]ニコラ・シュケ：「数

➡ 1490

一般の技術	社会・経済・政治

↗ホルバイン（子息）〈1497〜1543〉：ドイツの画家：「エラスムス像」
ブリューゲル（父）〈1525〜69〉：フランドルの画家：「子供の遊び」「田舎の結婚」
エラスムス〈1500〜33〉：オランダの人文主義者：「愚神礼賛」：この世の愚かさと偽りを聖職者や、最大の愚行としての戦さなどを次々と数え上げ、架空の神モリア（トーマス・モアから連想）の口から諷刺している
モンテーニュ M. de〈1557〜92〉：フランスの思想家：「エセー」：座右銘「われ何を知る（クセジュ）？」
シェイクスピア〈1590〜1610〉：イギリスの詩人・劇作家：「ロミオとジュリエット」「ヴェニスの商人」「ハムレット」「ソネット集」
セルバンテス〈1580〜1615〉：スペインの小説家：「ドン・キホーテ」

↗種子島で1543年でした。鉄砲伝来
スペイン
1492：クリストファロ・コロンボ（イタリア名）：南スペインのパロス港出発（支援したのはイサベル女王というより、改宗ユダヤ人のアラゴン王国経理官とジェノバ商人、そしてフィレンツェ商人でした）
　　　　これを含めコロンボは4回航海しますが、エスパニョラ島のシバヨから金・銀が出たのですが、商人を制御出来ず管理能力を問われてしまいます。その後は今の中米付近を探検航海し続けますが、1506年失意のうちに亡くなります
1513：V. N. de バルボア：スペインの探検家。パナマ地峡を横断し、サンミゲル湾近くの丘から太平洋を発見
1520：マゼラン（フェルナン・デ・マガリャンイス）：スペイン王室に仕えるポルトガル人。マゼラン海峡を発見、その一行は初めて世界一周
1521：コルテス、アステカ王国を征服
1533：ピサロ、インカ帝国を征服。エンコミエンダ制のもとインディオを酷使
1542：B. de ラス・カサス：スペインの聖職者：スペイン人の残虐行為を告発。先住民奴隷制に反対する「新法」制定
1545：ボリビアでポトシ銀山発見。アシエンダ制というプランテーションで先住民を酷使

1408：オランダで陸地から海へ風車での排水が始まる
1474：[伊]P. トスカネッリ（1397〜1482）：世界地図作成。医師：コロンブスによる西進を導いたがアジアがヨーロッパの西方5000kmに描かれていた
1490頃：レオナルド・ダ・ヴィンチ（1452〜1519）：紡績機の考案で、紡錘の巻き取り軸の手前にU字形の「飛び

1350：[伊]F. ペトラルカ：「カンツォニエーレ」：「悩める自我」を初めて詩に表現
1352：[伊]G. ボッカチオ：「デカメロン」：人間性の真理。イタリア社会の反映。ダンテは中世の最後を飾り、この二人はルネサンスの始まりを告げる人といえる（「世界の文学　1」p.248）
1368：[明]朱元璋：明を興す

[ルネサンス]（2）

金属の技術と理論	一般の学問
68)：印刷術開発。画期性は、鉛合金（鉛-11％アンチモン-4％錫）を工夫したこと（当時の合金組成不明）、父型・母型から「金属活字」を手早く・大量に作る工夫、印刷インキの工夫などで印刷術を大改革・発明 1492：[伊]C.コロンブス(1491?〜1506)：偏角の再発見(1086年中国が早い)	の科学の3部作」：第3部で「代数学」を取り上げ未知数のべき数を目立たせ負の数も使っている 1494：[伊]L.パチオーリ(1445〜1517)：「算術・幾何・比及び比例大全」：当時の指導的な印刷された最初の代数学書。なお1509年 パチオーリの「神聖な比例について」で、「黄金比」が述べられ、説明図のすばらしさは特別で、ダ・ヴィンチの作といわれる（ボイヤー vol.3 p.16）
15〜16c：高炉法がラインの支流ジーグ、ムーズで始まる。高炉により半熔融の鋳鉄を作り鍛造を繰り返して不純物を除き製品にした（錬鉄法や、鋳鉄・錬鉄共融法が始まっていたかも知れない） 1540：[伊]V.ビリングチオ(1480〜1538)：「ピロテクニカ（火工術）」を書く：冶金術の実際的方法、特に鋳造法により命中率の高い大砲を作った（デ・レ・メタリカと共に採鉱・冶金の二大技術書） 1543：[日]種子島に鉄砲伝来（西洋製鉄法も？）：種子島ではすでに浜砂鉄による製鉄があったという。その後、紀州根来寺、和泉堺、近江国友村などを通じ全国に銃砲技術として広まった。鉄砲の使い方として戦術的に優れていたのは織田信長だがどれくら	1514：A.デューラー（ニュルンベルグの画家、1471〜1528)：「メレンコリア」に「魔方陣」（初出ではないが新しい）。1525年には「複雑な曲線の作図」などもある 1543：[ポーランド]N.コペルニクス(1473〜1543)：「天体の回転」を出版(1543年)：地動説を復活。三角関数の全面的導入と外惑星・内惑星の区別など、近世の思想・科学に大きな影響を与えた。38個の周天円運動を残しているなどはまだ過渡的といえるが。（「コペルニクス的転回」はI.カントが自分の認識論の転換を指していった言葉）（ルターはコペルニクスを「馬鹿者の愚説」と罵倒） 1545：[伊]G.カルダーノ(1501〜76)：「大数学(Ars magna)」出版。方程式・「虚数」「負の数」へも大きな影響（「現

→ 1568

一般の技術	社会・経済・政治
子(フライヤー)」を設置して、「縒り」と「巻き取り」を一つの装置で行なう紡錘車(アトランティコ fol.393v-a)(1480年頃の家事手引書にあるという)(→1735年ローラドラフト)。 　いわゆるダ・ヴィンチの「手稿」(codex)はすでに書き始められており、生涯続く(現存 約4000葉)。1490年細い管の中の水は上昇しようとする。1492年飛行機の概念図、1494年振子時計、1496年コロ軸受け・ローラー製粉機など。 　解剖手稿は長期間にわたっている 1500：[スイス]J.ヌフェール：初の帝王切開	1381：[英]ワットタイラー農民一揆 1405：[明]鄭和の第一次南海遠征：インドカリカットから始まり、第六次アフリカ東岸・ペルシア湾に至る 1415：[ボヘミア]J.フス：ボヘミアの宗教改革者。プラハ大学長。免罪符に強く反対。異端者として処刑→フス戦争(1419～36年) 1428～51：[日]山城・奈良：「正長の土一揆」 1434～92：[伊]フィレンツェのメディチ家執政始まる(～94) 1453：東ローマ帝国滅ぶ：トルコによってコンスタンチノープル陥落 1467～77：[日]応仁の乱(→戦国時代) 1473：[日]加賀：一向宗門徒による「一向一揆」(本願寺)起こる 1480：モスクワ大公国自立 1495～98：[伊]レオナルド・ダ・ヴィンチ(1452～1519)：1516年フランソア1世の招きでアンボアーズに赴く
1543：[ブリュッセル]A.ヴェサリウス(1514～64)：「人体の構造についての七つの本(略称ファブリカ)」を出版。ヴェサリウスは自分の手で執刀し内容は精確。画家ヤン・ステファンの協力を得た→1628年 1556：[独]G.アグリコラ：「デ・レ・メタリカ」で職業病について述べる(「金属」参照) 1568：[フランドル]G.メルカトール(1512～94)：「メルカトール図法」の地図を作る	1511：[オランダ]D.エラスムス(1469～1536)：「愚神礼賛」(「痴愚神礼賛」とも) 1517：[独]M.ルター(1483～1546)：「95か条」の公表：宗教改革始まる→1524年「農民戦争」→1555年アウグスブルグの和議でルター派公認。 　フランス：ジャン・カルヴァンが徹底した教会批判→禁欲的な職業意識が市民に支持された。この人たちをユグノーという。 　イギリスではカルヴァンを継いで教会改革を進めようとした人たちをピューリタン(清教徒)という 1524～25：ドイツ農民戦争：直接的には宗教改革だったが、ルターは支持せず。ミュンツアに指導されたが、弾圧された 1526：[印]Z. al-D. M.バーブル(1483～1530)：ムガール帝国を建設。様々

[ルネサンス] (3)　　　　　　　　　　　　　　　　　　　　　　　　　　　　1531 ——

金属の技術と理論	一般の学問
いの鉄砲だったかは？→1600年「国友村」 16c：[日]非鉄製錬の進歩。対馬の含銀銅鉱に「酸化精錬法」、含銀粗銅処理「南蛮絞り」、金鉱処理に「破砕分離法」、金銀分離に「塩焼法」、銅鉱還元精錬に「山下吹き」、銀精錬に「アマルガム法」など 1556：[独]G.アグリコラ(本名ゲオルグ・バウアー、1494～1555)：「デ・レ・メタリカ(鉱山学)全12巻」：中世のヨーロッパは「鉱業なくして技術なし」の時代であった。近世冶金技術の大著(鉄製錬は含まず)：鉱山の仕事の重要性、実際的な技術と学問両方に精通することが重要、…鉱脈や岩層、鉱山用具と機械、…貴金属の分離、金・銀・銅・鉄の分離など。18世紀末まで重要な文献だった。スイスのバーゼルで出版。 　　アグリコラはこのほかに「鉱物の本性について　10巻」(1546年、改訂版1558年、組織的な鉱物学の試み(→1669年)だったらしい)や「古い冶金学と新しい冶金学」(1546年)など多くの著作もある。医師でもあり鉱山職業病なども診察していた	代数学」の始まりとも)

《各国・各地のアカデミー》
　　1560：ナポリに自然探究アカデミア創設（G.ポルタ）：宗教裁判所で禁止→次項
　　1603：ローマにアカデミア・デイ・リンチェイ（F.チェシ）：ガリレイも参加
　　1657：フィレンツェ：アカデミア・デル・チメント（実験アカデミー）：ガリレイの師弟ら：ヴィヴィアーニ、トリチェリら。実験記録を集めた「実験室の手引」は所々で利用された
　　1662：ロイアル・ソサイェティ（王立協会）創立：J.ウィルキンズ、ボイル、フック、レンなど。現在まで続く学会誌（2種）を持つ（←1645年頃：ロンドンで科学グループ：J.ウォリスら）
　　1666：フランスの科学アカデミー：コルベール：国家から俸給。他に職を持たずとも生活出来た。社会の生産力としても機能。論文出版・検閲など特権化しフランス革命で廃止。後に1795年フランス学士院として復活
　　1700：ベルリン科学アカデミー創設：1745年改組。運営不安定↗

→ 1556

一般の技術	社会・経済・政治
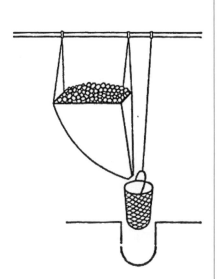　レオナルド・ダ・ヴィンチの「鉄線の強度実験」	な浮沈の中で1858年イギリス植民地になるまでの最後の帝国→1556年アクバル 1531：[日]一向一揆、越前に朝倉教景を破る 1543：[日]ポルトガル人種子島へ。鉄砲の伝来(「金属」参照)。戦闘にうまく利用したのは信長で、長篠の合戦(1575年)である 1549：[日]ザビエル(1506～52)：鹿児島に来る。西日本各地で宣教。学院創設→安土城下に1580年キリシタンの会堂(中等程度の神学校)・学院建設1581年→セミナリオ(中等程度の神学校)・コレジオ(聖職者の養成・ヨーロッパ文化の伝達。哲学・神学・一般教養を教え、教義書・辞書・物語なども出版)の建設。 　出版物の例(出版年がはっきりしているので書誌的価値が高い)：「どちりな・きりしたん：教義書」・辞典：漢字辞典「落葉集(らくようしゅう)」・天草版「羅葡日(らほにち)辞書」・天草版「ラテン文典」・長崎版「日葡(にっぽ)辞典」・文学書：伊曾保(いそっぷ)物語・平家物語 1556：[印]アクバル大帝(1556～1605)即位

↗1725：ロシア科学アカデミー（ペテルスブルグ）創設：1840年以後ロモノーソフらの会員が増えた

《諸工業学校》
1. 土木（橋梁・道路）学校
　　フランス　パリ：1716：土木工兵隊 J. B. コルベール→次項
　　　　　　　　　1747：土木学校：J. R. ペロネ・D. トリュデーヌ：橋梁・道路・運河・堤防・地図・測量。応用力学・材料強度・流体力学(「流率法」＝微分・積分法)など→エコール・ポリテクニク卒業生の3年制学校
2. 鉱山学校
　　ドイツ　フライベルク：1765：「鉱山アカデミー」として
　　フランス　パリ：1775：R. J. アユイ　など：岩石学・鉱物学・化石学・地質学・結晶学など→エコール・ポリテクニク卒業生の3年制学校

[ルネサンス]（4）   1562 ——

金属の技術と理論	一般の学問
1570：[英]R.ノーマン(1550頃～？)：磁気コンパスの北極側が地平線より下がることを発見(現在の「伏角」)。ロンドンその他で「伏角」を観測 1600：[英]W.ギルバート(1544～1603)：「磁石について」：1269年のペトルス・ペレグリヌスの結論と追試。電気と磁気の差、…地球は大きな磁石であることなど 1600：[日]近江の国友村、堺と並び鉄砲鍛冶の中心地となる。鍛造技術の進歩	1572：[仏]P.ラムス(P.de la Ramée)(1515～72)：フランスの医師・数学者。聖バーソロミューの大虐殺で死す。アリストテレス学派を批判 1582：グレゴリオ暦の採用。1年＝365.2425日。4の倍数年は閏年だが、1700年、1800年、1900年は平年 1597：[ザクセン]A.リバヴィウス(本名A.リボー、1540～1616)：「アルケミア」化学の重要な教科書 1600：プラハでティコ・ブラーエの助手としてJ.ケプラーが参加。この段階では「年周視差」の発見に失敗してブラーエは地動説を放棄 1600：[伊]哲学者G.ブルーノ：地球は太陽の周りを回転・宇宙は無限・万物は変化するといって異端としてローマで火刑(後年、コペルニクス・ブルーノの説が根拠とされ、1633年ガリレイを迫害)
17c初頭：[日]「南蛮鉄」出回る：インドのコロマンデル・サレム製のウーツ	1604：[伊]G.ガリレイ(1564～1642)：自由落下する物体の落下距離は時間の

→ 1605

一般の技術	社会・経済・政治
1570：[伊]G.B.ポルタ：針穴写真機(カメラ・オブスキュラ)を研究 16c末：ヴェネツィアの造船廠(アルセナーレ)が注目されていた。1104年海賊の跋扈に対して創設。ダンテの「神曲」に引用。この時期ガリレオはガレー船のオールの位置などの相談を受け、その結果が異端誓絶後再起したガリレオの1638年通称「新科学対話」の冒頭を飾り、後年マルクスも引用している 1583：[伊]A.チェザルピーノ(1519〜1603)：「植物について」全16冊。果実を動物の胚子に相当すると考え植物分類の基準とした。リンネはチェザルピーノが真の植物分類の祖であるといっている→1691年レイ、1735年リンネ 1590頃：[オランダ]眼鏡師ヤンセン父子と母親の指導でレンズ作用を偶然発見。対物・接眼2段階の組み合わせで拡大。望遠鏡も同時に→1665年フック 1600頃：[ベルギー]J.B.ファン・ヘルモント(1577〜1644)：医師・化学者：植物は水・ガスである	1562：[仏]ユグノー戦争→1598年プロテスタントに条件付きながら信仰の自由→しかし1685年フォンテンブロー勅令でユグノーは多く海外へ 1571：[スペイン]レパントの海戦(対トルコ勝利) 1578：エルマックのコサック兵のシベリア進出始まる 1581：オランダ独立：ネーデルランドは北部が中継貿易、南部が毛織物工業が盛んであったが、スペインのフェリペ2世は市民の進出を抑えカルバン派も禁止した。北部は抵抗してネーデルラント連邦共和国を宣言した。17世紀前半にはスペインの西インド貿易を奪い、東インドのポルトガル植民地を手に入れ、17世紀後半イギリスとの競争まで持ちこたえた 1582：[明]イエズス会宣教師マテオ-リッチ マカオに上陸 1582〜90：[日]天正遣欧使節派遣：ローマ教皇に会い大いに親善に努め、帰国後秀吉にも会ったが、キリシタン禁制下は不遇であった(伊東マンショ 長崎のイエズス会学院で病死、千々石清左衛門ミゲル 還俗病死、原マルチノ マカオで病死、中浦ジュリアン 殉教死) 1588：スペインの無敵艦隊敗れる(海上権スペインからイギリスへ) 1590〜1610：[英]シェイクスピア(1564〜1616)：イギリスの劇作家・詩人：生きている人間の台詞を獲得し、斬新で革命的 1590：[日]豊臣秀吉：全国統一 1600：[日]関ヶ原の戦い 1600〜：イギリス・オランダ相次ぎ「東インド会社」設立
1603：[伊]G.ファブリッキオ(1533〜1619)：静脈弁は記載されているが	1603：[日]江戸幕府成立(〜1867年) 1605：[スペイン]セルバンテス：「ドン・

[ルネッサンス]（5）　　　　　　　　　　　　　　　　　　　　　　　　　　　1605 ──

金属の技術と理論	一般の学問
鋼、一種の「るつぼ鋼」で不純物が少ない。15cmくらいの偏平な瓢箪型の板として1600年あたりから伝来。様々に加工されたが、鎖国の影響もあり量としては少ない 1610：[日]砂鉄採取の場所が変化しその方法が、竪穴を掘って採る「鉄穴掘（かんなほり）」から、流水を使う「鉄穴流し（かんなながし）」（一種の比重選鉱）に移行し始める。すなわち、山の中に何段にも「樋（とい）」を作り、そこを流すうちに一種の比重選鉱法が行なわれる。同時にたたらも「のだたら」から「高殿」に変わる（第1部1-7「日本への金属器の渡来」参照） 1637：[中]宋応星（1590?～1650?）：「天工開物」：鋳造、鍛造、ばい焼、製錬等の項目がある。農業・手工業の百科全書。「天工」は自然の優れた力、「開物」はそれを利用して人間にとって必要なものを造り出すこと。全18巻 1638：[伊]G.ガリレイ（1564～1626）：「対話と数学的証明／機械学と地上運動での二つの新しい科学」（岩波文庫での名称：「新科学対話」）：引っ張りと片持ち梁の強度が考察されている。ここから弾性体力学が始まる。音響・自由振子・テコ・自由落下および抛物運動、物体の衝突、（ユークリッドの比論）→ヴィヴィアーニとトリチェリを助手にし、ガリレオは1642年歿く 1660：[英]R.フック（1635～1703）：フックの法則を発見 1663：[日]岩手県中・南部で「もち鉄」＝磁鉄鉱からの製鉄始まる。「野だたら六合吹き」という絵図の鉱石と鉱滓が磁鉄鉱のものらしい。還元が簡単だったという。「近世たたら」とは	二乗に比例する（数学と実験の結合） 1605：[英]フランシス・ベーコン（1561～1626）：「学問の進歩」（学問を正しく進めれば福祉も大いに進む）。1620年には「新オルガヌム」で自然に対する人間知識の増進を四つの「偶像論（イドラ）」を避けて進める。但しここには帰納法だけしかなかった 1609～19：[独]J.ケプラー（1571～1630）：「ケプラーの3法則」：天文学の重要発見。惑星は太陽の周りを楕円軌道で回転・その面積速度は一定・惑星の平均距離の3乗が公転周期の2乗に比例する。ティコの精確な観測をもとにして（年周視差も含めて）、ガリレイやニュートンを導く先駆である 1627：[日]吉田光由（1598～1672）：「塵劫記」出版：日本最初の算術書 1632：ガリレイ：「プトレマイオスとコペルニクスの二つの最も主要な宇宙体系に関する対話」（岩波文庫での名称：「天文対話」）出版：地球の運動、太陽黒点と地球の運動、地球の自転・公転と風→翌年「異端誓絶」を強いられる 1637：[仏]R.デカルト（1596～1650）：「方法叙説」：付録に解析幾何学 1640：[伊]E.トリチェリ：ガリレオの運動を水中に応用＝「流体力学の父」 1643：トリチェリ：先端を閉じたガラス管に水銀を入れると76cmまで下降＝科学的に認められた最初の真空 1645：[英]「見えざる大学（Invisible College）」：大学とは独立の研究者の集い。オックスフォードのグレシャムカレッジで開催：ロバート・ボイル→1662年ロイアル・ソサイエティーに発展 1650：[マグデブルグ]O.ゲーリケ（1602～86）：大気圧の強さを示す半球の公

→ 1677

一般の技術	社会・経済・政治
その意味（逆流防止）をはっきりさせえなかった。解剖用の「階段教室」も作った	キホーテ」
1609：ガリレイ：望遠鏡を工夫し約30倍にする→1610年木星の衛星を発見・土星付属物（環のこと）・金星も観察：「星界からの報告」（1610年）に記載	1614：［日］武家諸法度（13条）・禁中並公家諸法度（17条）を示す
	1616：［中］ヌルハチ汗位につく：1606年モンゴルハルハ諸部から→後「清の太祖」：「清」の初め
1611：［日］角倉了以（1554～1614）：京都に運河を作り高瀬舟を運行	1618：［独］神聖ローマ帝国で「30年戦争」始まる。新教徒側からデンマーク王・スウェーデン王が干渉。その後イギリス・オランダ・スペイン・フランスなども干渉→1648年ウェストファリア条約
1628：［英］W.ハーヴェイ（1578～1657）：「動物の心臓と血液の運動に関する解剖学的研究」：血液の大循環を明らかにした、一時期を画するもの。ガレノス・ヴェサリウス以来の肝臓中心説をくつがえし、肺はそれ独自の機関であるとし、心臓からの血液の量を計算した	
	1620：［米］ピルグリム・ファーザーズ プリマス上陸：102人のイギリス清教徒が宗教的自由を求めてアメリカへ移住
	1628：［英］「権利請願」：議会の権威上がるが王は実行せず→1642年ピューリタン革命
1642：［仏］B.パスカル（1623～62）：加算・減算の計算機を発明。後に商品化？	
1661～1668：［伊］M.マルピーギ（1628～94）：肺における毛細血管の発見と静脈のつながり。赤血球の発見。腎臓のマルピーギ小体の発見。その他植物小胞の発見	1635：［日］参勤交代制を定む
	1637～38：［日］島原の乱
	1639：［日］江戸幕府鎖国令
	1641：［日］オランダ人を出島に移す
	1642：［英］ピューリタン革命始まる。クロムウエル軍の勝利と失政→1660年君主制→ホイッグ党とトーリー党→1688年「名誉革命」
1661：［デンマーク］N.ステンセン（N.ステノとも。638～86）（結晶学でも知られている）：耳下腺の導管（ステンセン管）を発見。舌下腺、頬腺、涙腺も	
	1648：［独］ウェストファリア条約：多くの国が干渉したこともあり、神聖ローマ帝国は名ばかりとなる。そのなかでプロイセンとオーストリアが成長
1665：［英］R.フック（1635～1703）：細胞の発見（コルク）：コルクという物質の特性が理解出来たと考えた。木炭その他生きた植物も観察	1661：［仏］ルイ14世の親政（フランス絶対王政）始まる：コルベールの重商主義・工学振興（「一般の技術」1666、1716年）
1666：［仏］ミディ運河（ラングドック運河）着工：地中海-大西洋→1692年完成	1661～1722：［清］聖祖 康熙帝（一方、明の再興を願って鄭成功（国姓爺）と三藩がいた）
1668：［英］ニュートン：反射望遠鏡の製作	
1669：［独］J.J.ベッヒャー（1635～68）：「燃える土」という元素を発表。燃焼とはこれと物質が分離することであると主張→1703年	1670：［露］ドンコサック首長ステンカラージンの大乱
1677：［オランダ］A.ファン・レーヴェン	1670・71：［日］河村瑞賢：東廻り・西廻り

[ルネサンス]（6）　　　　　　　　　　　　　　　　　　　　　　　　　　　　　　1653 ——

金属の技術と理論	一般の学問
異なる 1665：[英]R.フック：「ミクログラフィア」：カミソリの刃・針の先端など、材料の顕微鏡観察の始まり 1669：[デンマーク]N.ステンセン（ニコラウス・ステノとも、1638〜86）：鉱物の「面角一定の法則」：同じ結晶ならば長短・大小、見かけの形にかかわらず「対応する面同士のなす角がいつも一定である」 1672：[英]I.ニュートン：材料破面の考察→「顕微鏡観察」：1774, 1808, 1864, 1878, 1885, 1886, 1905 1690頃：[日]「天秤ふいご」による送風開発：「手引きふいご」「踏みふいご」などを経て、天秤ふいご・鉄穴流しという「近世たたら炉」の時代となった。明治維新後の1894年にコークス炉に追い越されるまで続く（→第1部1−7）	開実験 1653：パスカル：「水圧の原理」：非圧縮性流体内の一点で圧力増加があると、すべての点で同じ大きさの圧力増加が見られる 1661：[英]R.ボイル：「懐疑的な化学者」：アルカリ・酸などの概念。アリストテレスやパラケルススを論破。翌年「ボイルの法則」を発見：一定温度ではpv＝一定→1787、1802年参照 1669：[デンマーク]E.バルトリヌス（1625〜98）：ホウカイセキの複屈折現象の発見（アイズランド結晶の実験）。彼の説明は不完全だったので、ホイヘンス・ニュートンも苦労した。正しい説明はフレネルによる 1673：[オランダ]C.ホイヘンス（1626〜95）：「振子時計」出版：その他土星の「輪」の発見（1659年）、光の「波動説」（1690年）など、ガリレオとニュートンをつなぐ位置にある 1675：[デンマーク]O.C.レーマー（1644〜1710）：光の速さを測定。木星の衛星の食周期が木星と地球の距離に依存している（これはカッシーニの発見）ことを光速で説明。なかなか受け入れられなかった 1676：[英]グリニッジ天文台設立 1683：[日]関孝和（1642〜1704）：世界で最初の「行列式」の展開法を示す（ライプニッツに先行）。文字係数の「点竄術」＝高次方程式の解法など和算の飛躍に大きく貢献 1684・86：[ライプチヒ]G.W.ライプニッツ（1646〜1716）：「極大極小のための新方法」「幾何学秘義および不可分者と無限の解析」出版：1675年頃から広く知れ渡っていた：微分・積分の記号もここから 1687：[英]I.ニュートン（1642〜1727）：「自然哲学の数学的諸原理（プリンキ

→ **1698**

一般の技術	社会・経済・政治
フック(1632〜1723)：顕微鏡によりL. D. ハムによる「精子」の発見を確認。赤血球・微生物・細菌の発見 1680：[仏]ホイヘンス・D. パパン(1647〜1712)：内燃機関の原型(火薬式)開発→内燃機関1883年→蒸気機関1690年 1690：[仏]D. パパン：蒸気機関＝シリンダ・ピストン式の構想：火薬でなく蒸気へ。 　　　大気圧機関＝蒸気を満たしておき、次いで冷却して大気圧でピストンを動かす。実用には至らなかったが蒸気を使うことが試みられた始め→1698、1712年 1691：[英]J. レイ(1627〜1705)：分類学の創始。種の概念を確立。葉と花・単子葉と双子葉。夭折の同学 F.ウィルビー(1635〜72)との共同により「鳥学」「魚学」「四足動物と蛇類概説」などを著わした。リンネに続く。(当時はアジアからの動植物が増加) 1698：[英]T. セーヴァリ(1650〜1715)：蒸気機関＝ピストン・シリンダなしの大気圧機関の特許・「坑夫の友」に掲載	航路を開く 1684：[日]渋川春海(安井算哲、1639〜1715)：日本初の暦「貞享暦」を作り、幕府天文方となる。太陰暦。その後朝廷方と幕府方の主導権争いが続き、一時民間(麻田剛立・高橋至時)の「寛政丁巳暦」(1797年)も用いられた(→暦については1747, 1754, 1797, 1842, 1872) 1688：[英]イギリス名誉革命「権利章典」：議会(下院)の立法権確立・宮廷変革：「マグナ・カルタ」「権利請願」「権利章典」を三大憲章という。また1721年からは内閣制度も確立し「君臨すれども統治せず」というイギリスの立憲君主制が出来上がった 1688〜1703：[日]元禄時代：一定の生産・市場を基礎として衣・食・住の華やぎ。出版物の増加・俳諧発句の確立(奥の細道)・浄瑠璃・歌舞伎などの享受。一方で社会的格差の深刻化

[ルネサンス]（7）　　　　　　　　　　　　　　　　　　　　　　　　　　　1701 ──

金属の技術と理論	一般の学問
	ピア）」：1665年頃の着想を1684年頃に勧められて出版。運動の法則・万有引力の法則。地球が短軸回転楕円体。広範な内容が述べられている（ガリレオが取り扱った固体の弾性論がない）。微分形式でなく幾何学的で難解
1709：［英］A. ダービー（父）（1677～1717）：コークス高炉の発明→1735年A. ダービー（息子）により完成：最初は鋳鉄銑で砂型鋳物に使われた→1735年 1722：［仏］R. A. F. レオミュール（1683～1757）：「鉄を鍛えて鋼にする方法」で浸炭鋼・可鍛鋳鉄について、パリアカデミー紀要に発表。浸炭と脱炭は「炭素」の出入りであると正しく述べる：→1751年から産業技術の集大成「技術と産業の記述（デスクリプション）」を刊行→「鉄-炭素系」：1781, 1782, 1794, 1823, 1864, 1868, 1878, 1885, 1887, 1897, 1899, 1900 1723：［スイス］M. A. カペラー：「結晶学入門」（初の結晶学書） 1734：［スウェーデン］E. スウェーデンボルグ（1688～1772）：「デ・フェロ」（製鉄技術の体系的記述）：レオミュールが重視し引用	1705：［英］E. ハレー（1656～1742）：「彗星の天文学の概算」で1682年の彗星（のち「ハレー彗星」）が1758年に回帰することを予言。1710年にはプトレマイオス星座との比較から恒星の位置変化・固有運動も発見した 1714：［英］R. コーツ（1682～1716）：オイラーの定理の原型を与える　$e^{ix} = \cos x + i \sin x$

→ 1734

一般の技術	社会・経済・政治
1703：[独]G. E. シュタール(1660～1734)：ベッヒャーの説(1669年)を発展させ「フロギストン説」をまとめた。18世紀には大きな影響を持った。酸・塩基・塩の区別も確立→1773年ラヴォアジエに否定される 1712：[英]T. ニューコメン(1663～1729)：実用的大気圧蒸気機関(ボイラー・ピストン・シリンダー)：以後75年間も方々で使われた。しかし仕事をするのは蒸気ではなく大気圧で、往復運動のみ→1769年 1716：[仏]J. B. コルベール「土木工兵隊」編成 →1747年「土木学校」(この節の初め：「諸工業学校」) 1733：[英]J. ケー(1704～64)：飛杼(とびひ；flying shuttle)をもつ織機発明	1701：プロシア王国成立 1701～13：スペイン継承戦争 1707：[日]富士山大噴火(宝永山) 1717：[日]享保の改革：徳川吉宗 1720：[日]禁書令を緩和 1728：[露]ベーリング(1681～1741)：ベーリング海峡発見。初発見はS.デジニョフ 1730頃：[伊]バイオリンのストラディヴァリ(1644？～1737)の制作活動最盛期。チェロについても35丁現存。 1732：[日]享保の大飢饉(江戸時代三大飢饉の初→第二：1783年、第三：1832年) 1733：[日]江戸で打ちこわし

第4章 産業革命（1）

1735 ——

金属の技術と理論	一般の学問

『産業革命とは』
　産業革命の前は「工場制手工業（マニュファクチュア）」でした。マニュファクチュアは様々な道具を発展させましたが、その中で人間の「手の代わり」をするもの、すなわち「作業機（道具機）」の進歩が重要です。作業機が人間の代わりをして機械の一部になると、労働者がいないか少ない労働者で仕事が出来ます。これを「人間の肉体的制約から機械を解放する」ともいいます。ここから「産業革命」が始まります（機械は「作業機」「伝達機」「動力機」から成ります）
　すなわち産業革命は
　① 蒸気機関からではありません
　② 飛杼（とびひ）（1733年「技術」）はまだ人手から解放されていないのです
　③ そして、紡績機の紡錘を人間の手から機械へ移したことから始まります
　　1735年のローラードラフト紡績機です。ついでジェニー紡績機・水力紡績機へ広がり↗

1735：[英]B. ハンツマン（1704〜76）：コークスるつぼ鋳鋼：刃物やゼンマイに使われる。「ドイツの自然鋼」「スウェーデンの滲炭鋼」などを凌駕 1735：[英]A. ダービー（息子）（1711〜65）：高炉に蒸気機関を採用→1779年 1742：[露]M. V. ロモノーソフ（1711〜65）：「冶金術の基本」。「粒子」と「元素」の区別とか燃焼の理論などについても考察。詩人でもある 1750：[英]J. ミッチェル（1724〜93）：磁極引力の逆二乗則	1735：[オランダ]C. フォン・リンネ（1707〜78）：「自然の体系」初版：動・植物の整然たる体系。しかし「人為分類法」なので自然の分類「自然分類法」が推奨され後に従っている 1735〜41：[仏]P. L. M. deモーペルチュイ（1698〜1759）ら（ラップランド）とC. M. deラ・コンダミーヌ（1701〜74）ら（ペルー）の二つの測量隊が、地球は赤道方向に膨らんだ短軸回転楕円体であることを確認 1752：レオミュール：「鳥の消化について」で胃液を取り出し体外でも消化が起こることを解明（鳥・昆虫にも関心） 1755：[独]I. カント（1724〜1804）：太陽系の起源として星雲説を発表。その後ラプラスはいっそう深めた（1796年）。現在では「角運動量の困難」と呼ばれる問題がある 1759：[独]C. F. ウォルフ（1738〜94）：「発生理論」著わす。鶏の胚は後に血液が入ってきて、他の部分からはっきり見分けられるようになる。腸や他の器官も一様に見える胚層の中に形成される。「後成説」を批判

→ 1772

一般の技術	社会・経済・政治

↗ます
　次いで、第二段階として：1782年前後の改良型蒸気機関：一様な回転・運転場所を選ばない。
　さらなる発展として：鉄鋼業の進歩。機械による機械の製造：機械を作る機械の発展。
　さらに広がって。蒸気機関車がイギリスだけでなく、フランス・ドイツ・アメリカに広がり、電信機がクックとホイートストン（1837年）・モールスとヴェイル（1838年）などにより最も早い独占資本化に進みました。
　その他、漂白作業として硫酸（1745年）・塩素（1785年）・ルブラン法（1823年）などが発展。
　また、農芸化学の発展がテーア・リービッヒ・（イギリス）ローズなどにより展開されます。
　こうして規模の大きい工場をもつ資本家と第二次「囲い込み」（エンクロージャ）などによって賃金労働者にならざるを得ない人達を生み出し、社会全体を大きく変えることになったのが産業革命です。

1735：[英] J. ワイアット（1700～66）：ローラードラフト紡績機（引き伸ばし多段ローラー付き）：指を使わずに紡ぐ機械で産業革命の発端である（K. マルクス）→1764年ジェニー機 1745：[仏] J. de ヴォーカンソン（1709～82）：絹織り「自動紋織機」考案。産業博物館も設立（→J. M. ジャカールがそれを見て改良（1790年））。その他、上／下が山／谷型溝の旋盤の送り台（モーズリーより早く1745年）、循環鎖チェーンを改良（1770年）→1797年参照 1746：[英] J. ローバック（1718～94）：鉛室を利用した「硫酸」の製造（より安価） 1747：[仏] J. R. ペロネ・D. トリュデーヌ：「土木学校」創設：橋梁・道路・運河・測量・地図作成。応用力学・材料強度なども講義。フランス革命後は「エコール・ポリテクニク」の卒業生を受け入れ 1750：[米] B. フランクリン（1706～90）：避雷針を発明 1751～72：[仏] D. ディドロ（1713～84）・J. L. R. ダランベール（1717～83）：「百科全書」：学問・自由学芸と技芸（技術）を平等に取り扱い、特に技術（ars）を定義。多くの技術的項目と	1735：イギリス産業革命始まる→産業資本家の経済支配、労働者急増、熟練労働者に代わって婦人と子供、低賃金と労働強化、労働問題急増 1740～48：オーストリア継承戦争（プロシアとの対立深まる） 1743：日本で甘藷栽培を奨励 1747：[日] 貞享暦の改定→1754年 18c後半～19c前半：[英] 第2次「囲い込み」進む。大規模農業で食料増産。農民層の賃金労働者化 1754：[日] 貞享暦を廃し宝暦暦に移ったが、この朝廷側の暦は杜撰だったので、1797年寛政暦（幕府方）へ 1756～63：英仏（植民地）7年戦争

[産業革命] (2)　　　　　　　　　　　　　　　　　　　　　　　　　　　　　　1751 ——

金属の技術と理論	一般の学問
1762：[英]J. ローバック(1718〜94)：コークス高炉で製鉄法の改良 1765：[独]J. G. レーマン：フライベルクで「鉱山アカデミー」発足(→1775年パリに鉱山学校) 1774：[スウェーデン]S. リンマン(1720〜92)：樹枝状晶観察 1774：[独]A. ヴェルナー (1750〜1817)：鉱物を物理的性質で5種に分類。岩石を、始原岩・成層岩・火山岩・沖積岩と命名したこともある(1787年)。弟子が誤謬を正した 1775(83とも)：[英]ヘンリー・コート(1740〜1800)：パドル・圧延法開発 (ⅰ)高炉からのどろどろの銑鉄を反射炉に入れる。(ⅱ)撹拌(パドル)により炭素を酸化させ錬鉄とする。(ⅲ)これを圧延機または溝ロールに噛ませて鍛造製品とするという一連の「体系」を成立させた。「錬鉄」構造物として産業革命の材料的基礎の一つ(もう一つは鋳鉄構造→1779年ダービー) 1778：ブルグマンス：ビスマス(Bi), アンチモン(Sb)の反磁性の発見→1845年ファラデー (「学問」参照) 1779：[英]A. ダービー(孫)(1750〜91)：世界初の鋳鉄の鉄橋(通称アイアンブリッジ)：イングランド中部、コールブリュックデールのセバーン河。1795年の洪水にも落ちなかった	1761：[英]J. ブラック(ボルドー生まれ、1728〜99)：グラスゴー大学で「潜熱」の理論を確立。ワットに説明を与えた 1773：[仏]A. ラヴォアジエ(1743〜91)：燃焼の実験：空気と結合する場合もあること＝フロギストン説の誤り 1774：[日]「解体新書」刊行：前野良沢、杉田玄白、中川淳庵、桂川周甫：解剖学。日本最初の翻訳書。蘭訳本の精確さに感心し、困難な翻訳で3年半と11回の改稿で完成 1776：[英]A. スミス(1723〜90)：「諸国民の富」(古典派経済学) 1779：[仏]G. L. C.ビュフォン(1707〜88)：「自然の諸相」：生物の種の生成・地球の年代誌などを一貫したものとして説明 1779：[オランダ]J. インゲンホウス(1730〜90)：「植物に関する実験(日陰や暗がりで汚れた空気を浄化する偉大な力)」。葉の裏側から日の当たっている間だけ。その後、二酸化炭素に由来する植物構造体も指摘

→ 1779

一般の技術	社会・経済・政治
詳細な図版で説明→1772年 1751～：[仏]R. A. F. レオミュール：遺稿「技術と産業の記述（デスクリプション）」出版：「百科全書」の図版と一部重なり問題化。しかし、また助け合う 1756：[米]B. フランクリン(1706～90)：「凧(たこ)」を使って雷からライデン壜に蓄電。避雷針も開発した	
1764：[英]J. ハーグリーヴス(1720～78)：多軸紡績機(ジェニー機)の発明→1779年 1765：[独]フライベルグで「鉱山アカデミー」開講→p.111「諸工業学校」参照 1768：[英]R. アークライト：水力紡績機(ウォーターフレーム)発明 1769：[英]J. ワット(1736～1819)：蒸気機関改良(まず復水器を分離→1782年にかけて改良続ける。ブラックとの協同は有名) 1769：[英]J. スミートン(1724～92)：旋盤の中ぐり盤(片持ち)(→1775, 1797) 1771：[英]J. スミートンらによる"Society of Civil Engineering"結成 1772：[独](ハノーバー選帝侯領) J. ベックマン(1739～1811)：「技術学(Technologie)」の提唱→ディドロが示唆していた 1775：[英]J. ウイルキンソン(1728～1808)：中ぐり盤改良(両持ち)→ワットの蒸気機関成功に寄与 1775：[仏]「鉱山学校」(パリ)：岩石学・鉱物学・化石学・地質学・結晶学などを開講→「諸工業学校」参照 1779：[英]S. クロンプトン(1759～1827)：ミュール走錘紡績機：ローラドラフトとジェニーの結合＝ミュール(騾馬)と呼ばれた	1765：[日]関東の農民20万人の大一揆 1772：第1次ポーランド分割(オーストリア・プロシア・ロシア) 1772：[日]田沼意次老中となる 1773：[日]「價原」三浦梅園：「五金の内にては、鐵を至宝とす」 1773：[露]プガチョフの乱 1774：[ドイツ]詩人・小説家ゲーテ(1774～1832)：「若きウェルテルの悩み」(1774年)、「イタリア紀行」(1829年)、「ファウスト」(1832年)、「詩と真実」(1832年) 1776：アメリカ13州独立宣言 1776：[日]各地に一揆しきりに起こる

[産業革命] (3)　　　　　　　　　　　　　　　　　　　　　　　　　　　　　　　　1780

金属の技術と理論	一般の学問
のので鋳鉄ではあるが鉄構造物の優位性を示し、多くの鉄構造物が鋳鉄でも用いられるようになった 1780：[仏]J.B.L.R.ド・リール(1736～90)：助手が考案した「接触測角器」で結晶学の精度を上げ、1669年のステンセンの法則を大幅に拡張する	
1781：[スウェーデン]T.O.ベリマン(1735～84)：鉄の同素変態提唱：鍛鉄・鋼・銑鉄の差は炭素量の差である→1782年 1782：同上ベリマン：錬鉄・鋼・銑鉄の湿式分析残渣が炭素であることを発見→1794年 1784：[仏]R.J.アユイ(1743～1822)：有理面指数の法則。一組の3軸を考え、ある結晶面がこれを切る点を考えると、ある基準点からの距離が有理数比になる。結晶学の父ともいわれる 1784：[日]下原重仲(1738～1821)：「鉄山必用記事 全8巻」(鉄山秘書、鉄山必要記事とも)：製鉄技術の古典、鉄は農の柱礎(はしらといしずえ)ともいっている。17世紀以来の「鉄穴流し」「高殿」「天秤ふいご」の蓄積から生まれたものともいえよう 1786：[仏]G.モンジュ(1746～1818)：C.L.C.ベルトレ(1749～1822)・C.A.バンダモン(1735～96)：製鉄を酸化・還元で理論付け 1794：[独]W.A.ランパディウス(1722～1842)：銑鉄・鍛鉄の区別、高炉・製錬炉過程の理論(→1827年「一般冶金学綱要」で集大成)→1823年	1783：ラヴォアジエ：水は酸素と「水素」の結合による 1784：[英]F.W.ハーシェル(1738～1822)：「天界の構造」銀河系星雲の分類と進化仮説。連星系の運動など 1787：[仏]J.シャルル(1746～1823)：シャルルの法則を発見 $p = p_0(1+t/273)$ →1802年参照 1789：フランス大革命(「社会」参照) 1789：ラヴォアジエ：「化学綱要」刊行：水・酸・酸素。33の具体的物質を元素に。定量分析を進めた。化学専門の学術雑誌「アナル・ド・シミー」を創刊 1791：[仏]メートル法として「パリを通る子午線の4000万分の1を1メートルとする」：これは決めただけ。暫定測量の結果から作った「アルシーブ原器(1m)」(フランス文書保管所)を1869年になって基準にした。その後、今も基準は時々変更されている 1796：[英]E.ジェンナー(1749～1823)：「天然痘ワクチンの効果」。3例の成功の後発表するも受け入れられず論文発表。パストゥールが広める 1798：[英]H.キャベンディシュ(1731～1810)：万有引力常数の測定。ねじり秤による。地球の密度も求めた 1798：アメリカ生まれの国際人 C.ラムフォード(1753～1814)：砲身のくり実験から「熱は運動から」と結論 1800：ハーシェル：太陽光の観察で、寒暖計を用いて最高の温度を示す場所は

→ 1800

一般の技術	社会・経済・政治
1782：J. ワット：複動蒸気機関特許（機関からの膨張圧力を「摺動する弁」によって左右からシリンダに注入、スムーズに運転する）取得および上下運動を回転運動化 1785：[英]E. カートライト(1743〜1823)：力織機発明(1820年代に実用化) 1785：[仏]C. L. C. ベルトレ(1749〜1822)：塩素ガスの漂白性発見 1789：カートライト：力織機を蒸気機関で運転 1790：[仏]J. M. ジャカール(1752〜1835)：模様織機発明。次いで1805年紋紙（カード）式に改良（ジャカード）←1745年ヴォーカンソン参照 1791：[伊]L. ガルヴァーニ：生物電気の発見→1797年A. ヴォルタの電池に発展 1793：[米]E. ホイットニー(1765〜1825)：繰綿機発明（アメリカ産の綿から種子を除く）。続いて1798年から小銃の標準化を考え、これは大量生産の基礎ともなった 1795：[仏]エコール・ポリテクニク設立：フランス革命時の工兵不足のために始まったが、全ての人が高等工業教育を受けられる制度となった。当時最高の学者がそろった 1797：[英]H. モーズレー (1771〜1831)：送り台（スライド・レスト）付き旋盤←1745年参照 1797：[伊]A. G. A. A. ヴォルタ(1745〜1827)：生物電池以外でも電池＝「電	1781：[ドイツ]哲学者カント(1724〜1804)：「純粋理性批判」(1781年)、「実践理性批判」(1788年)、「判断力批判」(1790年) 1781：ベートーベン(1781〜1827)：交響曲9、ピアノ協奏曲5、弦楽四重奏曲16、ピアノソナタ32など多くの曲を残す。オーストリアの共和主義者 1783：[日]浅間山大噴火 1783〜88：[日]諸国大飢饉（天明の大飢饉）：奥羽から全国に 1787：[日]米価騰貴　江戸・大阪の町人等大打ち壊しと百姓一揆（天明の打ち壊し） 1787：[日]松平定信 老中筆頭となり倹約令を発す：寛政の改革 1787：[日]幕府が米沢藩主上杉治憲(鷹山)を表彰 1789：[仏]フランス大革命始まる（バスチーユ襲撃） 1792：[仏]フランス第1共和制(〜1804年) 1795：第3次ポーランド分割（ポーランド王国滅亡） 1797：[日]高橋至時・間重富・麻田剛立：寛政暦頒布（幕府方に主導権戻る）→1842年 1800：[日]伊能忠敬(1745〜1818)：蝦夷地を測量(→1814年)

[産業革命］（4） 1800 ──

金属の技術と理論	一般の学問
	赤色部の外側にあったので、目に見えない光線がここに来ていることを確かめた
1807：[英]H.デーヴィ(1778〜1829)：電解によるカリウム・ナトリウムの分離に成功。アルカリ金属で初めて。次の年マグネシウム・カルシウム・ストロンチウム・バリウムでも成功。1815年炭坑用の安全灯「デービー灯」発明。空気は入るが熱は金網で吸収される	1802：[仏]J.L.ゲイ=リュサック：気体の熱膨張の法則 $v = v_0(1 + t/273)$ →1661、1787年参照。ボイル・シャル・ゲイ=リュサックの法則は個別に順次法則化された
1808：[オーストリア]A.J.ウィーデマンシュテッテン(1754〜1849)：隕鉄などの「ウィーデマンシュテッテン(Widmanstätten)組織」発見	1808：[英]J.ドールトン(1766〜1844)：「化学の新体系」発表：原子分子仮説と原子量の概念。まだ反対も多く、最終的には→1911年ラザフォード、1913年ボーア、同年モーズリー
1812：[仏]J.N.ハッセンフラッツ(1755〜1827)：「鉄冶金技術」(カルステンの書と共に日本の幕末における重要参考書)	1815：[独]J.フラウンホーファー(1789〜1826)：自作のプリズムで太陽光線を観察。A〜Gの記号をつけた「フラウンホーファー線」を発見。その後も「線」は増えた
1814：[独]K.J.B.カルステン(1782〜1853)：「鉄冶金ハンドブック」(→1841年：3版で大改訂)：シュレジア製鉄業の指導者。19世紀前半の技術と科学はこれで分かるといわれた。他元素の実体と役割を明らかにした	

→ 1815

一般の技術	社会・経済・政治
池・電堆」を証明 1800：[英]W. ニコルソン(1753～1815)とA. カーライル(1768～1840)：ヴォルタ電池で「水の電気分解」を行なう。1783年の逆過程	
1802：[英]R.トレヴィシックの蒸気機関車→1814年G. スティーヴンソン→1825年定期的な列車を運行：下記参照(1814年) 1804：[スイス]N. ド・ソシュール(1767～1845)：植物は、空中から二酸化炭素、酸素の放出、土壌から窒素を含む無機物(それまでは炭素)を必要とすると結論 1805：[仏]G. L. C. F. D. キュビエ(1769～1832)：「比較解剖学講義 5巻」。機能的形態学。進化論を批判し、天変地異説を唱える 1805：[日]華岡青洲(1760～1835)：飲む麻酔薬で乳ガンの摘出手術に成功 1808：[独]A. フォン・フンボルト(1769～1859)：「自然の諸相」発表。「植物地理学」を始める。兄がベルリン大学創立者 1809：[独]A. D. テーア(1752～1828)：農学者：「合理的農業の原理」：三圃式農業から輪栽式に移行すべき根拠を示す。ドイツ農業を技術学と経営に分けるなどドイツ農業の先達者→1840年土地も肥やすべき 1809：[仏]J. de. ラマルク(1744～1829)：「動物哲学」で生物進化を主張。「脊椎動物と無脊椎動物」を初めて区別。「進化論」の萌芽ではあるが受け入れられなかった。無神論・唯物論といわれた。ダーウインの進化論後ラマルクは注目され始めた 1814：[英]G. スティーヴンソン(1781～1848)：「ブリュヘル号」を開発。25年には「ロケット号」でリヴァプール	1801：大ブリテン及びアイルランド連合王国成立 1804：[日]ロシア使節レザノフ、長崎に来る 1807：[独]ヘーゲル(1807～31)：哲学者：「エンチクロペディ」(1817年)、「法哲学綱要」(1821年) 1811：[英]ラッダイトの打ちこわし運動 1814：[日]伊能忠敬：「大日本沿海輿地全図」実測達成。忠敬は1818年に病没。高橋景保らにより1821年に完成 1814～15：ウィーン列国会議 1815：ワーテルローの戦い：ナポレオン敗れる

[産業革命]（5） 1820

金属の技術と理論	一般の学問
1820：[英]M.ファラデー（1791～1867）・J.ストダート（?～1823）：合金鋼の研究（←ダマスカス鋼を目指すがまだ無理） 1820：[独]F.E.ノイマン（1798～1895）：結晶異方性：結晶は物理的・化学的にも方向性を持っている点に注目。ミクロな粒子（原子論はまだ）の一様性と異方性の両面に注目すべきことになった 1820：[デンマーク]H.C.エルステッド：電流の磁気作用の発見（以後の磁性は「物理」の項目へ） 1823：[仏]J.R.ブレアン（?～1852）：炭素量によって（亜共析・共析・過共析の違いによって）ダマスカス模様の違いがあるのではないかという考えを発表→1864年 1824：[独]L.A.ゼーバー：結晶は規則的な3次元の空間格子で並行しているのであろうと、熱膨張や弾性変形から考えた：「結晶の空間格子」概念 1826：[英]T.テルフォード（1757～1834）：メナイ海峡（イギリス：ウエールズ・スノードニアとアングルシー島）に錬鉄製大吊橋（メナイ橋）架設：1818年S.B.ロージャ改良の攪錬炉の錬鉄塊を圧延で精製したもの 1829：[仏]S.D.ポアソン（1781～1840）：「ポアソン比」（たてひずみ（e）と直角方向の横ひずみ（$-e'$）の比$m=-e'/e$をいう）が比例限内では物質乗数となることを発見 1830：[独]J.F.C.ヘッセル：32種の結晶学的「点群」の導入（晶族ともいう） 1839：[英]W.H.ミラー（1801～80）：結晶の「ミラー指数の表記法」を導入	1820：[デンマーク]H.C.エルステッド（1777～1851）：物理学者：電流は近くに置いた磁針に回転力を与える：偶然ではあるが画期的な観察。すでに1807年頃に気付いていたらしい 1820：これに対して、同年すぐにA.M.アンペール（1775～1836）：二本の電流相互の吸引・反発と「右ネジ」の法則。D.F.アラゴー（1786～1853）：なんらかの電流による磁化現象の解析的解明。J.B.ビオ（1774～1862）とF.サバール（1791～1841）の「二人の名を冠した法則」などが続く。行き着く先はファラデーの「電磁誘導の法則」→1831年 1824：[仏]N.L.S.カルノー（1796～1832）：「火の動力とその発生に適した機械の考察」：可逆機関が最大の効率を示す。その効率は蒸気の最高・最低の温度で決まる 1827：[英]R.ブラウン（1773～1858）：「ブラウン運動」の観察。水面に浮かんだ花粉粒から出た小粒子が激しく振動し、その他の無機物質も振動した（熱運動によるゆらぎ。分子の存在も分かる）。細胞の「核」の発見 1831：[米]J.ヘンリ（1777～1878）と[英]M.ファラデー（1791～1867）がそれぞれ独立に「電磁誘導現象」を発見（単位 ヘンリはその名にちなむ） 1831：[独]J.K.F.ガウス（1777～1855）：磁気の絶対測定：力学系からの延長としてc.g.s.系から単位を求めた（cgs-emu 磁気単位）。これで各国各地の測定結果が比較出来るようになった→続いてW.E.ウェーバー（1804～91）が協力するようになって一段と研究が進み、同じくcgs系で

労働者・資本家 二大階級の成立

→ 1839

一般の技術	社会・経済・政治
〜マンチェスター間45kmを旅客用として定期化	
1823：[仏]N.ルブラン(1742〜1806)：「ルブラン法」による硫酸製造(いっそう安価で環境負荷も小さい) 1833〜40：[独]J.ミュラー(1801〜58)：「人体生理学原論」を発表。以下「腺の構造」「病的腫瘍の微細構造及び形態」「感覚器官の特殊エネルギーの法則」など 1835：[仏]G.G.コリオリ(1792〜1843)：「コリオリの力」の発見。コリオリの力は、回転する物体上で見られ、地球上でも「海流」や「台風」に見られる。速度ベクトルと角速度ベクトルのベクトル積で与えられる 1837：[英]W.F.クック(1806〜78)・C.ホイートストン(1802〜75)：菱形盤電信機(5本の磁針のどれかで菱形文字盤上の文字を示す) 1838：[米]S.F.B.モールス(1791〜1872)・A.ヴェイル(1807〜59)：モールス信号を紙に「型押し」する信号機 1838：[独]F.W.ベッセル(1784〜1846)：恒星の年周視差を測定。その他シリウスの固有運動から暗い伴星の存在を予言。「ベッセル関数」も発見 1838：[仏]L.J.M.ダゲール(1789〜1851)：写真発明：ダゲレオタイプ写真法(銀板上に潜像を作り、他の部分を除去する)で露光時間が短縮 1838〜39：[独]M.J.シュライデン(1804〜81)・T.シュワン(1810〜82)：動・植物は組織でなく細胞が構成単位であると提唱：その後 核分裂・細胞分裂による増殖が認められ細胞説は確立(ただし、胚ホウ細胞内の現象を一般化しすぎてはいるが) 1839：[独]T.シュワン：「動物と植物の構造と生長の一致に関する顕微鏡的研	1821：ギリシア独立戦争 1825：[日]異国船打払令 1828：[日]シーボルト事件 1830：フランス七月革命 1832：イギリス第1次選挙法改正(→1837年) 1832：[日]天保の大飢饉 1833〜36：[日]百姓一揆多発 1834：[独]ドイツ関税同盟発足：ドイツ西部で起こった地方関税を廃止する運動。鉄道建設にも進む：経済的にドイツの統一を進める運動となる 1837：[英]チャーティスト運動始まる(→1850年代) 1837：[日]大塩平八郎の乱 1839：[日]蛮社の獄(渡辺崋山・高野長英)

[産業革命]（6） 1840

金属の技術と理論	一般の学問
	電気の単位を決定した（cgs-esu 電気単位 1846年）→1881年国際会議。その後1856年にesu, emuの関連を求めたところ、ある係数（C）および、二乗・1/2乗などとなった。実は光速（c）と同じ物理量であることが後に分かった
1841：[露]P.アノーソフ（1797〜1851）：ダマスカス鋼（ウーツ鋼のこと）の再現を試みるが結果は不明 1848：[仏]A.ブラヴェ（1811〜63）：14種の空間格子（ブラベ格子）の証明：[独]M.L.フランケンハイムも独立に証明	1840〜45：[英]J.P.ジュール（1818〜89）：水を撹拌したときの発熱量と加えた仕事を測定（熱の仕事当量）：仕事と熱の相互関係 1842〜47：[独]J.R.マイアー（1814〜78）とH.L.F.ヘルムホルツ（1821〜94）：独立に、エネルギー保存則提唱：ジュール・マイアー・ヘルムホルツでエネルギー保存則が確定 1842：[オーストリア]J.C.ドップラー（1803〜53）：ドップラー効果発見。「二重星および他の天体の色光について」 1845：[英]M.ファラデー（1791〜1867）：反磁性体を考察：磁場をかけたとき磁場と90度方向に「弱く」反応する 1847：[独]H.ヘルムホルツ（1821〜94）：保存則以外に、「束縛エネルギーと自由エネルギー」、神経パルスの速度、網膜が三原色の受容器、聴覚の共鳴現象など 1848：[仏]A.ブラヴェ（1811〜63）：結晶の単位格子を14種に分類（ブラヴェ格子）：ブラヴェ格子はまだ原子の見つかる前であり、結晶の対称性のみから結論づけられたものである
1850：[英]R.スティーヴンソン（1803〜59：蒸気機関車発明のG.スティーヴンソンの長男）：メナイ海峡に管状・箱桁橋（ブリタニア橋）。これも錬鉄製。1826年メナイ橋のすぐ近く 1850頃：[日]高島秋帆（1798〜1866）ら：	1850：[独]R.J.E.クラウジウス（1822〜88）：「熱を低温から高温に移すことは出来ない」：熱力学「第2法則」の一表現 1851：[英]W.トムソン（ケルビン、1824〜1907）：「周囲を冷やして運動は得ら

→ 1856

一般の技術	社会・経済・政治
究」：シュライデンより一層包括的な細胞説 1840：[独]J. リービッヒ(1803～73)：「農芸化学」無機肥料を導入。土地から掠奪するのでなく、十分な肥料で自然界の物質循環が必要	
1848～84：[独]デュ・ボア-レーモン(E. H. Du. Bois-Reymond)(1818～96)：「動物電気の研究」。刺激は通電の始めと終わりだけ。動物電気の計器も発明	1840：[清]アヘン戦争(～1842年) 1842：[日]天保暦を採用：高橋景佑：太陰暦として完成→1872年太陽暦に続く 1848：フランス二月革命。「共産党宣言」(マルクス・エンゲルス) 1850：[清]太平天国の乱
1851：[仏]J. B. L. フーコー (1819～63)：「フーコー振子」で地球の自転を証明。フーコー振子の重りは重力だけで、最初の方向を覚えており、時間と共に食い違ってくる。他にフィゾーと共に水中と空気中の光速を測	1853：[日]ペリー浦賀に来航 1854：[日]安政和親条約：アメリカ・イギリス・ロシア。翌年：フランス・オランダ 1854～56：クリミア戦争：帝政ロシアとトルコとの戦いだがイギリス・フラン

[産業革命]（7） 1850 ――

金属の技術と理論	一般の学問
U. ヒューゲニンによる1826年の「リエージュ国立鋳砲所における鋳造砲」を翻訳する：以後18年間に7ヵ所16基の反射炉、4ヵ所14基の高炉を築く 1850：[日]佐賀藩で杉谷雍介ら、わが国初の反射炉（原料銑は輸入）：佐賀藩、幕府、その他の大砲を作った 1854：[日]薩摩藩主島津斉彬ら：反射炉。1854年にはわが国初の木炭高炉操業開始。原料や需要条件で進展せず 1855：[英] H. ベッセマー（1813～1898）：「熔けた鋼」を造る「転炉」法を開発：高炉からの鉄の炭素を減らして熔けた「鋼」を作る方法。反射炉で炭素が「燃えて」温度が下がらないことから気付いた。最初は「リン」の多い地方からの鉄ではうまく行かず、1877年の「トーマス炉」を待たねばならなかった 1857：[日]南部藩釜石（岩手県）で大島高任（1826～1901）初の洋式高炉完成。水戸藩での経験を経て銑鉄の生産を釜石で開始。鉄鉱石を試掘・人手と牛で山を下り、細かく砕いて分類・高炉炉頂まで人手。炉前作業・出銑・冷却という流れを造った。水車動力、炉も半永久である 1860：[英]ウェールズ州スウォンジー：銅の大量生産確立	れない」：熱力学「第2法則」の一表現 1855：[日]洋学所設置（→1877年東京大学） 1859：[英]C. ダーウイン（1809～82）：「種の起源：進化論」：自然選択をもとにした進化要因論
1864：[英]H. C. ソルビ（1826～1908）：金属組織学の実質的な始まり。金属顕微鏡の開発。金属という不透明物質の照明も考慮。鏡面研磨、腐蝕液も考案。錬鉄・鋼・鋳鉄など（後のフェライト、セメンタイト、パーライト、グラファイト）の区別を解明→1868年 1865：[独] W. シーメンス&F. シーメンス兄弟（1823～83&1826～1904：Sir W. シー	1867：[独]K. H. マルクス（1818～83）：「資本論」刊行開始：資本主義社会の解明と社会主義への展望 1868：[日]大阪舎密局設置（舎密（セイミ）は化学のこと） 1869：[露]D. I. メンデレーエフ（1834～1907）：「元素の周期律」の最初のものを発表。その後、未発見の元素とした部分が発見され信頼性が高まった

→ 1869

一般の技術	社会・経済・政治
定 1853：ロンドンタイムズ紙が「輪転機」印刷による新聞発行 1854：[英]G.B.エアリー(1801〜92)：地球重力の精密測定と地球密度の計算。後に「アイソスタシー(地殻均衡論)」といわれた 1857：[日]種痘館設置(→1877年東京大学) 1857：[米]E.L.ドレーク(1819〜80)：背斜構造の石油深井採油に成功 1857：[米]フェリス(A.C.Ferris)：石油精製法開発 1858：[ポーランド]R.フィルヒョウ(1821〜1902)：「生理的・病理的組織学を基礎とする細胞病理学」で「すべての細胞は細胞から」の標語。生命現象とは物理的・化学的な諸力の結果の現れ(新生気論) 1859：[米]J.ホール(1811〜98)：「地向斜」概念(名付けたのはJ.デーナ(1873年))。浅海性の堆積物が厚く堆積し、その重みで出来た褶曲の底部で火成岩の貫入や変成が生じ、その後隆起し、山脈が出来るとの説 1860：[ベルギー]J.J.E.ルノアール(1822〜1900)：初の実用的内燃機関(石炭ガス)	ス・サルジニアなどが後押し。ロシアの南下は阻止。F.ナイチンゲールの活躍で有名 1857：[印]インドで「大反乱」(セポイの反乱) 1858：[日]安政の大獄 1860：[日]桜田門外の変
1864：[仏]L.パスツール(1822〜95)：「白鳥の首のフラスコ」実験。アリストテレス以来の「無生物からの自然発生説」を否定。その他蚕の伝染病。ジェンナーの「ワクチン」の一般化(1796年)。狂犬病ワクチン。滅菌法と培養法など 1865：[仏]C.ベルナール(1813〜78)：「実験医学序説」：生理学は物理学・化学に立脚すべき。生体解剖は生理学	1861〜65：アメリカ南北戦争 1861：イタリア王国成立：サルディニア国王ヴィットリオ-エマヌエレ2世とG.ガリバルディ(1807〜82)の「協力と反目」の中で。その後ヴェネチアとローマ教皇領は普墺戦争・普仏戦争の際領土になり、さらに「未回復のイタリア」(南チロルのオーストリア人とトリエステのユーゴ人)は第一次大戦後領土になったが、民族の

[産業革命]（8）　　　　　　　　　　　　　　　　　　　　　　　　　　　　　　　　　　　1863 ──

金属の技術と理論	一般の学問
メンスは英国へ帰化）：新たな熔鋼法を開発。高炉のガスを有効利用したガス蓄熱「平炉」法を開発。次項マルタン法を含め平炉法は大きく発展し、20世紀前半は平炉全盛となる→1875年トーマス炉 1865：[仏]P. É. マルタン（1824～1915）：前項と相前後して蓄熱法により、銑鉄・屑鉄を溶解する平炉法→1875年トーマス炉 1868：[露]D. C. チェルノフ（1839～1921）：鋼の凝固・結晶化・柱状晶化、焼入れ・焼戻し過程の確認（変態点はまだ）→1878年 1869：[英]I. L. ベル（1816～1904）：熔高炉内の化学反応と熱バランスの研究→[米]カール・シンツ、[仏]ルイ・エマニュエル・グルナーなどの「熱バランス」「物質バランス」へ 1873：[日]クルト・ネットー（Curt Adolph Netto）（1847～1909[独]：鉱山冶金技師）来日。1877年東大理学部で採鉱冶金学を講義	1870：[英]キャベンディッシュ研究所設立 1872：[日]学制頒布（国民皆学） 1873：[英]J. C. マクスウェル（1831～79）：「電磁気論」発表：電磁誘導の法則・「変位電流」の定理・「電気変位」のガウスの定理・「磁束」のガウスの定理、そして「電磁波の理論」を体系的に纏めた 1873：[オランダ]J. D. ヴァン・デル・ヴァールス（1837～1923）：実在気体に近い気体の状態方程式を発表 1874：[露]S. V. コワレフスカヤ（1850～91）：ドイツの大学から初めての女性博士号を受ける（近代初の女性大学教授。偏微分方程式論）

→ 1874

一般の技術	社会・経済・政治
研究に不可欠。「内部環境」とは動物体内の体液の安定性をいう。W. B. キャノンの「ホメオスタシス(生体恒常性)」の先駆といえる。仮説を立てることの必要性と検証が実験である 1867：[オーストリア]G. J. メンデル(1822～84)：「植物雑種の研究」(メンデルの法則)を発表。1900年の再発見まで埋もれていた 1869：[スイス]J. F. ミーシャー(1844～95)：白血球から蛋白質とは異なる「ヌクレイン」という物質を取り出した。これはリンを含み、細胞核中に普遍的なものであった→遺伝子DNAへ 1872：[日]地震計による地震観測開始 1872：[英]「チャレンジャー号」による海洋調査。きっかけは海底線布設だが多くの資料・データを集めた。その後も含めて50巻の報告書に纏められた	帰属は問題 1863：[日]イギリス軍鹿児島砲撃：「攘夷」の不可能を知り以後、薩摩とイギリスは急接近 1864：[日]英仏など4国下関を砲撃し占領 1864：第1インターナショナル(国際労働者協会)ロンドンに設立：K. マルクス「創立宣言」 1866：[日]百姓一揆と打ちこわし多発 1867：[日]「ええじゃないか」運動。名古屋から東西に広がる 1867：アメリカ、アラスカ買収：アメリカ資本主義の発展を示す 1867：[日]「大政奉還」vs.「王政復古」クーデターの応酬 1868：[日]明治維新。五箇条の誓文 1869：[日]新政反対・貢租軽減要求などで一揆多発 1869：スエズ運河開通：フランス人 F. レセップス(1805～94)：開通後イギリスは態度を変え、エジプト太守の持ち分を買収、フランスと並んでエジプトに発言権を持つようになった 1871：[日]廃藩置県 1871：[日]岩倉具視ら欧米派遣 1871：パリ・コミューン：パリ各区の選挙で立法・司法・行政の三権を持ち、2ヵ月にわたってこの巨大都市を統治し、世界の労働・社会主義運動に輝かしい歴史を残した 1871：ドイツ統一：プロイセン王ウイルヘルム1世は、初代宰相 O. E. L. ビスマルク(1815～98)とともにヴェルサイユ宮殿鏡の間で(ビスマルクは「鉄血」首相といわれた) 1872：[日]太陽暦採用：1872年12月3日を明治6年(1873)1月1日とする 1873：[日]徴兵令公布。地租改正条例公布 1873：三帝同盟(独・露・墺)：帝国主義の「はしり」。1891年ロシアが離れ露仏条約が結ばれる

第5章　帝国主義（1）

1874 ——

金属の技術と理論	一般の学問

『帝国主義の意味』
　資本主義がある段階に達すると次のような変化が出てきます。
　がんらい「自由競争」であったはずの資本主義で「集中と独占」が強まってくるのです。その時、銀行が大きな力を持ち全産業を「金融資本」として従属させること。対外的には至る所を武力で侵略し植民地とし、商品市場化すると同時に、「資本の輸出」が大きな意味を持つようになること。「国際的独占団体」が成立し、帝国主義国家間の競争が激しくなり戦争が始まることなど、です。
　技術者・科学者から見ると、「特別超過利潤」をもたらすこれらのエンジニアは大企業に「雇い切られて」しまいます。特許をとっても、企業競争に不利だと分かれば使われないし、場合によっ↗

1875：[英] S. G. トーマス（1850〜85）：塩基性脱燐内張炉（トーマス炉）発明：イギリス以外のヨーロッパは含燐鉄鉱が多く、当初の転炉・平炉では除去出来なかった。ドロマイトのような塩基性の材料の開発に努力して成功

1876：[米] J. W. ギブス（1839〜1903）：相律を発見・証明：熱力学的概念。例えば、金属組織がどのような相（均一相）で構成されているかが分かる。相の数をp, 成分をcとすると、自由に変えられる状態変数fは、$f = c - p + 2$ となる。この規則を「相律」という。金属のような凝縮系では圧力が決まっているので $f = c - p + 1$ となり2元合金では $f = 1$ で温度・組成の何れかが同時組織線上を動くことになる（液相線）。共晶点では $f = 1$ で組成も温度も決まる（共晶点）

1878：[独] R. マルテンス（1850〜1914）：マルテンサイト命名（命名はF. オスモン（1885年参照）の顕彰による）：顕微鏡・化学分析・その他で→1885年

1880：[日] 釜石製鉄所でドイツ人技師ビヤンヒーと大島高任の意見対立。大島は転勤。しかし木炭不足・コークス棚釣りで操業停止。国内事情にうとい「まるうつし」技術の失敗→1894年

1875：世界度量衡会議（パリ近郊セーブル）で1kgの「標準器」（白金90%-イリジウム10%）を決める。現在も同じ

1879：[オーストリア] J. シュテファン（1835〜93）：高温物体の放射エネルギーは絶対温度の4乗に比例することを発見。後に熱力学的に導いたボルツマンにより「シュテファン-ボルツマンの法則」ともいわれる（1884年）

1880：[仏] P. J. キュリー（1855〜1941）& P. キュリー（1859〜1906）兄弟によるピエゾ圧電効果とその逆効果

→ 1880

一般の技術	社会・経済・政治

↗ては特許もとらず黙って特別超過利潤を使います。

　年表に見られるように、独占の手段であるカルテル・トラスト・コンツェルンや、運河の買収、目まぐるしい諸国間の同盟と対立、そして中国に対する租借などに見られる仮借のない領土拡張が見て取れます。それに続いて第一次世界大戦、そして第二次大戦へと続きます。後者の場合は、日本・ドイツ・イタリアなど後進帝国主義国が割り込んできたため、世界の「再分割」という帝国主義諸国間の戦争になります。

　しかし、第二次世界大戦後は帝国主義国間の直接の戦争はなくなりましたが、アメリカやロシアが口実をもうけての間接的な戦争はなくなっていません。

1875：[スウェーデン]A.B.ノーベル(1833〜96)：ブラスチングゼラチン(ピロキシリンとニトログリセリン)を発明(安全なダイナマイト)	1874：ドイツ鉄鋼カルテル成立：石炭・鉄鋼・電気・化学工業・銀行業などの帝国主義化の始まり。「自由競争」が原則だった資本主義に「独占」が始まる。それはある意味で「競争」の継続なのである。世界的にはドイツ、アメリカから始まり、また単に一国だけでなく「国際的な協定」も始まる
1875：[英]W.クルックス(1832〜1919)：「ラジオメーター」考案：減圧した空気内に置いた一面黒・反面金属の板に光があたると回転し、気体分子の運動が確かめられる	
1876：[独]R.コッホ(1843〜1910)：家畜の炭疽病の原因となる微生物を発見・培養。近代細菌学の開祖。1882年結核菌、1883年コレラ菌、1890年ツベルクリンなども発見	1875：[英]スエズ運河会社の株式買収：エジプト太守から。この結果建設者のフランスと同等の立場になる「資本輸出」の一つといえる
	1875：[日]朝鮮への侵略始まる：江華島事件。続く侵略体勢の中で「日朝修好条約」締結
1876：[日]臥雲辰致(1842〜1900)：綿糸紡績装置「ガラ紡」を発明。簡単な装置で綿糸の撚り(より)をつけられた。一時衰えたが第二次大戦後、繊維不足の時には一時盛り返した	1875：アメリカ、ハワイと通商互恵条約：→1893年ハワイ革命、1894年ハワイ共和制、1897年アメリカ、ハワイと合併条約(領土併合の一典型)
1876：[米]A.G.ベル(1847〜1922)：電話機の特許を取得。ウエスタン・ユニオン(エジソン側)との特許争いを妥協で治め、1878年にはコネチカットに交換局も出来た	1877：[日]西南戦争
	1877〜78：ロシア・トルコ戦争：「ヨーロッパの火薬庫」といわれる通り列強の干渉がはなはだしい。ロシアの南下政策はもちろんであるが、すぐにイギリスが干渉し、ビスマルクも調停と称して干渉に乗り出した→次項
1876：[独]K.フォン・リンデ：アンモニアを用いた最初の実用的冷却装置	
1877：E.S.モース(1838〜1925)：大森貝塚を発見	
1877：[独]O.リリエンタール：鳥のような弓形の翼を使った最初のグライ	1878：ベルリン列国会議(ベルリン条約)：ビスマルクによる：ルーマニア・セルビア・モンテネグロ・ブルガリア

[帝国主義] (2) 1877 ──

金属の技術と理論	一般の学問
1883：[独]L.ベック(1841〜1918)：技術史家として大著「鉄の歴史」執筆（翻訳あり）	1881：パリ国際会議：実用単位として、1オーム・1アンペア・1ヴォルトの単位を決める。1893年、それぞれの「原器」も定められた。さらに1935年MKS単位が始まる
1884：[独]A.レーデブア(1837〜1906)：「鉄冶金学ハンドブック」：後に、日本で広く使われる	1883：[スウェーデン]S. A.アレニウス(1859〜1927)：イオン電離説：外部電源の有無に関わりなく、溶液中の電解質は何割かがイオンに解離しているという説。その後も含め、浸透圧・氷点降下・沸点上昇・蒸気圧効果などの説明に寄与した。これらの新し
1884：[英]F.ガスリー：「共晶（ユーテクシア）について」：食塩水の「共晶」を観察する。その後 ビスマス（蒼鉛）でも確かめ、金属への適用となる	
1884：[英]R. A.ハッドフィールド(1858〜1940)：高Mn特殊鋼(12〜14%)：加	

→ 1890

一般の技術	社会・経済・政治
ダーを開発 1877：[米]T. A. エジソン(1847〜1931)：蓄音機発明。その後さらに、白熱電球（京都八幡産の竹使用）、活動写真、キネトフォンなどを発明。科学的には1883年の「エジソン効果」の発見がある。性格的には「依怙地」であった 1877：[独]N. A. オットー(1832〜91)：4サイクル機関を開発。蒸気機関と並ぶ動力機関実用化、現在の内燃機関の基礎→1883年 1878：E. ナウマン(1854〜1927)：「日本における地震と火山噴火」：日本の古文献・古文書から採取して地震の歴史。また地震の強度階・震央を推定 1879：[米]エジソンと[英]J. スワン(1828〜1914)が独立に、一定時間使える炭素線電球を開発 1880：[日]J. A. ユーイング(1855〜1935)：日本で水平振子を用いた地震計を開発。地震の科学的観測に重要。地震の波を縦波(P波)・横波(S波)とした。磁気履歴現象(ヒステリシス)の命名者 1880：[仏]L. パスツール(1822〜95)：「特定の病気の病因に対する病原菌論の発展」。ワクチン接種も報告。その後もワクチン療法を推進	が独立。イギリスがキプロス買収 1879：独・墺同盟：「三帝同盟」からロシアが脱退。あらためて独・墺同盟に。対ロシア軍事同盟。その後、独・墺・伊三国同盟に 1880〜81：南アフリカのボーア人、反英暴動：暴動とはいえ、至る所で植民地反対の運動が起こる。国内外で軍国主義がはびこる 1881：[仏]レセップス：パナマ運河着工。しかし黄熱病・マラリア、雨季の氾濫で中止。後、アメリカが買取続行→1903年
1881：[米]エジソンがロンドンに照明用の火力発電所を建設し、電力時代を開いた 1881：[独]W. シーメンス(1816〜92)：ベルリン(リヒターフェルデ間)に最初の電車路線。「高架から降ろされた線路」といわれた 1883：[独]G. ダイムラー(1834〜1900)：発明家。初の内燃機関(ガソリンエンジン)：二輪車・ボートなどに利用 1883：[米]エジソン効果発見(→1904年)	1882：三国同盟(独・墺・伊) 1883：スーダン独立運動：ムハンマド・アフマドのイスラム教徒が蜂起し「マフディ国家」を樹立。イギリスの南下を阻止(〜1898年) 1884：[英]グリニッチを万国子午線と定む 1884：東部ニューギニアを英・独で分割 1885：英領東アフリカ植民地建設。 1885：ドイツ領東・西アフリカ植民地成立 1886：ポルトガル、ギニア領有 1887：イタリア、ソマリランド領有 1890頃：アメリカ：「フロンティアの消滅」

[帝国主義]（3） 1884

金属の技術と理論	一般の学問
熱後水焼き入れすると非常に硬化することを発見 1885：[日]「日本鉱業会」設立、初代会長大島高任。「日本鉱業会誌」発刊 1885：[独]R.マンネスマン(1856〜1922)：継ぎ目なし鋼管を作る一方法：穿孔法の開発。兄M.マンネスマンも協力。実は兄弟の父が思いついた原理であった。軸が斜交した一対のロールに丸棒をかませ圧延すると丸棒の中心に割れ（揉み割れ）が生じる（マンネスマン効果）、反対側からマンドレルバーを押し込んでロールとプラグで管を作る方法 1885：[仏]F.オスモン(1849〜1912)：固体の中で「鉄の変態」を発見：α鉄・β鉄・γ鉄と変態する→1886年 1886：[米]C.M.ホールと[仏]P.L.T.エルー（生没年は同じ、1863〜1914）が独立にアルミニウムの電気製錬工業化：資源は豊富だが大きな電力が必要 1886：H.C.ソルビー：真珠（パール）色をした鉄と炭素の化合物（パーライト）はフリーアイアン（フェライト）と炭素（セメンタイト）が層を成していることを発見→1887年 1887頃：[オランダ]H.W.B.ローゼボーム(1854〜1907)：Fe-C状態図へ相律の適用(→1900年)→1897年 1889：[英]B.ベーカー(1840〜1907)：フォース橋完成（スコットランドフォース湾）。平炉鉄鋼橋（1877年イギリス商務省が鉄橋の材料として認可）、上部構造に5万トン以上の鋼が用いられた 1889：[仏]G.エッフェル(1832〜1923)：エッフェル塔建設：当時世界で最高の高さ。錬鉄製！地上構造7300トン。「鉄鋼のレース」といわれる横筋交いによって強風時の横揺れは	い学問を進めるためファントーホフ・オストワルトらと共に「物理化学」という雑誌を創刊した。 1885：[スイス]J.J.バルマー(1825〜98)：水素スペクトル・バルマー系列を発見。水素原子のスペクトルの規則性も発見→1913年ボーア 1887：[オランダ]J.ファントーホフ(1852〜1911)：浸透圧の法則：$\Pi=RTC$（Π：浸透圧、R：気体定数、T：温度、C：モル濃度） 1887：[独]物理工学研究所設立 1887：[米]A.マイケルソン(1852〜1931)・E.W.モーリー(1838〜1923)の実験：エーテル中での地球の運動は、精度は十分ながら認められなかった→1905年アインシュタインの特殊相対論へ 1890：[独]シェーンフリース(A. Schoenflies)：結晶の「空間群記号」確定：後にヘルマン・モーガン(Hermann=Mauguin)・フェドロフ([ソ連]E.S.Fedrov)・バーロー([英]W.Barlow)の3人からも独立に 1893：[独]W.ヴィーン(1864〜1928)：高温(黒体)物質からの波長と温度の関係(変位法則)を発見。波長分布式も導いたが(放射式)、短波長側にしか当てはまらなかった。 　また、1900年J.レイリー、1905年J.ジーンズの式は長波長側で合致した。しかし1900年の量子論のプランクの式はその「内挿」などではない 1895：[独]W.C.レントゲン(1845〜1923)：X線発見：陰極線の実験中に少し離れた白金シアン化バリウムが蛍光を生じていることで発見。その本性は1912年 M.von ラウエまで待たねばならなかった 1895：[仏]P.キュリー：強磁性体の温度を

→ 1902

一般の技術	社会・経済・政治
1884：[米]O.マーゲン（メルゲン）ターラー（1854〜99）：ライノタイプを開発：自動植字機でキーボード操作で溶けた鉛から活字を作って並べる。一行分を鋳造。新聞向け	（対外領土獲得へ）：アメリカ（合衆国）は東部から西部へ、インディアンを排除・隔離しつつ西へ西へと進んできたが、太平洋まで来るといよいよ海外進出を求めなければならなくなったわけである
1884：[英]C. A. パーソンズ（1854〜1931）：最初の蒸気タービン発電機を設置。97年蒸気タービン船「タービニア」号で34.5ノットの高速を出す	1891：フランス、タヒチ島占領
	1891：[日]濃尾大地震
1884：[米]G. イーストマン（1854〜1932）：写真用ロールフィルム製造。1888年にはコダックカメラとして販売。小型で現像も会社任せで大いに繁盛	1894：[朝]甲午農民戦争（東学党農民戦争）：明治政府による日朝修好条約（不平等条約）の押しつけと朝鮮出兵に反対→同年日清戦争
1885：日本で、ナウマン：「日本列島の構造と起源」：この中で「フォッサマグナ」（日本の地質構造上重要な中央亀裂）にも触れている	1894：[仏]ドレフュス事件：フランスにおける反ユダヤ人・反ドイツの右翼陣営の画策による→1906年無罪
	1894：日英新条約（関税自主権の回復は1911年）。1902年日英同盟
1886：[ポーランド]E. ストラスブルガー（1844〜1912）：「細胞形成と細胞分裂 第3版」：核分裂が細胞分裂の最重要部分。後に「すべての核は核より生ず」（O. ヘルトビット（1849〜1922））といわれた	1894〜95：日清戦争（主戦場は朝鮮）。同年露仏独の三国干渉
	1895：キューバの反スペイン騒動→1897年キューバ再び反乱、1898年アメリカ・スペイン戦争→キューバ独立（アメリカの保護国）。カリブ海進出始まる。アメリカは、フィリッピン・グアム・プエルトリコ領有
1887：[独]T. ランストン：ライノタイプを改良して数行の文章を一度に作り、校正をしやすくした	
1888：[独]H. R. ヘルツ（1857〜94）：初めてマックスウエルの電磁波（ラジオ波）の存在を証明。誘導コイルの火花間隙から発射。受信・反射・屈折なども観察	1896：第一回近代オリンピック（アテネ）
	1896：[エチオピア]イタリアが侵入するが、アドワの戦いで撃退。独立を守る（フランス・ロシアの支援による）
	1898：英・仏間「ファッショダの危機」：フランスが譲歩
1890：[日]原田豊吉（1860〜94）：「日本列島」でナウマンのフォッサマグナに反論し、「富士帯」と称した	1898：[中]列強による中国領の租借（占領と変わらない）、鉱山・鉄道建設なども：ドイツ 膠洲湾、ロシア 遼東半島租借（旅順・大連）。フランス 広州湾租借・福建不割譲など。イギリス 九龍半島・威海衛租借
1891：[オランダ]E. F. T. デュボア（1858〜1940）：ジャワ原人発見。ピテカントロプス・エレクトスの歯・頭蓋・大腿骨を発見。直立猿人の始め	
	1899：清で義和団の蜂起
1892：[日]田辺朔郎（1861〜1944）：京都と琵琶湖の「疎水」を完成させ、京都「蹴上（けあげ）」に水力発電所も設け	1899：[米]「門戸開放」「機会均等」原則：実際は中国での租借への要求
	1899〜1902：ブール戦争（南ア戦争）：もと

[帝国主義]（4） 1890 ――

金属の技術と理論	一般の学問
22cmに抑えられている。呼び物は機械操作の客用昇降機。それ迄のエッフェルの架橋経験の上の成果 1890：銅の電解精錬法普及 1894：[日]野呂景義(1854～1923)：釜石で改良型高炉による銑鉄生産開始。翌年コークス高炉の転換に成功。ここで「たたら全生産量」を凌駕 1896：[日]大阪砲兵廠で塩基性平炉操業開始 1896：[独]A. クルップ(1854～1902)：典型的な「死の商人」：強靱鋼 1897：[仏]C. E. ギョーム(1861～1938)：不変鋼(インバー合金)発明：熱膨張係数(a)の小さい合金($a = 1.2 \times 10^{-6}$)、時計をはじめ各種のバネやメートル原器に重要な合金である。Fe-36.5Niの合金で、強磁性磁歪の減少と熱膨張が常温付近で相殺しあうためと考えられている。一方弾性率の温度変化が小さい合金としてFe-36Ni-12Cr合金がある(エリンバー合金) 1897～99：[英]W. C. ロバーツ＝オーステン(1843～1902)：Fe-C状態図発表：まだまだ不完全ではあるが一歩一歩近づいている→1900年のローゼボーム 1899：[仏]エルー式電気炉発明 1899：[英]J. A. ユーイング(1855～1935)・W. ローゼンハイン(1875～1924)：辷り線発見：金属材料を加工するとき材料の表面に現れる線状の模様。変形による内部変化が現れたもの。1928年の山口珪次による結晶の変形論や転位論の基にもなった 1899：ロバーツ＝オーステン：示差熱分析法 1900：[オランダ]H. W. B. ローゼボーム(1854～1907)：相律を適用し、Fe-C状態図が殆ど確定に近づく 1900：[仏]エルー：電気炉製鋼法発明	上げると磁気のなくなる温度があることを発見(キュリー点) 1895：[英]C. T. R. ウイルソン(1869～1959)：霧箱内で荷電粒子が痕跡になり、それから電子の絶対静電単位 3×10^{-10} を得た 1896～98：[オーストリア]L. ボルツマン(1844～1906)：「気体運動論講義」：最初 H定理を証明して熱力学第2法則を基礎づけたが、その後ロシュミットの可逆パラドックスの提起に反論して統計的考察から$S = k\log W$という式(定式化は M. プランク)を導いた。これらの集大成 1896：[仏]A. H. ベクレル(1852～1908)：自然放射能(ウラン)を発見。太陽光もあたっていない状態でフィルムに感光。放射線の一部が電場・磁場で屈折することなどを発見 1896：[オランダ]P. P. ゼーマン(1865～1943)：原子スペクトルを磁場通過後に見ると分裂している現象＝「ゼーマン効果(正常)」を発見。1897年にはより多くの分裂＝「異常ゼーマン効果」も発見された 1897：[英]J. J. トムソン(1856～1940)：有能な実験助手の工夫と技術で、陰極線の真空度を上げ、磁場と電場の双方から陰極線の質量と電荷比を得た。「電子」の発見である 1898：[仏]M. ＆ P. キュリー(1867～1934 ＆ 1859～1906)および化学者 G. ベモン：「ラジウム」を発見：ヨアヒムシュタールからの残渣鉱から辛苦に耐えて。「放射能」という言葉を提唱 1900：[独]M. K. E. L. プランク(1858～1947)：「黒体放射」の式からエネルギー量子仮説を提唱。量子論に道を開く理論 1900：[独]D. ヒルベルト(1862～1943)：「数学の諸問題」：23の問題を挙げて

→ 1900

一般の技術	社会・経済・政治
た 1892：[英]F. ゴルトン(1822〜1911)：指紋を個人の同定に使おうとした 1893：[仏]R. ディーゼル(1858)：後に自分の名で呼ばれるディーゼルエンジンの特許。ただし1897年の実用化まで時間がかかった 1894：[在米の日]高峰譲吉(1854〜1922)・清水鉄吉：麦の「ふすま」のこうじからジアスターゼを抽出。タカジアスターゼと名付ける→1899年発売。1909年特許申請 1895：[仏]L. & A. リュミエール弟・兄(1864〜1948＆1862〜1954)：映画の始まりとされている。1秒に16コマ(画像数)の速度で撮影するシネマトグラフと明るい光源で多人数が同時に見られる映画の基本を作った 1897：[日]豊田佐吉(1867〜1930)：木製動力織機を完成 1897：[日]平瀬作五郎(1856〜1925)：イチョウの精子を発見。精子形成と受精胚発生の論文も 1897：[日]池野成一郎(1688〜1943)：ソテツの精子を発見。裸子植物に運動性の精子を初めて発見 1899：[日]岩手県水沢に「水沢緯度観測所」を創設→1902年木村栄 1900：[オーストリア]K. ランドシュタイナー(1868〜1943)：血液の混合で凝集しない血液型を考察。A, B, O, AB型を見つける。後にRh因子も発見(1940年)	オランダ系の移民をブール人といった。イギリスはウィーン会議でケープタウンを得、ブール人を圧迫。続いてその地にダイヤモンドと金が発見されるとブール人の居住区を侵略した(植民地再分割の典型)

[帝国主義］（5） 1900 ——

金属の技術と理論	一般の学問
	将来の研究方向を示す 1900：［日］長岡半太郎（1865～1950）：磁歪（磁性材料を磁化すると外形が変化する現象）の研究
1901：［日］八幡製鉄所操業開始：160トン高炉火入れ。1902年に休止。高炉の「棚釣り」。コークス産地の不均一。ドイツ人技師、ドイツ人職工、日本人職工の互いの不和。ドイツ「丸写し」の誤り 1901：［米］USスチール大合併（イギリス全体の鉄鋼生産に匹敵） 1904：［日］八幡製鉄所再建高炉成功（野呂景義によりようやく成功） 1905：［日］俵国一（1872～1958）：金属組織学の研究始まる：ドイツから金属顕微鏡導入。当時の言葉では「金属検鏡学」：鋼の焼き入れ・焼き戻しをはじめ組織学を進める。東北大学など方々で教える（→1908年「金属組織学」、1910年「鉄と鋼製造法及性質」、「古来の砂鉄製鉄法」刊行） 1907：［伊］V.ヴォルテラ（1860～1940）：連続体の転位：中心部をくり貫き周りに生じる歪み場を検討した。結晶場での刃状転位、らせん転位、回位なども考えられる 1911：［独］G.タンマン（1861～1938）：規則合金（格子）を予見：（Cu-Au合金） 1911：［独］A.ウィルム（1869～1937）：ジュラルミン（Al-4Cu-0.5Mg）を開発：「格子常数の変化もない」不思議な硬度変化が見られた→ギニエ・プレストン（G-P）・ゾーンの発見（1938年） 1912：［独］M.T.F.ラウエ（1879～1960）・W.フリードリッヒ・P.クニッピング（1883～1935）：結晶によってX線が回折される（すなわち電磁波）現象の発見：始めは「ぼんやり」、しかし重要な発見	1901：［仏］J.=P.ペラン（1870～1942）：小惑星状原子模型（やや空想的）。1908年にはブラウン運動の実験 1903：［日］長岡半太郎：土星型原子模型（講演）→1904年論文化：正電気を持つ核が数千の電子からなる環で囲まれている 1904：［英］J.J.トムソン：正電荷を持つ球の「中」に電子が多数同心円上に配列されている："プラム・プディング・モデル"（陽電子雲原子模型） 1905：［独］A.アインシュタイン（1879～1955）：「奇跡の1905年」といわれている1年で、光量子・ブラウン運動・特殊相対論という画期的な論文を矢継ぎ早に発表。光電効果は光は「波」というよりエネルギー $h\nu$、運動量 h/ν を持つものといえるとして、プランクの量子論を初めて具体化した。ブラウン運動は水分子（ここでは原子）中の微粒子の位置の時間平均を $\langle x^2 \rangle$ とするとこれから逆にボルツマン常数が得られ、原子の実在を明瞭に示した。相対論は「時・空」の概念の革命的変更を迫るもので、「光速一定」からさまざまな新しい世界を展開する結果となった 1907：［仏］P.ワイス（1865～1940）：「分子磁場」仮説で強磁性を解明。さらに「磁区構造」提唱 1908：国際標準のアンペア採択：エアトンとジョーンズの電流天秤による 1908：［オランダ］H.カマーリング＝オネス（1853～1926）：ヘリウム液化に成功 1908：［独］H.ミンコフスキー（1864～1909）：「空間と時間」で時間を第四

技術者・科学者も雇い切られる　　　　　　　145

→ 1912

一般の技術	社会・経済・政治
1901：[独]K. F. ブラウン(1850〜1918)：電波検出器に鉱石検波器(硬マンガン鉱)を使い回路に「うなり」を生じさせる。鉱石検波機の出始め(それまではコヒーラー。1906年頃からゆっくり3極管)	1901：[米]テキサス大油田発見。USスチール社設立(モルガン)
	1902：日英同盟成立：ロシアの清国での南下防止
1901：[伊]G. マルコーニ(1874〜1937)：大西洋を隔てて初の無線電信。カナダのセントジョーンズでイギリスから	1903：[米]コロンビアへの「反乱」を助け、パナマを独立。パナマ運河地帯の永久租借→1904年アメリカの手でパナマ運河工事起工→1914年パナマ運河開通→アメリカの任命する知事の統治
1901：[日]高峰譲吉(1854〜1922)：アドレナリンの結晶抽出。ホルモン結晶化第一号。ノーベル賞ものだったが、まだホルモンの概念も重要性も不明だった	
	1904：[独]製鋼・人絹・染料工業カルテル成立
1902：[日]木村栄(1870〜1943)：地球の緯度変化について、一年周期で現れる「Z項」を発見	1904：モロッコ、事実上フランスの保護領となる
1902：[仏]L. P. テイスラン・ド・ボール(1855〜1913)／[独]H. アスマン(1845〜1918)：1ヵ月の差で「成層圏」を発見。約11km上空。それ以下を対流圏、上は温度一定の成層圏と名付ける	1904〜05：日露戦争：ロシアは遅れて帝国主義の仲間入りをしたが、資本の多くはフランス資本だった。日露戦争中に「血の日曜日事件」が起こり(1905年)、結局言論・集会の自由、議会の開設を約束せざるを得なくなる(ロシア第一革命)。日露戦争の講和に応じたのもこの所為である
1902：[オーストリア]R. A. ジーグモンディ(1865〜1929)：コロイド溶液中の粒子を観察する「限外顕微鏡」を発明	1904：[日]与謝野晶子：「君死にたまふこと勿れ」
1902：[露]I. P. パヴロフ(1849〜1936)：条件反射研究の創始者。より自然な状態で動物生理を研究。1927年「大脳半球の働きについて」	1905：[中]孫文「中国革命同盟会」結成(東京)：清朝打倒を呼びかけるスローガンは「三民主義：民族独立・民権伸長・民政安定」
	1906：[仏]ドレフュスが最高裁で無罪となる：反軍国主義・共和制・人権擁護の勝利で、フランス社会の対立を示した事件
1902：[英]W. M. ベイリス(1860〜1924)・E. H. スターリング(1866〜1927)：「セクレチン」発見：ポリペプチドで十二指腸で作られる。炭酸水素塩の分泌を促進させる。これを「ホルモン」と命名(「ホルマオ」はギリシア語	1906：[日]福田(景山)英子：「世界婦人」創刊：婦人の政治活動の自由や婦人参政権：自由民権から社会主義へ(1905年「社会主義婦人協会」)

[帝国主義]（6） 1903

金属の技術と理論	一般の学問
1912：[英]W. H. & W. L. ブラッグ父子（1862～1942 & 1890～1971）：X線回折条件式の発見：式の結果は同じだが解釈が異なり、ポープとバロウ（化学教授）の計算が正しかった（「ルーツ」p.18） 1912：[英]H. ブレアリー：Fe-12~14Cr ステンレス鋼開発←1911年にドイツのモンナルツも気付いていた 1913：[日]寺田寅彦（1878～1935）：X線ラウエ斑点が結晶内「原子面」によって反射されると解釈出来ると解析 1914：タンマン：「金属組織学(Lehrbuch der Metallographie)」（初の金属物理・化学書）（第4版から金属学：Lehrbuch der Metallkunde）」出版 1915：日本鉄鋼協会設立。「鉄と鋼」創刊 1915：[日]本多光太郎（1870～1954）：「熱天秤法」考案：天秤の一翼に試料と電気炉、もう一翼にバランスを備え、試料の温度変化に伴う「化学的」「物理的」変化を時間的に観測する熱重量測定。現在でいう「熱重量測定：TG」 1915：[日]戸波親平：非破壊検査の始め：「X光線の金属における応用」を「金属鉱業会誌」「鉄と鋼」などに発表 1916：[独]P. J. W. デバイ（1884～1966）& P. シェラー（1890～1969）：粉末と見なし得る細かな多結晶体を試料とし、単色のX線による回折斑点を観察する。試料からの複数の反射（回折）斑点が観測される 1917：[米]G. W. エルメン・H. D. アーノルド（1883～1933）：透磁率の大きい「パーマロイ」開発：当時は急冷によって特性が出るので不思議がられた（パーマロイ問題）。その後、550℃以上から焼き入れしなければNi_3Feという規則格子が出来るためだと分かった（茅・中山）。また、こ	の次元と考え相対論を進めた（ミンコフスキー空間） 1909：[デンマーク]S. P. L. セーアンセン（セーレンセンとも、1868～1939）：いわゆるpHの記号は彼による 1909：[露] V. I. レーニン（1870～1924）：「唯物論と経験批判論」：ロシアの哲学状況とともに物理学も弁証法的唯物論に立って研究すべきだと論じた 1911：第1回ソルヴェイ会議開催：A. ソルヴェイ（1838～1922）は安価な炭酸ナトリウム製造法（石鹸・ガラスなど用途は広い）を開発して富を得た。国際的な物理学者を人数を限って開催、20世紀初頭には量子力学・相対論など大きな役割を果たした 1911：カマーリング=オネス：超伝導発見：水銀(4.15K)その他で 1911：E. ラザフォード（1871～1937）：「有核」原子模型：a粒子は原子を殆ど通り抜けるが1万～2万個に1個は跳ね返ってくる 1912：[オーストリア]V. F. ヘス（1883～1964）：箔検電器を積んだ気球で「宇宙線」の存在を確認。5300mまで上昇させた。昼・夜で差がない 1912：[日]東北帝国大学理科報告発刊(Sci. Rep. Tôhoku Imp. Univ.) 1913：[デンマーク]N. H. ボーア（1885～1962）：プランク理論を原子模型に適用。電子は核の周りの軌道間を回転し、軌道間のエネルギーに相当するスペクトルを出す（原子像の明確化） 1913：[英]H. G. J. モーズリ（1887～1915）：特性（固有）X線の波長(k)が$\sqrt{k}=K(Z-s)$と変化するという法則(Z：原子番号＝電子数。K, s：係数)を明確にした。メンデレーフの原子量でなく原子番号がいっそう元素の基本となった 1914：[独] J. フランク（1882～1964）・

→ 1918

一般の技術	社会・経済・政治
の「刺激する」から） 1903：［米］W.＆O.ライト兄弟（1867～1912＆1871～1941）：飛行機発明：ノースカロライナ・キティホークの砂丘。59秒間に255.5mを飛ぶ 1904：［英］J.A.フレミング（1848～1945）：2極管発明：エジソン効果から発想、ただし真空度低く発達は遅い（→1906年） 1905：［米］I.W.ルーベル（1846～1908）：機械技師オフセット印刷発明：印刷原稿と印刷紙の間に、インキローラー・湿り水ローラーを一段増やし、それをゴム布（ゴムブランケット）に移して印刷する間接的な印刷方法。粗面紙、金属板、細かい線もよく出る 1905：［カナダ］R.A.フェッセンデン（1866～1932）：電波で音声を送る「ラジオ放送」の実験に成功 1906：［米］L.デ・フォレスト（1873～1961）：3極管発明：増幅器、再生検波機、発振器など電子工学の誕生はここから始まったともいえる。フォレストは200以上の特許を得たが経営的には失敗。訴訟にも敗れる 1907：［仏］P.コルニュ（1881～1944）：ヘリコプターの始め。人を乗せて上昇し3mに達したが着陸時に破損 1908：［独］H.ガイガー（1882～1945）：ラザフォードと共同で放射線検出器（ガイガー・カウンター）を開発 1908：［日］池田菊苗（1864～1936）：グルタミン酸塩を主成分とする化学調味料「味の素」を開発・特許を得た 1908：［日］御木本幸吉（1858～1954）：真珠の真円化に成功。市場に出すと共にパリ万博・ロンドン市場にも売り出す。世界の真珠国となる 1909：［ユーゴスラビア］A.モホロビッチ（1857～1936）：モホロビッチ不連続	1907：英・仏・露三国協商成立：ドイツ包囲の外交体制：1917年ロシア革命で解体 1908：コンゴ自由国、ベルギー領に編入 1910：日韓併合：韓国の外交権を奪い保護国＝日本の領土とする。反対に対して韓国内に軍隊を配置→1919年三・一運動（万歳事件） 1911：［日］「大逆事件」（天皇暗殺でっちあげ事件） 1911：［日］平塚明子（らいてう）他：「青鞜」始める。女性の「自己解放」→社会の現実に向き合うと「支持」と「圧迫」（→真の女性解放の道はロシア革命の中から見えてくる） 1911：［中］辛亥革命→1912年清朝滅ぶ。中華民国成立。孫文臨時大総統就任 1914～18：第1次世界大戦：同盟国：ドイツ・オーストリア＝ハンガリー・オスマン帝国。連合国：フランス・イギリス・ロシア・イタリア・日本から始まった。1917年ソヴィエトは手を引き、1918年10月オーストリア＝ハンガリー、1918年11月ドイツも降伏した。 　この戦争では飛行機、戦車、潜水艦のみでなく「毒ガス（1915年ドイツ軍）」も使われた。戦後には過酷な賠償や領土変更も行なわれた（1919年ヴェルサイユ条約） 1915：［日］中国に21ヵ条の要求 1917：ロシア革命：大戦でロシアは負け続け不満が増大、この年3月ペテルブルグでストライキが始まり、労働者・兵士・農民が職場や地域にソヴィエトという自治組織を創り皇帝は退位、臨時政府成立（2月革命）。しかし戦争継続に反対し、11月に臨時政府を倒してボリシェビキが政権を握った（11月革命） 1918：［日］日本軍のシベリア出兵（7万3千

[帝国主義]（7） 1909 ──

金属の技術と理論	一般の学問
の特性は結晶磁気異方性と磁歪がともに小さくなるためだと分かった 1917：東北大に鉄鋼研（金研（1922年）の前身）設置（→1924年「金属の研究」創刊） 1917：[日]本多光太郎・高木弘(1886～1967)：KS磁石鋼(Fe-W-Co 焼き入れ硬化型)開発 1920頃：硫化銅鉱への浮遊選鉱法開発：粉末鉱石に油を混ぜ（後にはpHを調節）、油膜に付着した有用成分を回収する 1920頃：ストリップミル普及始まる	G. L. ヘルツ(1887～1975：H. R. ヘルツの甥)：ボーアの原子模型を検証するため、水銀蒸気に電子線を当て水銀電子のエネルギー間隔に対応することを示した 1915：A. アインシュタイン：一般相対論（重力論）として知られる理論を完成：重力を空間の曲率に帰着：その後、日食で太陽の重力で光線が湾曲されることや(→1919年)、彗星の近日点の移動などで観測された 1915：[米]H. J. マラー(1890～1967)：「メンデル性遺伝の機構」(モーガン・マラー・ブリジェス・スタートバントと共著)。遺伝学のバイブル的図書。その後マラーは核実験による放射線の悪影響を考え「反核運動」にも進んだ 1917：[日]理化学研究所設立：高峰譲吉の提唱により創立。仁科芳雄を中心とする原子物理学でも貢献 1920：[日]高木貞治(1875～1960)：相対アーベル体「類体論」を発表。ドイツの数学者H.ハッセがヒルベルト–高木の類体論を整理し、その努力により世界的に知られる

→ 1920

一般の技術	社会・経済・政治
線に沿って、地震波が大陸下では35km、海洋下では5～10km付近で不連続に変わる。これを地殻とマントルの境界と考えた 1909：[ベルギー]L. H. ベークランド(1863～1944)：一度固まると溶媒に溶けず、電気絶縁性を持つ熱硬化性「プラスチック」を発明「ベークライト」と命名 1910：[日]鈴木梅太郎(1874～1943)：脚気に効く成分を米ぬかから抽出(アベリ酸・オリザニン＝ビタミンB_1) 1912：[独]A. L. ヴェーゲナー(1880～1930)：「大陸移動説」の提唱。なかなか認められなかった。隣接する大陸の外形が整合的。現生生物の隔離分布も説明。移動の原動力の説明がなかった 1913：[デンマーク]H. ヘルツスプルング(1873～1967)と[米]H.N.ラッセル(1877～1957)が独立に恒星の恒星絶対等級と色の関係(1905年)の観測を基に、ヘルツスプルング＝ラッセル恒星進化図を発表・統合→1916年アダムス 1913：[英]F. ソディ(1877～1956)・[米]T. W. リチャーズ(1868～1928)：ソディが異なる原子量を持つ原子核種を「同位体アイソトープ」と命名。リチャーズは原子量を精密に測りそれを証明した 1913：[独]K. ボッシュ(1874～1940)・F. ハーバー(1868～1934)：空気からの窒素化合物の工業的生産(1909年)の改良型(ハーバー・ボッシュ法) 1914：[英]汚水処理にバクテリアを用いた近代的汚水処理施設がマンチェスターに出来る 1914：[日]山極勝三郎(1863～1930)：ウサギの耳にタールを繰り返し塗ることで皮膚ガンを発生させた。実験腫瘍	の革命干渉の大軍) 1918：[日]米騒動広がる：大きな広がりを見せるが全体的な指導部の出現が望まれた→労働運動・農民運動・学生運動・青年運動・未解放部落運動の前進へ 1918：[印]M. K. ガンジィ(「マハトマ」は「偉大なる魂」の意味)(1869～1948)：国民会議議長の反英不服従運動(サティヤーグラハ)始まる。反英独立運動。ヒンズー教とイスラム教の融合を目指した 1919：朝鮮で三・一蜂起：ソウルで「独立万歳」と叫び蜂起。労働争議・小作争議も増えた 1919：中国で五・四排日運動：北京の天安門で「反帝・反封建」を掲げて学生がストライキ 1919：ヴェルサイユ条約調印(過酷な賠償や領土変更) 1920：国際連盟成立 1920：[日]日本初のメーデー

[帝国主義]（8） 1915 ──

金属の技術と理論	一般の学問
1926：[英]W.ヒュウム=ロザリ(1899～1968)：合金の安定相の規則：第一論文1934年、以後多数発表。電子・原子比の規則、最大固溶限規則、15％寸法比など。後にH.ジョーンズとN.F.モットが基礎づけた→1936年 1926：[露]J.フレンケル(フレンケリ)(1894～1952)：フレンケル欠陥論：原子空孔とその近くにいる格子間原子の対。最初は拡散の一機構として考えられたもの 1928：[日]山口珪次(1889～1933)：転位論の萌芽：X線ラウエ斑点の変化から塑性変形の滑り面の湾曲を'Versetzungenn'（現在の「刃状転位」）として描いている 1929：[日]増本量：超不変鋼（スーパーインバー）発明：35Ni-5Co-残Feの合金で$a=10^{-7}/K$のオーダーである 1930：[独]C.ワーグナー・W.ショットキー(1886～1976)：ショットキー欠陥論：空孔子点が残り対応する原子は外部に出てしまっている格子点(単純な空孔子点)。金属よりも以前に	1922：アインシュタイン来日：「改造」社長山本実彦及び石原純の要請。「相対性理論」の難解さはそっちのけで、彼の天衣無縫さ・温容に接して大いに歓迎される 1923：[仏]L.V.ド=ブロイ(1892～1987)：ミクロの世界では粒子であると共に波動性もあるという理論(ド=ブロイ波)→1926年シュレーディンガーの「波動力学」理論。1927年にはダビッソン・ジャーマーの実験で確証 1924：[印]N.S.ボース(1894～1974)：量子を考慮した統計力学。ボースは黒体輻射(プランク)の式を量子的に導き、アインシュタインに送った。アインシュタインはそれを認め、改めて理想気体の量子統計を展開し、「ボース-アインシュタイン統計」として発表。これは一つの状態を多数の粒子が占める場合に相当する(もう一つは粒子の数が制限される場合で「フェルミ-ディラック統計」になる) 1924：[スイス]W.パウリ(1900～58)：異常ゼーマン効果を説明するために、

→ **1931**

一般の技術	社会・経済・政治
学の祖 1915：[米]E.C.ケンドル(1886〜1972)：甲状腺ホルモン「サイロキシン(チロキシン)」を分離。沃素を含むαアミノ酸。同様に副腎ホルモン(コルチゾン)も発見 1916：[米]W.S.アダムス(1876〜1956)：分光視差の測定。ヘルツスプルング＝ラッセル図上で主系列か巨星かの区別をつけH・R図上で絶対等級が分かり距離が求まる 1919：[英]A.S.エディントン(1882〜1944)：日食の観測をもとにアインシュタインの重力効果を証明(報告はF.W.ダイソン)	
1921：[スウェーデン]J.G.アンダーソン(1874〜1960)：考古学者。北京周口店で「北京原人(シナントロプス)」を発見。火を利用していた 1921：[チェコ]作家のH.チャペック(1890〜1938)が機械人間を"ロボット"と名付ける 1922：[カナダ]G.W.バンディング(1891〜1941)・J.J.R.マクラウド(1876〜1935)・C.H.ベスト(1899〜1978)：インスリン発見。A・B鎖からなるペルチドホルモン 1924：[米]F.W.クラーク(1847〜1931)：地殻の化学的組成。地下16kmまでの重量百分率(クラーク数)を求めた。現在ではあまり用いられないが重要な基礎 1925：[英]R.A.フィッシャー(1890〜1962)：ロザムステッド農事試験所での経験から「実験計画法」「推測統計学」を生み出す 1925：[南ア]R.A.ダート(1893〜1988)：アウストラピテクス・アフリカヌスを発見。直立姿勢で、牙がなかった 1926：[日]八木秀次(1886〜1976)・宇田新	1922：[日]日本共産党創立(非公然) 1922：[伊]ムッソリーニ：ローマ進軍：ファシスト内閣成立→言論出版・集会結社の自由剥奪 1923：[日]関東大震災 1923：トルコ共和国成立：M.ケマル・パシャ大統領(1881〜1938)(尊称アタチュルクは「トルコ人の父」の意味) 1925：[日]「女工哀史」：細井和喜蔵 1925：[日]治安維持法：「国体変革・私有財産否認」に10年以下の実刑。1928年には「国体変革」に死刑を適用 1925：[日]普通選挙法：満25歳以上の男子のみ 1925：[日]東京放送局(JOAK)ラジオ本放送開始 1928：パリ不戦条約調印 1929：世界大恐慌：ニューヨーク株式大暴落(→1931年第2波、1933年第3波) 1929：[日]小林多喜二：「蟹工船」執筆。他に「不在地主」「工場細胞」など。拷問虐殺さる(1933年) 1930：[日]「鎔鉱炉の火は消えたり」(八幡製鉄所ストライキ)刊行：浅原健三 1931：柳条溝事件起こる(中国東北部へ侵

[帝国主義]（9）   1925 ──

金属の技術と理論	一般の学問
格子点論が議論された「カラーセンタ」論では、電気的中性を損なわない程度に離れた「陽イオンと陰イオン」（必ずしもペアーではなくても）をまとめてショットキー欠陥という	第4の量子数を導入（スピン量子数）。パウリは「電子に固有の、古典的には記述不可能な、その二値性に由来する特性」としかいわず、模型を拒否している。世間でいう、電子の「コマの様な運動」（ウーレンベック・ハウトシュミット）は全くの「たとえ話」でいくつもの矛盾を含んでいる
1930：[独]マイスナー：超ジュラルミン開発：マグネシウムを1.2～1.8に増やし添加物も増やしている	
1930頃：[日]小川琢治（1870～1941）・西尾銈次郎：正倉院御物に「舞草銘」の無装刀発見（小川）：奥州刀工が奈良に呼び集められ、奥州には鍛刀場を禁止したのではないか（西尾）	1925：パウリ：排他原理：4つの量子数で指定される電子のエネルギー状態には1個の電子しか入れない
	1925：[独]W.K.ハイゼンベルク（1901～1976）：量子力学としての論文を「行列力学」の名前で発表
1932：[日]三島徳七（1893～1975）：MK磁石合金開発（Fe-Ni-Al析出硬化型）：性能はKS鋼の3倍。同時にCo, Cuを含むMK-5（欧米ではアルニコ-5）なども特許化	1925：[英]P.A.M.ディラック（1902～84）：「量子力学の基礎方程式」として、物理量例えば振動数とエネルギー差などが $xy - xy \leftarrow (ih/2\pi)(x, y)$、すなわち $pq - qp = h/2\pi i$ への変換、そして $h\nu_{nm} = H_{nm} - H_{mn}$ などを導びきました（Hはハミルトニアン）。
1932：センジミアミルの開発：薄板用の圧延で材料に触れるワーキングロールを12段、20段と多段のロールで支えた形式のもの。圧延率が大きく取れる	さらに、1928年には相対論的量子力学。陽電子の存在。量子統計（フェルミ－ディラックの統計）を発表
1932：[独]クノール（M. Knoll）・ルスカ（E. Ruska）（1906～88）：電子顕微鏡発表：分解能2Å（Z.Tehc.Phys.）	1926：[オーストリア]E.シュレーディンガー（1887～1961）：「波動力学」として量子力学のもう一つの提起
1933：[日]本多光太郎・増本量・白川勇記：新KS磁石合金（Fe-Ni-Ti析出硬化型）：性能はMK合金と変わらず。実は、TiにAlが不純物として含まれていたので問題となる	1927：[米]C.J.デヴィッソン（Davisson）（1881～1958）・L.H.ガーマー（Germer）（1896～）と[英]G.P.トムソン（1892～1975）はそれぞれ独自にド・ブロイ波の実証を行なった
1933：[日]中山平次郎：弥生中期の鉄剣発見	1927：W.ハイゼンベルク：不確定性原理：電子とその運動量が同時には精確に求められないという思考実験。例えば、電子の位置を $dx > \lambda$（λ：波長、例えばγ線）で決めようとすると、コンプトン効果が生じ電子の運動量を $dp > h/\lambda$ だけ変化させて
1933：[日]俣野仲次郎：金属相互拡散の「俣野の解析法」：異なる金属の「相互拡散」では、一般的には相手の金属中での拡散速度がそれぞれ異なる。それを図上で解析する方法	
1934：日本製鉄株式会社設立（官営八幡、輪西・釜石・富士・九州・東洋・三菱の1所・6社合同）→1950年解体	

→ **1939**

一般の技術	社会・経済・政治
太郎(1896〜)：八木アンテナを発明・特許．指向性強く広く用いられている	略：満州事変と偽装．「15年戦争」の始まり)
1926：[日]仁田勇(1899〜)：ペンタエリスリトール結晶のX線回折で従来の誤りを正す．その後X線による分子構造研究が進む	1931：オーストリア、ドイツに世界大恐慌波及
	1932：アムステルダムで反戦・反ファッショ国際大会：R.ロラン・H.バルビュス他
1926：[米]T.H.モーガン(1866〜1945)：「遺伝子説」出版．ショウジョウバエという最適の材料から、遺伝子の染色体学説を確立	1933：[独]ヒットラー首相就任：この時(1932.11.6)→得票数：ナチス1173、社会民主党725、共産党598．この選挙の結果すぐに首相が決まったわけではなく、大統領が決める．ヒンデンブルグ大統領の「独裁」を支える議会操作の失敗や大統領の汚職にもつながる脅かしもあり、残る道は、ティッセン・フェーグラー・シブリングコルムらの鉄・石炭資本からの支援を得たヒットラーとなった．資本家側からは共産党への支持がこれ以上高まることも恐れられていた
1927：[米]C.A.リンドバーグ(1902〜)：大西洋横断無着陸単独飛行に成功	
1927：[ベルギー]G.F.ルメートル(1894〜)：宇宙は物質とエネルギーの塊=宇宙の卵・原初原子が爆発したものと提唱．「ビッグバン」構想の最初	
1928：[日]岡部金治郎(1896〜1984)：分割陽極マグネトロンを発明・特許	
1928：[日]高柳健次郎(1899〜1990)：世界初の電子式テレビジョン発明．先駆者	1933：[米]ニューディール政策始まる：失業救済・社会保障・戦時経済体制化
1928：[米]N.L.ボーエン(1887〜1956)：「火成岩の進化」発行．マグマから火成岩の反応系列を樹立	1934：[日]宮本顕治・百合子：「12年の手紙」の始まり
	1935：フランス人民戦線結成
1929：[米]E.P.ハッブル(1889〜1935)：銀河系外星雲が、銀河系からの距離に比例した速度で遠ざかっているという「ハッブルの法則」を発見	1936：スペイン人民戦線→内乱：フランコ軍・王党派・右翼諸党→フランコ国家元首
	1937：[日]蘆溝橋事件(中国への全面戦争)
1929：[英]A.フレミング(1881〜1955)：アオカビの一種に殺菌効果．この抗生物質を「ペニシリン」と命名．約10年後、治療効果のすばらしさをフローリーとチェインが再発見	1937：[スペイン]東北部の古都ゲルニカをドイツ空軍が無差別爆撃．フランコに対する抵抗の精神的象徴的都市．軍事拠点でもなく軍需施設でもなかった→ピカソ「ゲルニカ」を描く
1929：[米]ニューヨークのエンパイアステートビル着工．1931年完成	1937：日本・ドイツ・イタリア三国防共協定→1940年三国軍事同盟
1930：[仏]B.F.リオ(1897〜1952)：「コロナグラフ」発明．感度の良い偏光計(サバール偏光板)を使い太陽コロナなどを観測	1937：[日]日本軍による南京虐殺事件
	1938：ミュンヘン会談：ヒットラー・ムッソリーニ・ダラディエ・チェンバレン
1932：[米]W.B.キャノン：「人体の知恵でホ	1939：[日]日本軍による重慶無差別爆撃

[帝国主義]（10）　　　　　　　　　　　　　　　　　　　　　　　　　　　　　　　　1929 ——

金属の技術と理論	一般の学問
1934：N. P. ゴス：変圧器やモーターなど電気社会の重要な部分を担うFe-Si合金の「集合組織」で、圧延・焼鈍により圧延方向に[001]方向、圧延面が(110)方向を向いているものを「一方向性ゴス鋼板」といっている 1934：[オランダ]ゼルニケ(F. Zernike)(1888〜1966)：鉱物や金属で厚みなど屈折率の異なるものを観察するのに適した「位相差顕微鏡」の開発。本来は透明体用だが金属位相差顕微鏡もある 1934：それぞれ独立に、[英]G. I. テイラー・[独]E. オロワン・[独]M. ポラニー：「転位論」：金属の加工で「辷り面」が一度に辷るのではなく「しわ」を寄せるように辷っていく機構を考えた。その後「らせん転位」「複合転位」や「転位の増殖機構」（フランク-リード1950年）などが考えられた 1934：オロワンの圧延理論：転位論に基づく加工硬化の式（この式は間違っており後に修正） 1935：[日]加藤与五郎・武井武：フェライト磁石(Mn-Zn, Ni-Zn)などの発明(OP磁石ともいう)。フェライト磁石は「フェリ磁性」という特別な磁化機構をもたらした。この他にその後多くの同じ機構を持つYFeO、…BaOなどが発明された 1936：[独・米]E. W. ミュラー：電界放射顕微鏡発明(FEM)：細い針の先端そのものからの電子放射をブラウン管で観察。先端の仕上げで倍率は変わるが個々の原子は見えない→1951年 1936：[英]N. F. モットとH. ジョーンズ：「金属及び合金の性質に関する理論」刊行：1926年のヒューム=ロザリの理論をフェルミ面とブリュアン帯の関係で基礎づけた	しまうので結局 $dx \cdot dp > h$ となる 1929：W. K. ハイゼンベルク・W. パウリ：ラグランジアンに基礎をおく「場の量子論」 1931：[米]K. ゲーデル(1906〜78)：「不完全性定理」を証明。「その体系が無矛盾であれば'その体系が無矛盾であること'は証明出来ない」というものである。しかしゲーデル自身が「方法論を拡張すれば無矛盾性その他の証明論的考察は十分出来る」といっている 1932：[英]J. チャドウィック(1891〜1972)：「中性子」の発見。1931年 W. ボーテ(1891〜1957)・W. ベッカーは磁場によっても曲げられない放射線を発見した。それが実は中性子だった。また F. ジョリオ=キュリー(1900〜58)とI. ジョリオ=キュリー(1897〜1956)も解析を誤り見逃していた 1932：[日]野呂栄太郎(1900〜34)：「日本資本主義発達史講座」発刊：(1)明治維新史、(2)資本主義発達史、(3)帝国主義日本の現状、(4)日本資本主義発達史、資料解説の4部からなり総勢30名を超える大事業を絶対主義天皇制のこの時代に成し遂げました。野呂さんはこの前にも「日本資本主義発達史」(1926・27年)も書いています 1934：F. ジョリオ=キュリー・I. ジョリオ=キュリー：初めて人工放射性元素を作る：α線で照射したアルミニウムは、α線源を取り除いても止まず指数関数的に減衰する。ホウ素やマグネシウムに就いても観測される(Al→Pリンになった) 1934：[ソ連]P. チェレンコフ(1904〜90)：「チェレンコフ効果」を発見。媒体中の粒子が光速を超えると発生する 1935：[日]湯川秀樹(1907〜81)：「素粒子

→ 1940

一般の技術	社会・経済・政治
メオスタシス：生体恒常性説を発表 1935：[独]G.ドマーク(1895〜1964)：サルファ剤発見 1936：[オーストリア]H.セリエ(1907〜82)：外傷・中毒・伝染病など特異な刺激に対して一定の個体防衛反応が生じるという説(ストレス説)を発表 1937：[ソ連]A.I.オパーリン(1894〜1980)：生命の起源「コアゼルベート」説 1940：[オーストリア]K.ランドシュタイナ・A.S.ウィーナー：Rh因子を発見 1940：[米]建造後4ヵ月しか経っていない「タコマ・ナローズ・ブリッジ」が崩壊(アメリカ北西部、ワシントン州西部の都市)。その後、対風安全性と「通風安全性」が考慮されるようになる 1940：[カナダ・米]M.D.ケイメン(1913〜)：炭素14は半減期5730年と長いので、木片、泥炭、骨、貝殻などの年代測定に使えることを発見	1939：独ソ不可侵条約→ドイツ軍ポーランド進撃・ソ連ポーランド進駐 1939：ドイツに対して 英・仏宣戦(第二次世界大戦開始)

[帝国主義]（11）　　　　　　　　　　　　　　　　　　　　　　　　　　　　1935 ──

金属の技術と理論	一般の学問
1937：日本金属学会設立：初代会長本多光太郎（「金属の研究」は「日本金属学会誌」に） 1938：[仏]A. ギニエと[英]G. D. プレストンが独立に：ギニエ-プレストンゾーンの発見：1911に発見されたジュラルミンの硬度・抗張力変化は長い間謎だった。ギニエとプレストンは独立に、「材料内に淡い放射線状のラウエ斑点」を見つけた。これは極めて薄いCuの原子集団によるものであった。この薄い「析出物」を「ギニエ-プレストン ゾーン」という 1939：[オランダ]J. M. バーガース：「らせん転位」導入。「バーガース・ベクトル」も 1939：[日]谷安正：転位論初紹介（岩波講座「可塑性論」） 1940：[日]五十嵐勇・北原五郎：超々ジュラルミン開発（ESDともいう）：ジュラルミン・超ジュラルミンより強度が高い（$60 kgf/mm^2$）。応力腐蝕割れは0.3％程度のCrまたはMnの添加、時期割れにはSnの添加で防いだ	の相互作用」（中間子論）発表（前年口頭発表）：陽子と中性子を結合している新しい粒子を、その到達範囲その他から考え、電子の約200倍の粒子であると「予言」。 　この方法は素粒子探究の重要な方法となる 1935：戸坂潤（1900〜45）ら：「唯物論全書」刊行開始：「全書」50冊、「三笠全書」16冊を発行。機関誌（不定期）1938年1月まで、および「学芸」同年12月号までを発行 1937：[米]C. D. アンダーソン（1905〜91）：宇宙線中に「中間子」を発見 1937：[日]仁科芳雄（1890〜1951）・竹内柾・一宮虎雄：同じく宇宙線中に「中間子」発見（μ中間子） 1938：[独]O. ハーン（1879〜1968）・F. シュトラスマン（1902〜）：原子核の分解（？）実験（慎重に「分裂」とはいっていない） 1939：[独]（当時スエーデン）L. マイトナー（1878〜1968）・R. フリッシュ：「核は分裂」し「バリウム」になったと結論。ボーアを通じてアメリカでの学会で発表。実は、フェルミ・ジョリオ・ラザフォードたちも「核分裂」を見ていたのだが気付いていなかった
1941：[オランダ]スネーク（J. L. Snoek）（1902〜50）：「内部摩擦」のスネークピーク：材料に振動エネルギーを与えたとき、空気抵抗や支持部の摩擦でなく、材料そのものの内部的な原因でエネルギーが熱となって失われることを「内部摩擦」あるいは「内耗」などという（internal fricton）。その一つとして「音叉」が約70℃付近で減衰が大きくなる。後にこれは鉄中の炭素原子の拡散に関連するものであった。その後さまざまな材料、さ	1942：坂田昌一（1911〜70）・井上健：「二中間子論」を提唱（大気圏上空でπ中間子がμ中間子に変わる） 1942：シカゴ大学で、E. フェルミ（1901〜54）達のグループによる「制御された連鎖核反応」が実現。ウランとカーボンの原子炉 1944：シュレーディンガー：「生命とは何か」：遺伝子を探る研究

1945

一般の技術	社会・経済・政治
1943：[英]A.チューリング(1912～54)：彼のグループが電気的計算装置COLOSSUSを開発。ドイツの暗号解読に効果を上げる(1942年にJ.V.アタナソフ・C.ベリーがそれ以後の原型となる物を完成していたが、完全には動作しなかった) 1944：[米]H.エイケン(ハーバード大)のグループとIBMの技術者によってASCC(自動逐次制御計算機、別名ハーバードMark 1)完成 1945：[米]J.P.エッカート(1919～)・	1941：[日]米・英に宣戦(アジア・太平洋戦争開始)(～1945年) 1942：[日]ミッドウエー海戦で破局的敗北 1943：[伊]バドリオ首相：英仏に降伏→バドリオ対独宣戦→1945年北イタリア解放、停戦協定 1945：[独]ベルリン陥落 1945：[日]東京大空襲。全国的に大空襲・機銃掃射 1945：[日]広島・長崎に原子爆弾投下。ポツダム宣言受諾。日本降伏

[帝国主義］（12）　　　　　　　　　　　　　　　　　　　　　　　　　　　　1942

金属の技術と理論	一般の学問
まざまな機構の内耗が発見された 1942：「最近の金属物理学の展望」（岩波） 1943：［独］S.ユンガス：鉄鋼の連続鋳造を開発 1940年代前半：ひげ結晶（whisker）注目され始める：銀メッキ・錫メッキ等メッキされた金属から、毛のような・髭のような細い線が生じることは以前から知られ不思議がられていた。「電気通信機器の短絡」となって注目された	

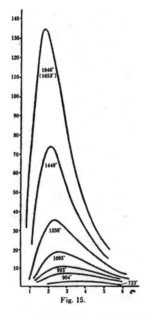

M.プランクは「黒体放射」の正確なグラフから
量子論への道を開いた（1900年）

→ 1943

一般の技術	社会・経済・政治
J. W. モークリー：万能計算機ENIAC開発	

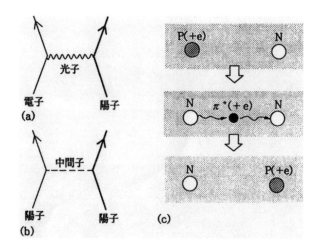

(a) 水素原子に対応する電磁気力と、(b) 中間子による核力（ともにファインマン図）[2]
(c) 陽子(P)と中性子(N)の場合（π中間子をやりとりする核力）をやや実体的に表した図[3]

湯川秀樹は中間子理論から素粒子論への道を開いた（1935年）

第6章 第二次世界大戦終結後（1）

1945 ——

金属の技術と理論	一般の学問
1945：[米]ブリッジマン（P. W. Bridgman）：超高圧圧縮技術によりノーベル物理学賞。高圧の研究は1908年以来で、新種の鋼や合金も使った。多くの物質の圧縮比と電気抵抗などを計り物性論に寄与し、地質学的にも地球内部の新しい学問を作った 1947：[米]カーケンダル（E. O. Kirkendall）・スミゲルスカ（A. D. Smigelskas）：カーケンダル効果：銅と銅-亜鉛（α真鍮）の相互拡散で亜鉛原子の拡散が大。拡散は「空孔機構」が中心であることも分かった 1947：初の転位論国際会議（ブリストル） 1948：デッカー：正極点図形測定の開発：多結晶ながら圧延・焼鈍で出来た集合組織を分かりやすく極点図にするX線回折装置 1948：[英・米など]球状黒鉛鋳鉄開発（spheroida graphite cast iron）：鋳鉄に0.04％Mgや0.02％Ceを添加すると黒鉛が球状化する（nodular cast iron, ductile cast iron ともいう）。黒鉛の内部は多結晶で炭素は中心から黒鉛面を放射線状に伸ばして析出している 1948：[米]シャル（C. G. Shull）・[カナダ]ブロックハウス（B. N. Brockhouse）：中性子線の回折：この時はNaClの結晶。1951年にはMnOの磁気構造を解析→1994年ノーベル物理学賞 1949：「Progress in Metal Physics」創刊 1949：[米]チタンの量産開始 1950：[英]フランク（F. C. Frank）・[米]リード（W. T. Read）：転位のフランク-リード源（sourse）提唱：加工によって出来る転位はもともと金属内にある転位が「波紋」のように増殖することで広がる。その機構をフランク-リード源とかフランク-リード機構という	1946：湯川秀樹ら：「Progress of Theoretical Physics」創刊：7月から当面季刊 1947：[英]C. F. パウエル（1903～69）ら：湯川中間子（π中間子）及びそれが分裂してμ粒子とニュートリノになると「二中間子」をともに立証 1948：[米]W. B. ショックレー（1910～89）・W. H. ブラッティン（1902～87）・J. バーディーン（1908～91）：トランジスタ発明：半導体内の「電子」「正孔」の移動により整流・増幅・発振など能動素子となる 1949：湯川秀樹：「π中間子の発見」によりノーベル物理学賞 1950：[日]林忠四郎（1920～）：ビッグバンでは陽子・中性子の混合物からヘリウムまでが合成される（1948年のビッグバンではあらゆる元素が考えられていた）

→ 1950

一般の技術	社会・経済・政治
1946：[ソ連]I.V.クルチャートフらによりソ連の原子炉作動開始 1947：[米]「電子レンジ」発売 1948：[米]E.ランド：カメラの中で現像し陽画として出てくるカメラを発売(「ポラロイドランドカメラ」)	1945：[日]W.G.バーチェット(1911〜83)(イギリスのジャーナリスト)：広島の惨状を世界に報道(9.3)。(後にベトナム戦争でも活躍) 1945：[日]特別警察・治安維持法廃止(国家機関・財界その他に残留組温存) 1945：国際連合発足←1941年大西洋憲章←1942年連合国共同宣言 1945：[日]財閥解体(その後、続々回復) 1945：ブレトン・ウッズ協定発効(戦後国際通貨体制)：国際通貨基金(IMF)・国際復興開発銀行(世界銀行-IBRD)の設置(→1971年ニクソン・ショック→1973年変動為替相場制で崩壊) 1946：[独]ニュルンベルク国際軍事裁判：「平和に対する罪」「人道に対する罪」など問題を含みながらも大きな意義を持つ 1946：[日]日本国憲法公布：戦争放棄・主権在民・基本的人権・地方自治などを明記し天皇の政治的関与をなくすなど、重要な意義を持つ 1947：[日]マッカーサー「2・1ゼネスト中止命令」 1947：モスクワ四国外相会議及びコミンフォルム結成 1947：トルーマン・ドクトリン 1948：マーシャルプラン：西ヨーロッパ経済復興のため 1948：[日]東京・極東国際軍事裁判：「平和に対する罪」など大きな意義を持つ。 　　　天皇の責任：日本国民がこの裁判に加わらなかったことが戦争責任の追及を不徹底なものにした→同時にＡ級戦犯容疑者19名釈放：戦後政治に悪影響＝戦後政治が「戦犯政治」といわれる原因 1948：[イスラエル]イスラエル国家樹立：パレスチナ人を追放 1949：NATO(北大西洋条約機構)設立。

[第二次世界大戦終結後]（2） 　　　　　　　　　　　　　　　　　　　　　　1949 ──

金属の技術と理論	一般の学問
1950：日本製鉄解体：八幡製鉄・富士製鉄・日鉄汽船・播磨煉瓦に（1934年に大合併したもの。1970年に再合併）	
1951：ASM第1回世界冶金会議 1951：［米］ミュラー：電界イオン顕微鏡（FIM。1936年を進歩させたもの）：鋭い先端から放射されるイオンをブラウン管上で観察：その後アトムプローブ電界イオン顕微鏡に発展（AP-FIM。1986年） 1951：［米］デュポン社で高純度シリコンの生産 1952：［オーストリア］純酸素上吹き（LD）転炉操業開始：リンツ・ドナビツ製鋼 1952：［日］「金属便覧」発行 1952：［日］鈴木秀次：転位と不純物の相互作用の一つとして化学的相互作用（化学ポテンシャルの差）があり、指摘者の名をとって「鈴木効果」といっ	1952：「Advances in Physics」創刊 1953：［米］M. ゲル＝マン：「素粒子」をアイソスピン（「素粒子」の荷電状態を区別する量子数の一つ）を量子数とする体系の提案。同年中野董夫・西島和彦も。これを「ストレンジネス＝奇妙さ」と命名 1953：［米］W. G. ファーン：半導体Geの超精製法開発。ゾーンメルティング法（帯溶融精製法） 1954：小平邦彦：日本人初のフィールズ賞受賞（数学のノーベル賞といわれる。「調和積分論」の研究） 1954：「J. Phys. Chem. Solids」創刊 1955：「Progress in Solid State Physics」刊行開始 1956：坂田昌一：「素粒子」の「坂田モデル」

→ 1956

一般の技術	社会・経済・政治
	これに対抗して1955年ワルシャワ条約機構
	1949：[日]下山事件・三鷹事件・松川事件など謀略・でっち上げ事件続く
	1949：中華人民共和国成立。主席毛沢東（「中華民国」は台湾へ）
	1950：インド共和国成立：ヒンズー教徒はインドへ、イスラム教徒はパキスタンへ。セイロンも独立（後にスリランカ）
	1950：ストックホルム・アピール採択：朝鮮戦争での原爆投下を思いどどまらせるなど大きな意味を持った
	1950：[日]レッドパージ：GHQ指令による共産党員とその同調者に対する解雇：公務員1171人、民間企業から1万972人が裁判によっても保護されず指令優先だとされた
	1950：[日]「警察予備隊」発足（警察の予備部隊の位置付けだが国際的には再軍備の第一歩）→1952年「保安隊」に改組 →1954「自衛隊」として発足
	1950：朝鮮内戦開始
1951：[英]「ゼブラ・クロッシング」=「横断歩道」が考案され、歩行者と車両をそれぞれ区別することになった	1951：[日]サンフランシスコ条約・安保条約調印：形式的に独立を認め、アメリカ軍の基地と駐留を認めさせた
1952：カナダのチョーク・リバーで初めての原子炉事故	1953：スターリン死去
1952：トランジスタを使った商品出現。東洋工業（後のソニー）のトランジスタラジオ。補聴器など	1954：[日]第五福竜丸ビキニで被災。久保山愛吉放射能障害により死去（その後の調査で被爆したのは1000隻以上に上る）→ストックホルムアッピールなどの伝統から、すぐさま3～4月から「原水爆禁止署名」が始まり全国に広がる。俊鶻丸のビキニ水域調査
1952：[米]E.テラーたちによって水素核融合爆弾開発。南太平洋のエニウェトック環礁で実験	
1953：[米]J.D.ワトソン・[英]F.H.C.クリック・[英]M.H.F.ウイルキンズ：「デオキシリボカクサンの構造の一般的意味」を発表。いわゆる「DNAの二重ラセン」	1955：第1回アジア・アフリカ バンドン会議(29ヵ国)：平和10原則→1961年非同盟諸国首脳会議
1953：[米]J.H.ギボンJr.は、患者のバヴォ	1955：「第1回原子戦争の危険から子どもの命を守るための世界母親大会」

[第二次世界大戦終結後]（3）　　　　　　　　　　　　　　　　1952 ──

金属の技術と理論	一般の学問
ている。積層欠陥は幅があるので影響は大きい。合金の「固溶効果」でもある 1952：50mm角ビレット連続鋳造稼動：ユナイテッドスチール社（英） 1953：「Acta Metallurgica」創刊 1953：[日]戦後初の銑鋼一貫製鉄所完成（川鉄 千葉） 1956：[英]P. B. ハーシュ・W. ボルマン・R. W. ボーネ・M. J. ウエーラン：透過電子顕微鏡による転位の直接観察 1956：真空脱ガス精錬法開発 1957：[日]格子欠陥グループ発足 1958：バーンズ＆ハイアー：集合組織概念単結晶ではないが圧延・再結晶などで結晶方向が揃う状態 1959：[米]デュエツ（P. Duwez）：急冷凝固実験始まる→1969, 1970, 1973 1959：八幡戸畑に1500トン高炉（大型高炉の始まり） 1960：C. S. スミス：「金属組織学の歴史」	発表：陽子・中性子・ラムダ粒子を基本にする模型→1964年クォークモデルの提唱 1957：[米]J. バーディーン・L. N. クーパー・R. J. シュリーファー：超伝導のBCS（三人の名前から）理論：電子が低温で2倍の対になる（クーパーペアー）ためだとする 1957：[ソ連]初の人工衛星（スプートニク1号）成功。直径58cmの球形、重量83.6kg。さらに1ヵ月後「スプートニク2号」を打ち上げ、メスのライカ犬を乗せ、発射重力や無重力の影響を見た→1961年「ボストーク1号」 1958：[独]R. L. メスバウアー（Mössbauer）：メスバウアー効果発見：原子核からのγ線は普通、他の原子核が吸収するので励起状態にはなりにくい。しかし結晶格子などで拘束されているとγ線の共鳴吸収が起こる。無反跳γ線＝非常に幅の狭い波長をもつγ線（これをメスバウア効果という）。これを利用して磁性材料の内部磁場、結晶電場などが測定出来る 1959：[ケニア]L. S. B. リーキー（1903～72）・M. リーキー（1913～96）：ジンジャントロプス・ボイセイを発見。さらに170万年前のホモ・ハビリスも 1960：南部陽一郎：「自発的対称性の破れ」提唱：ヒントは超伝導のBCS理論で、電子がクーパーペアーになった、すなわち「電荷」の保存が破れたことを、宇宙の温度が冷えて素粒子が重くなった、すなわち質量を持ったといえることなどに考察を深めた

→ 1960

一般の技術	社会・経済・政治
レクに心肺装置を使って執刀・成功した。その後装置も改良された 1954：[米]ベル研のチェピーン・フラー・ピーターソン：太陽光から直接発電する太陽電池を開発 1955：[英]イングランドのジョドレル・バンクに直径76.2mのパラボラ型電波望遠鏡完成 1955：[英]J.ブライト：世界初の開口合成型の電波干渉計を完成。電波元の構造を光学望遠鏡に比肩出来るものとする一歩 1956：[米]J.バッカスらがコンピュタプログラム"FORTRAN"製作。それまでは機械言語だった 1956：[英]C.ヒントンらが原子炉「コールダー・ホール」を同地に設置 1957：江崎玲於奈：半導体で不純物を過剰に含んだpn接合に見られる「トンネル効果」を発見。トンネル・ダイオードともエサキ・ダイオードともいう 1958：[英]F.H.C.クリック：「セントラルドグマ」発表。遺伝情報が、DNA→RNA→蛋白質と一方的に流れ、獲得形質は遺伝しない。単一起源・生命の起源にも根拠を与える。レトロウイルスで修正を受けたが基本は変わらない 1958：[米]E.N.パーカー：太陽から放出された粒子からなる「太陽風」が存在し、彗星の尾が太陽と反対を向くのはそのせいである 1959：[米]ゼロックス複写装置登場 1959：[米]アメリカ気象局は、夏の不快さを判定する一方法として「温度-湿度指数」を制定(いわゆる「不快指数」) 1959：[米]J.A.バンアレン：地球を取り巻く地球磁場粒子=「地球磁気圏」を発見。バンアレン帯といわれる。1000kmから6万kmにわたる巨大な	(ローザンヌ)←それへの代表を送るための「日本母親大会」(6月7～9日)は文字通り「あたりまえの女たち」の力によるもの 1955：[日]「第1回 原水爆禁止世界大会」(広島)：海外から14ヵ国・3国際組織から代表 1955：[日]東京立川で「砂川事件」起きる→1960年「伊達判決」 1956：[ポーランド]ポズナニ反ソ暴動。ソ連軍出動 1956：ハンガリー反ソ暴動。ソ連軍出動：ポーランド・ハンガリーともに民主主義を抑圧された不満の現れ 1956：[エジプト]ナセル スエズ運河国有化宣言 1956：[日]水俣病公式発見：異状中枢神経疾患(公害問題拡大：四日市ぜんそく・新潟水俣病・カドミウム汚染(イタイイタイ病)など「公害病」続く) 1957：第1回 パグウォシュ「科学と国際問題に関する会議」 1959：[キューバ]F.カストロ他キューバ革命成功。首相就任 1959：国連児童権利宣言→1989年これに則り国連で採択された「子供の権利条約」は法的拘束力のある条約 1960：[日]東京地裁 伊達判決：米軍駐留は違憲→検察側、最高裁に跳躍上告 1960：[日]日米安保条約改訂←1959.4改訂阻止第1次統一行動～1960.6第1次スト、アイク訪日延期要請、6.19 自然成立、7.15 岸内閣総辞職 1960：アフリカ諸国続々独立：この年までに6国家、この年だけで17国家誕生。アメリカとソ連のほかに第三勢力が大きな力を持つ→1961年ベオグラード

[第二次世界大戦終結後]（４）　　　　　　　　　　　　　　　　　　　　　　　　1960 ――

金属の技術と理論	一般の学問
1961：カーン（J. W. Cahn）：スピノーダル分解の理論：合金の析出で、ある間隔を持った濃度の波が、畝（うね）のようにだんだん大きくなっていく析出形態をいう。そこでは一見それまでなかった濃度勾配が現れだんだん大きくなっていくので「逆拡散」とか「負の拡散」が現れる。自由エネルギー的には至極もっともな現象である 1961：[米]W. J. ビューラー：形状記憶合金（NITINOL）発見：Ti-Ni（50-50%）の細い合金をくしゃくしゃに丸めておき、一端をペンチで保持し、他端をライターで温めるとたちまちピンと元に戻る。実はこの合金では丸められると常温なのにマルテンサイト変体を起こしており、微少なずれを残している。それと、マルテンサイト変体温度が低いので、ライターで温めると逆変体点(78℃)を越すからであるといわれている→1970年大塚和弘、1981年超弾性発見 1964：摩擦溶接法が考案される 1964：USスチール：極薄板（スチールホイル）開発→1969年ブータンで鋼の切手発行 1965：[英]S. リリー：「人類と機械の歴史」増補版「鉄は民主的な金属」(初版1945年)	1961：[ソ連]Y. ガガーリン：初の有人衛星（ボストーク１号）成功、地球周遊1.8時間。「地球は青かった」と感想。宇宙に出た初めての人となる(4.12)。続いて８月６日にはG. チトフ25.6時間17回周回する 1961：[米]A. B. シェバードJr.：マーキュリー３号のカプセルに乗り15分間「弾道飛行」に成功(5.5)。続いてV. I. グリソム：16分間の弾道飛行に成功 1962：野尻湖第一次発掘：地学団体研究会 1962：[米]レイチェル・カーソン(Rachel Carson)：「沈黙の春」(農薬や公害による生態系破壊に警告) 1964：[米]M. ゲル=マン・G. ツワイク：それぞれ独立に「クォーク概念」提唱（クォークという「鳴き声」はゲル=マン）。当時は「補助的な」基本粒子として。フェルミ=ヤンの模型(1949年)、坂田模型(1955年)に続くもので、現在ではさらに整備された「クォーク模型（６種類）」となっている→1972、2008年 1965：[米]M. Y. ハン・南部陽一郎：色の三原色になぞらえたクォークの「カラー荷」である"色"概念提唱 1965：[日]朝永振一郎：ノーベル物理学賞 1965：[独・米]A. A. ペンジアス・R. W. ウイルソン：衛星通信の研究中に全天

→ 1970

一般の技術	社会・経済・政治
もので、太陽に面していない側で「尾」を引き大きくひしゃげている。地磁気に沿って両極の間にありその一部がオーロラになるほか太陽風・宇宙線など地球を「保護」する大きな意味を持っている 1960：[米]H.ヘス：海洋底拡大説の発展として、大洋の玄武岩質地殻は大洋中軸海嶺で生まれ海溝へ向かって進み、そこでマントルへ沈み込む	
1961：E.N.ローレンツ：大気の挙動に関するコンピュータモデルの中に「カオス」的な挙動を発見。天気予報の難しさの原因ともいわれる。他分野からも注目され数学の新しい分野をもたらした 1962：[米]W.アルベール：ファージのDNAを切断する酵素を仮定。それはやがてH.O.スミスによって「制限酵素」と呼ばれ、遺伝子工学への道が開ける 1962：中国語の「ローマ字表記」が、主として欧米で「ウェード式」から「ピンイン式」に変わる(ウェードというのは英国の中国公使・中国学者で、彼の考案したローマ字表記をいう) 1962：[米]E.ツッカーカンドル・L.ポーリング：遺伝物質の時間経過の変化は、ある種が他の種からどれほど昔に分離したかを決める「生物時計」となりうると提唱 1963：F.ヴァイン・D.マシューズ：インド洋海底の残留磁気の極性が周期的に変わっているのは地磁気の変化を示す「しわ」である 1964：R.H.ディッケ：ビッグバンは観測可能な「背景電波輻射」を残す、というガモフ説の検証に取り組む。そしてペンジアスとウィルソンが1965年に発見したものはビッグバンの名残	1961：[日]松川事件差し戻し裁判、全員無罪 1961：[日]「所得倍増計画」閣議決定：高度成長の始まり 1961：非同盟諸国首脳会議(ベオグラード25ヵ国)→現在国連加盟国の2/3が参加 1962：[日]「新日本婦人の会」発足 1963：ケネディ大統領暗殺 1964：[日]東京オリンピック 1964：[日]「日本科学者会議」発足 1965：米、ベトナム北爆開始 1965：[日]日韓基本条約調印 1966：[中]「文化大革命」始まる 1967：[米]ニューヨークとサンフランシスコでベトナム反戦デモ。総数50万人 1967：[日]革新系美濃部都知事当選 1967：[米]デトロイトで黒人暴動 1968：「プラハの春」：チェコスロバキアで改革派ドプチェクの民主化を、ソ連のブレジネフが弾圧(ワルシャワ条約機構軍20万)。後刻「制限主権論」が持ち出された。1989年になってその誤りを認めた 1970：[チリ]両院合同の決選投票でアジェンデ当選。西半球初の「選挙による」社会主義政権→1973年軍事クーターによりアジェンデ人民連合政権崩壊(ピノチェット軍事政権)→1989年エルウィン大統領

[第二次世界大戦終結後]（5） 1965 ――

金属の技術と理論	一般の学問
1965頃：ブランドン(D. G. Brandon)ら：対応粒界提唱。純金属などに見られる対称性の高い粒界。一方の境界から平行移動したとき他方の格子にも重なり合う格子点がある場合をいう 1967：純酸素底吹き転炉法(OBM法)の開発 1969：走査型電子顕微鏡(SEM)開発(1982年のSTMとは別種)：試料表面を電子線で走査し反射してくる電子を顕微鏡的に見る。表面の焦点深度が大きく取れる 1969：[米]ポンド(R. Pond)・マディン(R. Maddin)：アモルファス作成のためのドラム急冷法(板・線状アモルファス合金)開発 1969：[日]たたら製鉄復元実験(島根県)：表村下(おもてむらげ)(堀江要四郎)・裏村下(本間建次郎)により、3昼夜連続して鉧を作った(第1部1-7参照) 1969：[米]鉄の直接還元製鉄法「Midrexプロセス(高炉・転炉なし)」開発。塊状鉄鉱石で「改質」は1100℃の天然ガス($CO+H_2$ 95%)である 1970：[日]大塚和弘ら：形状記憶と熱弾性マルテンサイト変態←1961年→1981年 1970：[日]新日本製鐵株式会社設立(富士・八幡合併) 1970：[日]高炉計算機制御開始(熱制御用) 1970：[日]増本健ら：リボン状アモルファス合金作成（1973年にかけて、高強度・高変形能。超耐食性。高軟磁性を明瞭化）→1973年 〜1970：金属の表面緩和と表面再構成	からの特殊な雑音を発見。−270℃に相当する黒体輻射であることが分かる＝宇宙背景放射。ビッグバンの証拠とされる→1989年COBE，2001年WMAP参照 1967：[米]S.ワインバーグ・[パキスタン]A.サラム・[米]S. L.グラショー：独立に、弱い力と電磁気力の統一理論を提唱。中性中間子と質量ゼロの光子となる過程を考察 1969：[米]N.アームストロング：人間月面着陸。月の石持ち帰る(アポロ11号) 1970：[日]広中平祐：フィールズ賞受賞（代数多様体の特異点に関して）
1971：[日]橋本初二郎：透過電顕による原子像 1973：アライド・ケミカル社：メタグラス（アモルファス合金）発表	1971：アポロ14号によって「月の石」44kgが採取される 1972：[日]小林誠・益川敏英：クォークは6種あると提案→1993年トップク

→ 1973

一般の技術	社会・経済・政治
であることを示した(1965年) 1965：J.ケメニー・T.クンツ：コンピュータ言語BASIC開発 1965：プエルトリコのアレシボ高層大気観測所で「金星」の自転が他の惑星と逆向きであることを発見。自転周期は約247日 1966：フランス科学アカデミー：脳死を臨床的な死の判定に利用 1970：フロッピーディスク考案される	
1971：[米]V. R. ポッター：「生命倫理学(バイオエシックス)」の提唱 1973：電子計算機 ENIAC(エッカート・モークリ)の先取権特許取り消され	1971：[日]沖縄返還協定調印 1971：ニクソンショック(ドル-金 交換廃止←1945年IMF参照→1973年変動相場制に移行)

[第二次世界大戦終結後]（6） 1972 ────

金属の技術と理論	一般の学問
1974：[英]ペンローズ(R. Penrose)：2種類の菱形(頂角が36°のものと72°)を平面上に「隙間なく」並べる方法「ペンローズパターン」を発見。このパターンはひとまわり小さくも出来るし繰り返すことも出来る。また繰り返しはないが5回対称の方向性を持っている→1980年頃マッカイ、1984年準結晶 1975：超大型高炉(5000m³)操業開始 1976：J. F. ヤナック・A. R. ウィリアムズ：bccFeの電子相関計算 1977：日本の平炉なくなる 1977：R. E. ハンメル・H. B. ハンチントン：「エレクトロ・サーモ・マイグレーション」現象を提唱：拡散でなく電界を駆動因子とするもの。電子部品の「溶解」によるともいわれている 1977：J. M. コーリ・飯島澄男：透過電顕による結晶構造像 1970頃：非晶質物質の構造緩和 1970頃：超塑性(Fe-30Niなど)の発見：加工しても数100％も変形出来る。結晶粒界の「すべり」による 1980頃：[英]マッカイ(A. L. Mackay)：3次元のペンローズパターン発見(準格子と命名)←1974年→1984年 1980：[日]粗鋼生産で世界第1位(1,115億トン) 1980：[日]非晶質(アモルファス)合金の磁気ヘッド開発	オーク発見：これで6種に。2008年ノーベル物理学賞 1973：[日]江崎玲於奈：ノーベル物理学賞 1974：[米]H. M. ジョージ・S. L. グラショー：強い力・弱い力・電磁気力は宇宙が冷え始めた時に分かれた。現在の言葉では「第2の相転移」(10^{-36}秒後・宇宙温度10^{16}GeV) 1974：[米]D. ジョハンソン：アフリカ東部のハダールで、アファール猿人アウストラロピテクス・アファレンシス(通称「ルーシー」)を発見 1976：アメリカ科学アカデミーは、スプレー缶のフロンがオゾン層を破壊すると警告 1978：アメリカの医学当局は、太平洋のビキニ・アトールから島民を避難させる。一旦は安全といっていたが 1979：[米]初期の宇宙ステーション「スカイラブ」が「太陽黒点活発化の太陽風」により、大気圏内に墜落。西部オーストラリアに
1981：Ti-Ni合金で超弾性発見←1961、1970年 1982：[独]ビーニッヒ(G. K. Binnig)・[スイス]ローラー(H. Rohrer)：走査型トンネル顕微鏡(STM)発明：原子オーダーの情報が得られるがそれは局所的電子状態の反映である。走査を止めて分光法的な情報も得られる。原子間力顕微鏡(AFM)など	1981：佐藤勝彦とA. H. グース：独立に「インフレーション宇宙」モデルを発表 1981：[日]福井謙一・[米]R. ホフマン：ノーベル化学賞：化学反応への量子力学的法則の適用 1982：[日]野辺山天文台に45m電波望遠鏡。暗黒星雲内に新しい分子を多数発見 1982：[米]M. フリードマン：4次元の2

→ 1985

一般の技術	社会・経済・政治
る：J. V. アタナソフ・C. ベリーが先取←1943年チューリング参照	1972：[日]奈良県明日香村の高松塚古墳で、極彩色の人物壁画が石室内部から見つかる
1973：[英]イギリスの医師達が「核磁気共鳴 NMR」＝「磁気共鳴画像装置 MRI」を医学診断に応用	1972：日・中国交正常化
1975：[米]初のマイコンキット「アルテア8800」登場。256バイトであった（鷲座の一等星アルタイルから取られた名前だがマイコンではアルテアといっている）	1973：ピカソ没(1881〜)
	1975：ショスタコービッチ没(1906〜)
	1976：国連で「国際人権規約」発効：「国際人権宣言」は法的拘束力がなかった
1976：[米]H. G. コラナ：200個のヌクレオチド2本鎖DNAを作り、大腸菌の中で活性であることを示した（遺伝子工学の誕生）	1978：[日]稲荷山古墳の鉄剣に銘文発見
	1979：アメリカ・中国国交正常化
	1979：ソ連、アフガニスタンに侵入。カルマル政権樹立
1977：天然痘の最後の報告がソマリアであった	1979：[イラン]ホメイニによる王政廃止革命
1978：[米]アップル社のパソコンに、ディスク・ドライブが初めて取り入れられる	1980：ポーランドで政治スト→自主管理労組「連帯」結成→1981年初代議長にワレサ選出
1979：[米]ペンシルバニア州南部のスリーマイル島、第2原子炉事故	
1980：[米]地質学者アルヴァレスらは、白亜紀から第三紀の境界(約6500万年前)にある粘土層がイリジウムの異常に高い値を示すこと（メキシコ・ユカタン半島）で、宇宙からの巨大な隕石衝突があったこと、これによって恐竜などの大量絶滅も説明出来ることを示した	
1983：[米]アップル社の"リサ"が「マウス」と「プルダウンメニュー」を採用	1981：アメリカ防疫センターでエイズ症候群の発生を認める
1983：B. J. マーシャル・J. R. ワレン：カンピロバクター・ピロリ菌が胃炎を起こし、胃と腸の潰瘍の原因になることを発見（その後胃ガンの原因になるともいわれている）	1982：[日]平均寿命世界最高、男女共
	1983：アメリカ、グレナダに侵攻
	1985：[日]日航ジャンボ機墜落事故、群馬県御巣鷹山に。ボーイング社の修理ミスといわれているが、疑問も残っている
1984：A. ヒル：探検調査で、最古のアウストラロピテクス・アファレンシス	1985：[米]アメリカ経済「双子の赤字」に転

[第二次世界大戦終結後]（7）　　　　　　　　　　　　　　　　　　　　　　　　　　　　1983

金属の技術と理論	一般の学問
種々の走査型プローブ顕微鏡（SPM）に発展 1983：コーら：メカニカルアロイングの確認 強力なボールミルなどを使って衝撃・摩擦・剪断などにより「固相拡散」を起こさせた 1983：[日]佐川眞人：Nb-Fe-B ネオマックス磁石開発。c軸方向に大きな磁気異方性を持つ正方晶系の磁石。製法、腐蝕性その他で改善中 1984：[イスラエル]シェヒトマン（D. Shechtman）：準結晶発見（5回対称の結晶出現！）。Al_6Mn合金の急冷で10回対称のラウエ斑点を発見。直後にシュタインハート（P. J. Steinhardt）・レバイン（D. Levine）・ソコラー（E. S. Socolar）によって概念付けがなされた。1974年に発表されていたペンローズ・パターンで説明がつく→1991年「結晶概念」の改定 1985：M. W. ファインズ・J. E. シンクレア：bcc 金属の凝集エネルギー計算 1985：C_{60}フラーレン発見：グラファイト・ダイヤモンドに次ぐ第3の同素体。ナノ物質であり、6員環と5員環を含む（後にC_{60}とカリウムのインターカレーションK_3C_{60}が超伝導を示すなど、特異な性質もある） 1986：A. Cerezoら：3次元アトムプローブ（電界イオン顕微鏡FIMをさせ金属尖端の原素を特定出来るようにしたもの） 1988：[仏]巨大磁気抵抗効果：Fe・Ni・Coなどの強磁性体とCr・Cuなどの非磁性体のナノ薄膜を積層した人工薄膜の磁気抵抗が非常に大きくなることが発見され「巨大磁気抵抗効果（GMR）」といわれた。後に反磁性・強磁性・非強磁性・強磁性相と4相に増やしたものも現れ、非磁性相にアモルファスのAl-Oを使うと	つの多様体が連続的に変換される条件を明らかにする 1983：[伊] C. ルビア・[オランダ] S. ファン・デル・メーアら：弱電理論のW粒子と中性Z粒子によりウィークボゾンの検出に成功 1986：[スイス]K. A. ミュラー・J. G. ベドノルツ：30kで超伝導を示す物質発見。全世界的に類似の Cu-O系をはじめとする材料探しが進んでいる。酸化物系はHg-Ba系で130k。金属系はMgB_2などの「高温超伝導」材料も現れている（2001年） 1986：オーストラリア西部ジャックヒルズで43億年前の隕石由来ジルコン発見。陸と海が分かれていた？ 1987：大マゼラン星雲の超新星ニュートリノをカミオカンデで観測→2002年小柴昌俊→1997年ニュートリノ 1987：[日・米]利根川進：ノーベル生理学・医学賞：抗体及び免疫系の研究 1987：C. R. リンズ・V. ペトロシアン：銀河より大きいサイズの光の「弧」を発見。途中の銀河重力によって歪められたもの。その後重力レンズ現象が多く発見される 1989：[米]第二の「宇宙背景放射探査機COBE」打ち上げ。その後銀河系には炭素・窒素が充満していること、宇宙誕生直後の「温度ゆらぎ」の名残りがあることなどを発見 1989：[米]「常温核融合」問題：フライシュマン・ポンス 1990：[米]「ハッブル」宇宙望遠鏡（HST）打ち上げ。最初設計ミスがあったが後に（数ヵ月後）修復され、多くの貴重な映像をもたらした 1990：[日]森重文：フィールズ賞：極小モデル空間論

→ 1990

一般の技術	社会・経済・政治
を発見 1984：C. G. シブリ・J. E. アルキスト：DNA の研究からヒト-チンパンジーの間は、ヒト-他の大型類人猿より近く、500万～600万年前であると結論（現在では600万～800万年前） 1985：南極上空で「オゾン層」に穴が開いていることに気づく。衛星の記録から。その後、穴の実在は1987年に航空機から確認。おそらくフロン（フレオン）と考えられる 1986：[米]スペースシャトル・チャレンジャー号爆発。ロケットメーカー技師の忠告を無視し、大統領の威信を高めるために強行 1986：[ソ連]キエフに近いチェルノブイリ原子力発電所第4号炉が爆発。放射能をまき散らし数週間に数十名の死者、30km以内は疎開させられた 1986：T. ホワイト・D. ジョハンソン：ホモ・ハビリスの四肢の骨を発見。身長1mで背が低く、やや類人猿的 1989：[日]兵庫県神戸市と淡路島を繋ぐ「明石海峡大橋」完成。世界の最長大橋。それまではイギリスのハンバー橋が最長だった。1995年阪神淡路大震災の一因かも知れない。エネルギーの大きさは全く異なるが「大橋」が一つの引き金となった可能性はある（山部） 1990：英仏ユーロトンネル開通	落（経常収支の赤字と財政の赤字） 1987：[ソ連]ペレストロイカ（改革）・グラースノスチ（情報公開）始まる 1987：ルーマニア食料デモ。バルト3国自由要求デモ 1987：中南米八ヵ国首脳会議：平和・発展・民主主義のためのアカプルコ合意→米州機構骨抜き 1988：ブダペストで民主化デモ 1989：[日]ベトナム難民長崎に到着 1989：オゾン層保護（フロンガス全廃）ヘルシンキ宣言 1989：ハンガリーからオーストリア・西独への集団脱出 1989：[ルーマニア]チャウシェスク政権崩壊 1989：[独]ベルリンの壁撤去開始 1989：[中]天安門事件。大弾圧で国際的批判を浴びる 1990：イラク軍、クウェートに侵攻制圧 1990：ドイツ統一達成

[第二次世界大戦終結後]（8）　　　　　　　　　　　　　　　　　　　　1991

金属の技術と理論	一般の学問
磁気抵抗はいっそう大きくなりこれを「トンネル磁気抵抗効果（tunnnel-type GMR）」という。さらに「磁場誘起相転移型超巨大磁気抵抗効果（colossal MR）」なども生まれた	
1991：国際結晶連合：「準結晶」の発見により「結晶」概念を拡張："any solid having an essentially discrete diffraction diagram"とした 1991：[日]飯島澄男：カーボン・ナノチューブ発見：グラファイト（黒鉛）の中空円筒状繊維で、直径がナノメートル（nm）程度と細く、繊維状の表面が規則正しいグラファイトである。多層と単層の2種がある 1991：[英]摩擦撹拌接合：イギリス溶接研究所 1992：微少重力下での合金鋳造 199?：Coehoornら：交換スプリングバック磁石発明：硬質磁性材料にナノメートル状の軟質磁性体を細かく混入すると、いったん逆磁場（Hc近くまで）がかかってもそれを取り除くと元に（Br近くまで）戻るようになる。これを「交換スプリングバック磁石」という。軟質磁性相が硬質相の磁化に引きずられて元に戻るためであると考えられる 1999：ポーラス・発泡金属国際会議（ブレーメン）	1992：[米]D.ジュウイットらが海王星の外側にある新天体を発見。この場所はもともと「カイパーベルト」と呼ばれ、1943年にエッジワース、1951年カイパーによって示唆され、短周期「彗星」の巣の一つといわれていた。そこに天体が見つかった。しかし冥王星はこの「ベルト」で最も大きいものと考えられている。その後1993年には冥王星の外にも天体が見つかる→2006年太陽系惑星 1994：[米]トップクォークを確認：フェルミ研究所 1995：[米]A.ワイルズ・R.テイラー：フェルマーの大定理（350年来解けなかった）の証明発表。プリンストン大学が誤りはないと認定 1997：[日]ニュートリノに質量：カミオカンデグループが発表。ニュートリノが長距離を走った結果、ニュートリノ振動が起きたもの→2015年梶田 2000：人類の全遺伝情報（ヒトゲノム）：日・米・欧の研究チームとアメリカのベンチャー企業が共に概要の完成を発表→2003年解読 2000：[日]旧石器捏造事件発覚：宮城県上高森遺跡と北海道不動坂遺跡で発覚。日本における起源は約4万～3万年前と修正

→ 2000

一般の技術	社会・経済・政治
1991：[日]田中好一・出口修至が銀河の中心部にあるバルジ(膨らみ)を「棒状」とする説を出す。赤外線衛星[IRAS]のデータから 1993：[米]「情報スーパーハイウェイ」構想(クリントン構想)→マルチメディア、インターネット普及へ 1993：NASAは暗黒物質の相対論的レンズ効果によると見られる現象を発表。その後2007年には大がかりな発表、同年「リング状構造」、2009年には「モンスター銀河群」なども観測されている 1994：[日・米]諏訪元など：アルディピテクス・ラミダス発見。440万年前のもの、エチオピア・ミドル・アワシュで。報告は2009年10月号「サイエンス」 1995：[日]日本の無人深海探査機「かいこう」が、マリアナ海溝チャレンジャー海淵で水深10,911mに到達 1998：インドネシア・スラウェシ島沖で「シーラカンス」がまだ生存していた。アフリカ東南部から1万kmも離れた、世界で第2の生息域である 1999：[日]茨城県東海村「ジェー・シー・オー東海事業所」核燃料工場で「臨界事故」。10km以内、31万人屋内避難。二人死亡	1991：イラクに対する多国籍軍の攻撃(湾岸戦争)。この時、サウジアラビアでウサマ・ビンラディンをアフガニスタンへ追放 1991：[南ア]アパルトヘイト体制終結(1990年アフリカ民族会議の指導者マンデラ氏釈放、1994年初の黒人大統領に) 1991：ソ連邦解体→旧ソ連の11ヵ国が「独立国家共同体」設立 1991：欧州連合(ＥＵ)の創設→1992年マーストリヒト条約調印 1991：[韓]元従軍「慰安婦」東京地裁に提訴 1993：化学兵器禁止条約調印(130ヵ国) 1994：[日]松本サリン事件 1995：世界貿易機関(WTO)発足：GATT(関税・貿易の一般協定)を解消した、より包括的な貿易体勢の構築を目指している。本部はスイスのジュネーブ 1995：[日]阪神淡路大震災(神戸・淡路大橋が引き金に？(山部))。マグニチュード7.2、6432人死亡。全半焼・全半壊25万54棟 1995：[日]地下鉄サリン事件 1995：[仏]諸国の反対を押し切って、ムルロア環礁・ファンガタウファ環礁で地下核実験(計6回) 1996：ローマ教皇、進化論を認める 1997：[米]未臨界核実験実施 1997：地球温暖化国際会議(京都) 1997：対人地雷全面禁止条約調印 1998：インド・パキスタン、相次いで地下核実験

第7章　21世紀（1）

2000 ─

金属の技術と理論	一般の学問
2001：[日]村中隆弘・秋光純：合金系超高温伝導体MgB$_2$開発（-234℃）	2001：[米]NASA第3の「宇宙背景放射探査機 WMAP」打ち上げ。その後の研究で分かったこと。137億年前に宇宙が誕生し、今見ているのは38万年後の「空」であること、最初の星が輝いたのは2億年後であること、「インフレーション宇宙」なども分かった
2005頃：[日]超抗張力鋼の研究（未完成）：大エネルギー・強加工と結晶微細化。結晶微細化による強靱化。10^{7}Hz以上の疲労現象。アトムプローブ法による微細化の評価 など	
2005：[日]岩手県博物館の赤沼英男が分析した「カマン・カレホユック」遺跡のB.C.18世紀の鉄片が、世界最古のアッシリア植民地時代の鋼であることが判明（→第1部1-6参照）	2002：[英]体細胞クローン羊の生みの親 I.ウイルマットは、各地のクローン動物の成育状況から、巨大化、肥大化などの異状が認められると結論
	2002：[エジプト]新アレクサンドリア図書館完成：「120の言語」に囲まれた外壁
2006：[日]青木和光ら、超金属欠乏星を発見。鉄の存在量が太陽の10万分の1という超金属欠乏星を発見。原始銀河の物質進化の歴史上での重要な対象	2002：[日]小柴昌俊：ノーベル物理学賞：宇宙ニュートリノ検出。超新星爆発時のニュートリノを測定
	2003：ヒトゲノム：日米欧の研究チームが解読不能な1％を除き完全解読。約30億7000万個、遺伝子の推定総数は3万2615個と判明
2007：「自己治癒材料国際会議」（「金属」Vol.83 No.12 p.3）	
2007：[日]藤田裕らのグループは、100億光年離れた銀河団から約500万光年にある宇宙空間のX線に鉄が多量に存在することが分かった。計算の結果、約100億光年前に多くの超新星が同時に爆発する「スターバースト」が起こり、宇宙空間に重元素が広がった	2006：太陽系惑星8個と定義。冥王星は除外された。冥王星の近くに同様な天体があり、いわゆる「カイパーベルト」に近く、これらは「ドワーフ・プラネット 矮惑星」とされた
2008：[日]超新星爆発でレアメタル生成：カシオペア座「ティコの新星」の残骸からX線でクロムやマンガンなどを発見	2008：[日]ノーベル物理学賞：南部陽一郎「自発的対称性のやぶれ」・小林誠・益川敏英「クォーク世代の対称性のやぶれ」
2009：平城正ら、極厚鋼板用新連続鋳造技術の開発	2010：[日]根岸英一・鈴木章：ノーベル化学賞：有機合成におけるクロスカップリング
2009：酒井拓・三浦博己：強加工と動的再結晶	
2010：山本厚之：後方散乱電子回折による電顕観察	
2011：戸田広朗ら：高効率モータ用無方向性電磁鋼板	2011：アラブ首長国連邦のジェベル・ファヤ遺跡と東アフリカの石器が同じだ

→ 2011

一般の技術	社会・経済・政治
2000：「IT革命」ブームとあっけない終焉 2000：[日]白川英樹：ノーベル化学賞：導電性高分子の発見と発展 2001：[日]野依良治：ノーベル化学賞：キラル触媒による不斉酸化反応。キラル分子の何れか一方を選択的に合成 2002：[日]田中耕一：ノーベル化学賞：生体高分子の同定・構造解析。「サラリーマンでもノーベル賞」と話題になる 2003：[米]スペースシャトル・コロンビア号帰還直前タイル剥離で空中分解・爆発 2008：[日]下村修：ノーベル化学賞：緑色蛍光蛋白質。発光するクラゲから「緑色蛍光蛋白質(GFP)」を精製した	2000：[仏]超音速旅客機コンコルド墜落：超高速・超大型旅客機の限界？ 2000：オーストリアで山岳ケーブルカー、トンネル内で火災 2000：セルビア軍コソボから撤退 2001：イギリスで「口蹄病」流行。家畜370万頭焼却。ドイツでは農相辞任 2001：東欧諸国で「バルカン症候群＝劣化ウラン弾等による白血病」の調査本格化 2001：米で同時多発テロ→米・英　アフガニスタンへ侵攻→タリバン政権崩壊→一方アメリカはイラクに対して大量破壊兵器の査察を要求し、国連の反対にもかかわらずイラクを攻撃。大量破壊兵器はなかった！←世界の多くの国で大規模な反戦デモ 2002：「EU」12ヵ国で「ユーロ」流通開始 2002：[日]小泉訪朝ピョンヤン声明 2004：[日]裁判員制度成立 2005：[日]尼崎でJR脱線事故(107人死亡)：JRの安全運転の軽視、運転手に対する見せしめ的労働強化など問題に 2007：[米]サブプライムローン(低所得者向け住宅ローン)問題から金融市場混乱 2008：リーマンショック→ヘッジファンド投機資本が石油・食糧などに流れ込む 2009：ギリシアの財政赤字からユーロ危機：ドイツ・フランスなどの資本が例えばスペインなどでサブプライムローン化：EU内で他国の経済を乱している 2010：ゼーリック世銀総裁「G８」から「G20」(そして「G192」)へ。「先進国」だけで片付かない課題が増えている
2011：[日]東日本大震災：三陸沖、マグニチュード9.0。津波などで福島第一	2011：[日]東北地方大震災・津波。福島第一原発事故レベル７。

[21世紀]（2）　　　　　　　　　　　　　　　　　　　　　　　　　　　　　　　　　　　　　2012

金属の技術と理論	一般の学問
2012：相良雅之ら：高強度シームレス油井管の開発 2012：宮嶋陽司：巨大歪み加工後の格子欠陥 2012：細田秀樹ら：Au-Ti-Co形状記憶・超弾性合金の開発 2013：亀川孝：ナノ構造を制御した触媒・光触媒材料の開発 2013：菅野勉：Bi-Sb-Teチューブ型熱発電素子の開発	として、人類はB.C.12万5000年より前にアフリカを旅立っていたとの説を発表（日本では20万〜10数万年前p.61） 2012：ヒッグス粒子発見：欧州合同原子核研究所。標準理論で最後！ 2012：[日]山中伸弥：ノーベル生理学・医学賞：成熟細胞の初期化から多機能性。再生医療や難病医療への応用が期待される 2014：[日]「STAP細胞」事件：研究不正と高等研究問題での不信 2015：[日]梶田隆章ら：ノーベル物理学賞：ニュートリノ振動でニュートリノ質量を発見

→ 2015

一般の技術	社会・経済・政治
原子力発電シビア事故。 　「原発ゼロ」運動加速。「原子力ムラ」（電力会社、原発メーカー、大手ゼネコン、鉄鋼・セメントメーカー、大銀行。原発推進政治家。特権官僚。御用学者。一部のマスコミ）と対決 2014：[日]赤崎勇・天野浩・中村修二：ノーベル物理学賞：青色ダイオードの完成。この完成で「赤・橙・青」の三原色がそろう 2015：[日]大村智ら：ノーベル生理学・医学賞：寄生虫の治療法	生業の復興、特に原発周辺での復興。その政治的遅れが顕著である。東電と政府の欺瞞的な宣伝が邪魔になっている 2013：TPP（環太平洋連携協定）交渉の秘密性と欺瞞 2013：国内外の世論で、アメリカのシリアへの軍事介入阻止 2013：[日]秘密保護法 2014：[日]消費税8％に 2014：シリア・イラク周辺でIS（イスラム国）急浮上：厳格なイスラム法統治を掲げ、少数異教徒を処刑、少女を奴隷にするなど残虐。テロ攻撃も頻発、批判高まる 2014：ウクライナで親欧米派ポロシェンコ氏が当選←プーチン大統領クリミア半島の編入条約に署名（侵略！）←ウクライナが違法とする東部ドネツク・ルガルスクの住民投票で独立賛成多数という 2014：[日]安倍内閣「集団的自衛権」閣議決定 2014：[パキスタン]マララ・ユスフザイさんにノーベル平和賞 2014：[米・キューバ]対キューバ敵視政策破綻。国交正常化交渉へ 2015：[日]"戦争法"（安保法制）を国会で"議決"。反対の声ますます広がる。共産党「国民連合政府」よびかけ

索 引

配列は、ことばの先頭の文字が何であるかによる。
それに従い、**数字**、**欧文**、**和文**の所にある。
長音(のばす)記号は無視する。

数 字

1アンペア ……………………………… 138
1ヴォルト ……………………………… 138
1オーム ………………………………… 138
1〜9とゼロの位取り法(位置記数法) … 92
「2・1ゼネスト中止命令」…………… 161
2極管発明 ……………………………… 147
2種類の菱形(頂角が36°のものと72°)を平面上に「隙間なく」並べる方法「ペンローズパターン」を発見 ……………… 170
3種類の火薬 …………………………… 97
3年制学校 ……………………………… 111
3極管発明 ……………………………… 147
3次元アトムプローブ顕微鏡 ………… 172
3次元のペンローズパターン発見 …… 170
3昼夜連続して鉧を作った …………… 168
4サイクル機関 ………………………… 139
4次元の2つの多様体が連続的に変換される条件を明らかにする ……………… 170
6.19自然成立(改定安保条約) ……… 165
「7自由学科(リベラルアーツ)」……… 96
12ヵ国で「ユーロ」流通開始 ………… 177
12世紀ルネサンス …………… 89, 97, 100
14種の空間格子(ブラベ格子) ……… 130
「15年戦争」の始まり ………………… 153
16分間の弾道飛行 …………………… 166
30kで超伝導を示す物質発見。全世界的に類似のCu-O系をはじめとする材料探しが進んでいる ………………………… 172
50mm角ビレット連続鋳造稼動 …… 164
60進法 …………………………………… 43
「95か条」の公表 ……………………… 109
200個のヌクレオチド2本鎖DNAを作り、大腸菌の中で活性であることを示した … 171
669太陰暦 ……………………………… 44
1959.4改訂阻止第1次統一行動〜1960.6第1次スト、アイク訪日延期要請 …… 165
1989年これに則り国連で採択された「子供の権利条約」は法的拘束力のある条約 … 165
1993年には冥王星の外にも天体が見つかる ………………………………………… 174
1995年阪神淡路大震災の一因かも知れない ………………………………………… 173
43億年前の隕石由来ジルコン発見 … 172
100億光年離れた銀河団から約500万光年にある宇宙空間のX線に鉄が多量に存在する ………………………………………… 176

欧 文

「π中間子の発見」によりノーベル物理学賞 ………………………………………… 160
「ABCとの対照一覧」………………… 73
「Acta Metallurgica」創刊 …………… 164
「Advances in Physics」創刊 ………… 162
ASCC(別名ハーバードMark 1)完成 … 157
ASM第1回世界冶金会議 …………… 162
Au-Ti-Co形状記憶・超弾性合金の開発 ………………………………………… 178
bcc金属の凝集エネルギー計算 …… 172
bccFeの電子相関計算 ……………… 170
Bi-Sb-Teチューブ型熱発電素子の開発 ………………………………………… 178
C_{60}フラーレン発見 ……………………… 172
Cerezo A. ……………………………… 172
COBE衛星 ………………………… 11, 172
Coehoorn ……………………………… 174
EU内で他国の経済を乱している …… 177
Fe-C状態図が殆ど確定に …………… 142
Fe-C状態図発表(まだ不完全) ……… 142
Fe-C状態図へ相律の適用 …………… 140
Fe・Ni・Coなどの強磁性体とCr・Cuなどの非磁性体のナノ薄膜を積層した人工薄膜の磁気抵抗が非常に大きくなる …… 172
Fe-Si合金の「集合組織」 …………… 154

GHQ指令による共産党員とその同調者に対する解雇……… 163
「IT革命」ブームとあっけない終焉 …… 177
「J. Phys. Chem. Solids」創刊 …………… 162
JRの安全運転の軽視、運転手に対する見せしめ的労働強化など問題に……… 177
KS磁石鋼(Fe-W-Co 焼き入れ硬化型)開発 ………………………………… 148
Midrexプロセス ………………………… 168
MK-5(欧米ではアルニコ-5) ………… 152
MK磁石合金開発 ……………………… 152
NASA第3の「宇宙背景放射探査機WMAP」打ち上げ ……………………………… 176
NASAは暗黒物質の相対論的レンズ効果によると見られる現象を発表……… 175
NATO(北大西洋条約機構)設立 …… 161
Nb-Fe-Bネオマックス磁石開発 ……… 172
「Progress in Metal Physics」創刊 ……… 160
「Progress in Solid State Physics」刊行開始 ………………………………………… 162
Rh因子を発見 ………………………… 155
$S = k \log W$ ………………………………… 142
"Society of Civil Engineering"結成 …… 123
spiritus ………………………………… 50
「STAP細胞」事件：研究不正と高等研究問題での不信……………………… 178
TPP(環太平洋連携協定)交渉の秘密性と欺瞞 …………………………………… 179
USスチール …………………………… 166
USスチール大合併 …………………… 144
WMAP衛星 ……………………… 11, 168, 176
X線回折条件式の発見 ………………… 146
X線発見 ………………………………… 140
X線ラウエ斑点が結晶内「原子面」によって反射される……………………… 146

和文

あ(ア)

アイスランド …………………………… 89
「アイソスタシー(地殻均衡論)」……… 133
アイルランド …………………………… 89
アインシュタイン A. ……………… 144, 148
アインシュタインの重力効果を証明 ……………………………… 151, 172, 175
アインシュタイン来日 ………………… 150
アヴァール族 …………………………… 91
アウストラロピテクス ……………… 58, 151
アウストラロピテクス・ラミダス …… 59
アオカビの一種に殺菌効果 ………… 153
青木和光 …………………………… 32, 176
赤崎勇 ………………………………… 179
アカデミア・デイ・リンチェイ …… 110
アカデミア・デル・チメント(実験アカデミー) ………………………………… 110
アカデメイア …………………… 55, 88
赤沼英男 ……………………………… 176
秋になると(縄文時代の)……………… 64
秋光純 ………………………………… 176
アクバル大帝 ………………………… 111
アークライト R. …………………… 123
アクラガス ……………………………… 53
アグリコラ G.(ゲオルグ・バウアー) ………………………………… 109, 110
曙石器時代→しょせっき時代 ……… 33
麻 ………………………………… 46, 57
麻田剛立 …………………………… 117, 125
浅間山大噴火 ………………………… 125
アシュール文化・アシュール型 …… 35
アステカ文化 ………………………… 99
アストロラーベ ……………………… 98
アタナソフ J. V. ……………………… 157
アダムス W. S. ……………………… 151
新しい好奇心 ………………………… 60
アタルヴァ・ヴェーダ ……………… 44
アッカド(語) ……………………… 71, 75
アッシュルバニパル文庫 …………… 76
アッシリア自立 ……………………… 76
アップル社の"リサ" ………………… 171
アップル社のパソコンに、ディスク・ドライブが初めて取り入れられる……… 171
アッーラージー ……………………… 92
アテナイ …………………………… 54, 88
アテナイのアカデメイア閉鎖…… 55, 88, 90
アデラード …………………………… 98

索引

アテール文化 37
「アトランティコ手稿」 106
アドレナリンの結晶抽出 145
アナクサゴラス 51, 53
アナクシマンドロス 51, 52
アナクレオン 77
アナザルボ(現トルコ)のディオスコリデス 83
穴に埋まる労働災害(鉄穴労働) 94
穴の実在は1987年に航空機から確認(オゾンホール) 173
アノーソフ P. 130
アーノルド H. D. 146
アパルトヘイト体制終結 175
アファール猿人アウストラロピテクス・アファレンシス(通称「ルーシー」)を発見 170
アブデラ 53, 54
「鐙(あぶみ)」の絵 84, 91
アフリカ起源説 37, 61
アフリカ諸国続々独立 165
アフリカ東南部 95
アフリカ南部の砂漠地帯 62
安倍内閣「集団的自衛権」閣議決定 179
アベラール P. 98
アヘン戦争 131
アボカド 67
アポロ14号によって「月の石」44kgが採取される 168
アポロニオス 51
亜麻 64
尼崎でJR脱線事故(107人死亡) 177
アマゾン流域 62
天野浩 179
アマルガム法 110
アムステルダムで反戦・反ファッショ国際大会 153
アームストロング N.：人間月面着陸。月の石持ち帰る(アポロ11号) 168
アメリカ、アラスカ買収 135
アメリカ科学アカデミー「フロン」に警告 170
アメリカ、グレナダに侵攻 171
アメリカ経済「双子の赤字」に転落 171
アメリカ13州独立宣言 123
アメリカ大陸(グレートジャーニー) 61
アメリカ・中国国交正常化 171
アメリカ南北戦争 133
アメリカの医学当局は、太平洋のビキニ・アトールから島民を避難させる 170

アメリカの任命する知事の統治(パナマ運河) 145
アメリカ、ハワイと通商互恵条約 137
アメリカ「フロンティアの消滅」 139
アメリカ防疫センター：エイズ症候群発生を認める 171
アモルファス作成のためのドラム急冷法開発 168
綾部妥彰(あやべやすあき)→麻田剛立を見よ
アユイ R. J. 111, 124
アユール・ヴェーダ 44
アライド・ケミカル社 168
アラゴー D. F. 128
アラジャホユック博物館 20
新たな熔鋼法を開発 134
アラビア科学の中心トレド(スペイン)を占領 97
アラビア科学を西洋に紹介 98
アラビア語からラテン語への翻訳 98
アラビア商人 96
アラビアの科学的事項 98
アラビアの科学の父 102
アラビア文化 89
アーリア人 76
アリスタルコス 52, 55
アリストテレス 53, 55
アリストテレスの教育はキリスト教を脅かす 100
アリストテレスは中世西洋世界にも大きな影響 101
アリストテレスやパラケルススを論破 116
アリストファネス 77
アリュニマン 69
アルヴァレス 171
アルキスト 173
アルキメデス 49, 51, 56
アルキメデスの原理 56
アルクイン 92
アルクマイオン 50
「アルケミア」化学の重要な教科書 112
「アルゴリズム」 94
ある種が他の種からどれほど昔に 167
アルセナーレ 113
アルディピテクス属 58
アルディピテクス・ラミダス 33, 59
アルディピテクス・ラミダス発見 175
アルパカ 67
アル・バッターニ 89
アルファベット書式の始まり 71
アルファベットの歴史 73

索引

アル・フワリズミー(イブン・ムーサ)
　　　……………………………… 92, 93
アルベール………………………………… 167
アルベルトゥス・マグヌス……………… 98
「アルマゲスト(最大の書)」…………… 51, 82
アルマゲストの要約……………………… 2
アルミニウムの電気製錬工業化………… 140
アールヤバタ1世………………………… 88
アレクサンドリア………………… 55, 82, 88
アレニウス S.A.………………………… 138
アワ(粟・粱)……………………………… 66
アングロ=サクソン族…………………… 87
暗黒星雲内に新しい分子を多数発見…… 170
安政の大獄………………………………… 133
安政和親条約……………………………… 131
安全灯「デービー灯」発明……………… 126
アンダーソン J.G.……………………… 151
アンダーソン C.D.……………………… 156
アンチィゴノス朝マケドニア…………… 78
アンペール A.M.………………………… 128

い(イ)

飯島澄男………………………………… 170
飯島澄男：カーボン・ナノチューブ発見
　　　……………………………………… 174
イェリコ…………………………………… 68
イオニア派………………………………… 52
イオン電離説……………………………… 138
医学……………………… 40, 43, 44, 47, 50, 52
「医学集典」……………………………… 52
「医学正典」……………………………… 95
医学的知識をまとめる…………………… 84
医学のイスラム化………………………… 92
五十嵐勇…………………………………… 156
生きている人間の台詞…………………… 113
イギリス…………………………………… 85
イギリス軍鹿児島砲撃…………………… 135
イギリス産業革命………………………… 121
イギリス第1次選挙法改正……………… 129
イギリスで「口蹄病」流行……………… 177
イギリスの医師達、MRIを応用……… 171
イギリスのケンブリッヂ大学創立……… 100
イギリス名誉革命「権利章典」………… 117
池田菊苗………………………………… 147
池野成一郎……………………………… 143
異国船打払令…………………………… 129
石臼……………………………………… 39
石鎌……………………………………… 39
石杵……………………………………… 39
石鏃……………………………………… 39

医師セルギウス…………………………… 89
医師(アグリコラは)でもあり鉱山職業病な
　　　ども診察…………………………… 110
異常ゼーマン効果の発見………………… 142
異状中枢神経疾患(水俣病)……………… 165
衣・食・住の華やぎ(元禄時代)………… 117
医神「アスクレピオス」………………… 50
イーストマン G.………………………… 141
イスファハン……………………………… 92
イスラエル国家樹立……………………… 161
イスラム商人のもたらす情報…………… 103
イスラム文化の西ヨーロッパへの流入… 99
「位相差顕微鏡」の開発………………… 154
イタリア王国成立………………………… 133
イタリアの侵入に、エチオピアがアドワの
　　　戦いで撃退………………………… 141
イタリア諸都市の繁栄…………………… 99
イタリア、ソマリランド領有…………… 139
イタリア南部とシチリアまで征服……… 89
イタリアの俗語(ダンテ「神曲」)……… 103
イタリアのパドヴァ大学創立…………… 100
イタリアのモンテファーノに「紙」が到来
　　　………………………………………… 85
「異端誓絶」……………………………… 114
一次方程式………………………………… 43
一宮虎雄…………………………………… 156
一部の農作業道具は農奴のものにする… 88
一様性と異方性の両面…………………… 128
一様な回転………………………………… 121
イチョウの精子を発見…………………… 143
「一輪手押し車」………………………… 101
一向一揆…………………………… 109, 111
一定期間定住……………………………… 66
一定時間使える炭素線電球を開発……… 139
一定の緊張感……………………………… 60
一定の制度を具備した最古の大学……… 96
一般相対論(重力論)を完成……………… 148
一夫一婦制………………………………… 59
イデア……………………………………… 55
遺伝学のバイブル的図書………………… 148
「遺伝子説」出版………………………… 153
糸…………………………………………… 39
移動生活にも適した石器………………… 63
移動の自由………………………………… 88
伊東マンショ……………………………… 113
稲荷山古墳の鉄剣に銘文発見…………… 171
犬…………………………………………… 67
イネ………………………………… 65, 66
伊能忠敬……………………………… 125, 127
茨城県東海村「ジェー・シー・オー東海事

業所」核燃料工場で「臨界事故」……… 175
イブン・アル・ハイサム(アル・ハーゼン)
　…………………………………… 97
イブン・シーナ(アビセンナ)……… 92, 95
イブン・ハイヤーン：塩化アルミ、白色鉛、
　硝酸、酢酸の製法 ………………… 92
イブン＝バットゥータ ……………… 104
イブン・ハルドゥーン ……………… 104
イブン・ルシュド(アヴェロエス)
　……………………………… 92, 98, 104
イベリア半島(「紙」の伝来)………… 85
芋類 ………………………………… 67
「医薬資料について」………………… 83
イラク軍、クウェートに侵攻制圧 … 173
イラクに対する多国籍軍の攻撃(湾岸戦争)
　…………………………………… 175
イリジウム ………………………… 14
イリジウムの異常に高い値を示すこと… 171
医療論 ……………………………… 40
イル・ハン国 ……………………… 101
"色"概念提唱 ……………………… 166
岩倉具視ら欧米派遣 ……………… 135
岩手県水沢に「水沢緯度観測所」を創設… 143
いわゆる「DNAの二重ラセン」…… 163
いわゆるpHの記号 ………………… 146
殷王朝 ……………………………… 76
「インカ文化」………………………… 101
印鑑 ………………………………… 39
陰極線の真空度を上げ、磁場と電場の双方
　から陰極線の質量と電荷比を得た。「電
　子」の発見である ……………… 142
イングランド統一 ………………… 87
イングランドのジョドレル・バンクに直径
　76.2mのパラボラ型電波望遠鏡完成 … 165
インゲンホウス J. ………………… 122
インゲンマメ ……………………… 67
印刷術開発 ………………………… 108
「印章体」…………………………… 73
インスリン発見 …………………… 151
インダス文化 …………………… 44, 75
隕鉄 ………………………………… 16
インド共和国成立 ………………… 163
インド数学の体系化 ……………… 88
インドで大反乱(セポイの反乱)…… 131
インドネシア・スラウェシ島沖で「シーラ
　カンス」がまだ生存 …………… 175
インドの医学 ……………………… 44
インドのウーツ鋼 ………………… 100
インドの運動論 …………………… 45
インドの技術 ……………………… 44

インドの原子論 …………………… 45
インドの数学 ……………………… 45
インド・パキスタン、相次いで地下核実験
　…………………………………… 175
インド初のイスラム王朝 ………… 101
インド洋海底の残留磁気の極性が周期的に
　変わっているのは地磁気の変化を示す
　「しわ」である …………………… 167
「インフレーション宇宙」モデルを発表… 170
インフレーション段階 …………… 10
インペトゥス論 ……………… 45, 102

う(ウ)

ヴァイン F. ……………………… 167
ヴァスコ・ダ・ガマ ……………… 106
ウァロ ……………………………… 56
ヴァン・デル・ヴァールス J. D. … 134
ヴィヴィアーニ ……………… 110, 114
ヴィットリオ-エマヌエレ2世 …… 133
ウィーデマンシュテッテン A. J. … 126
「ウィーデマンシュテッテン(Widmanstätten)
　組織」発見 ……………………… 126
ウィーナー A. S. ………………… 155
ウィリアムズ A. R. ……………… 170
ウィルキンズ J. ………………… 110
ウイルキンズ M. H. F. …………… 163
ウィルキンソン J. ……………… 123
ウィルソン C. T. R ……………… 142
ウィルソン R. W. ………………… 166
ウイルヘルム1世 ………………… 135
ウイルマット I. ………………… 176
ウィルム A. ……………………… 144
ヴィーン W. ……………………… 140
ウィーン列国会議 ………………… 127
ヴェイル A. ………………… 121, 129
ヴェ(―)ゲナー A. L. ……………… 149
ヴェサリウス A. ………… 51, 84, 109
上／下が山／谷型溝の旋盤の送り台… 121
ヴェスヴィオス火山噴火 ………… 83
ウェストファリア条約 …………… 115
ウェストファリア 製鉄盛ん ……… 100
「ウェード式」から「ピンイン式」に … 167
ヴェトナム難民長崎に到着 ……… 173
ヴェネツィア ……………………… 100
ヴェネツィアの造船廠(アルセナーレ)… 113
ウェーバー W. E. ………………… 128
ウエーラン M. J. ………………… 164
ウェルギリウス …………………… 56
ウェールズ州スウォンジー ……… 132
ヴェルナー A. …………………… 122

索　引　　185

ヴォーカンソン J. de ……………… 121
ウォリス J. …………………………… 110
ヴォルタ A. G. A. A. ………………… 125
ヴォルテラ V. ………………………… 144
ウォルフ C. F. ………………………… 120
ウガリット語、「ウガリット文字」…… 71, 73
ウクライナで親欧米派ポロシェンコ氏が当
　選 ……………………………………… 179
動くもの ………………………………… 53
ウサマ・ビンラディンをアフガニスタンへ
　追放 …………………………………… 175
牛 …………………………………… 66, 67
牛の引き綱 ……………………………… 89
薄板用の圧延 ………………………… 152
宇田新太郎 …………………………… 151
宇宙暗黒時代 ………………………… 12
宇宙が冷え始めた時に分かれた ……… 170
宇宙からの巨大な隕石衝突があった … 171
宇宙線中に「中間子」を発見（μ中間子）… 156
宇宙第 1 世代天体 ……………………… 12
宇宙の構造の種 ………………………… 11
宇宙の晴れ上がり ……………………… 11
宇宙マイクロ波背景放射 …………… 11, 168
ウーツ鋼→ダマスカス鋼 …………… 100
腕輪 ……………………………………… 62
ウニヴェルシタス ……………………… 96
馬 …………………………………… 62, 67
ウマイア朝の一族 ……………………… 93
馬の追い込み猟 ………………………… 36
馬の場合も首から胴体へ ……………… 89
ウマル・アル・ハイヤーム（ウマル・ハイ
　ヤーム） …………………………… 93, 96
ヴュルム氷期 …………………………… 63
卜部（うらべ）（吉田）兼好 ………… 30, 103
ウラルトゥ語 …………………………… 71
ウル ……………………………………… 75
ウルク …………………………………… 75
運河による舟行 ………………………… 42
運転場所を選ばない蒸気機関 ……… 121
運動の原理 ……………………………… 53
運動はヴェーガ ………………………… 45

え（エ）

エアリー G. B. ………………………… 133
永遠に生きる火 ………………………… 52
永遠に運動 ……………………………… 53
永遠不滅で、無限なもの ……………… 52
映画の始まり ………………………… 143
エイケン H. …………………………… 157
衛星通信の研究中に全天からの特殊な雑音
　を発見 ………………………………… 166
英仏間の百年戦争 …………………… 103
英・仏間「ファッショダの危機」…… 141
英仏（植民地）7 年戦争 …………… 121
英仏など 4 国下関を砲撃し占領 …… 135
英仏ユーロトンネル開通 …………… 173
英・仏・露三国協商成立：ドイツ包囲の外
　交体制 ………………………………… 147
英領東アフリカ植民地建設 ………… 139
エウクレイデス …………………… 51, 55
エウクレイデスの幾何学 ……………… 94
エウドクソス …………………………… 51
エウリピデス …………………………… 77
「ええじゃないか」運動 ……………… 135
エーゲ（クレタ）文明 ………………… 75
エコール・ポリテクニク設立 ……… 125
エコール・ポリテクニク …………… 111
江崎玲於奈 ……………………… 165, 170
エジソン T. A. がロンドンに照明用の火力
　発電所を建設 ………………………… 139
「エジソン効果」の発見 …………… 139
エジソン：蓄音機発明 ……………… 139
エジソンとスワン J. ………………… 139
エジプトに「紙」伝来 ……………… 85
エジプト「ノモス」から王国へ …… 75
エスキュロス …………………………… 77
蝦夷地を測量 ………………………… 125
エッカート J. P. ……………………… 157
エッフェル G. ………………………… 140
エッフェル塔 …………………………… 2
エッフェル塔建設 …………………… 140
エディントン A. S. …………………… 151
江戸で打ちこわし …………………… 119
江戸幕府鎖国令 ……………………… 115
江戸幕府成立 ………………………… 113
エトルリア文字 ………………………… 74
エネルギー保存則提唱 ……………… 130
エペソス ………………………………… 52
絵文字 ………………………………… 70, 71
エラシストラトス ………………… 50, 55
エラスムス D. …………………… 107, 109
エラトステネス ………………………… 56
エリス …………………………………… 54
エルー P. L. T. ………………… 140, 142
エルー電気炉製鋼法 ………………… 142
エルー式電気炉発明 ………………… 142
エルステッド H. C. ………………… 128
エルマックのコサック兵のシベリア進出
　………………………………………… 113
エルメン G. W. ……………………… 146

索　引

エレア ………………………………… 53
エレア派 ……………………………… 53
「エレクトロ・サーモ・マイグレーション」
　現象を提唱 ………………………… 170
円 ……………………………………… 51
塩基性製鋼法 ………………………… 24
塩基性脱燐内張炉(トーマス炉)発明 … 136
円軌道神聖化 ………………………… 51
円形・個室構造 ……………………… 68
円周環 ………………………………… 69
円周率 …………………………… 49, 56
円錐曲線論 …………………………… 51
塩素 …………………………………… 121
塩素ガスの漂白性発見 ……………… 125
「エンチクロペディ」 ………………… 127
エンドウ ……………………………… 66
円盤技法 ……………………………… 36
エンペドクレス ……………………… 53

お(オ)

オイラーの定理の原型 ……………… 118
王孝通 ………………………………… 49
王侯・武人(クシャトリア) ………… 76
黄金のマスク ………………………… 76
王充 …………………………………… 46, 82
欧州連合(EU)の創設 ………………… 175
応仁の乱 ……………………………… 109
往復運動に変える装置 ……………… 91
近江の国友村 ………………………… 112
凹面鏡 ………………………………… 56
大きな集団(生殖集団) ……………… 60
大型獣 ………………………………… 62, 65
「多くのもの」 ………………………… 53
大阪舎密局設置(舎密〔セイミ〕は化学のこと)
　………………………………………… 132
大阪砲兵工廠で塩基性平炉操業開始 … 142
大塩平八郎の乱 ……………………… 129
大塚和弘 ……………………………… 168
オオムギ ……………………………… 66
大村智 ………………………………… 179
大森貝塚を発見 ……………………… 137
オカ …………………………………… 67
岡部金治郎 …………………………… 153
小川琢治 ……………………………… 152
沖縄返還協定調印 …………………… 169
送り台(スライド・レスト)付き旋盤 … 125
オゴタイ・ハン国 …………………… 101
オーストラリアの洞窟絵画 ………… 62
オーストラロイド …………………… 61
オーストリア継承戦争 ……………… 121

オーストリアで山岳ケーブルカー、トンネ
　ル内で火災 ………………………… 177
オスモン F. ………………… 25, 136, 140
オセアニア ……………………… 61, 68
オゾン層保護(フロンガス全廃)ヘルシンキ
　宣言 ………………………………… 173
オット N.A. ………………………… 139
「踊っている人」 ……………………… 74
オートムギ …………………………… 66
オパーリン A.I. ……………………… 155
オマルーハイヤーム ………………… 97
オユコ ………………………………… 67
オランダ人を出島に ………………… 115
オランダ独立 ………………………… 113
オランダの人文主義者 ……………… 107
オリエントの医学 …………………… 43
オリエントの技術 …………………… 42
オリエントの天文学 ………………… 43
オーリニヤック文化 ………………… 38
オルドヴァイ文化 …………………… 34
オルメカ文化 ………………………… 76
オローワン E. ……………………… 154
オローワンの圧延理論 ……………… 154
「温度–湿度指数」を制定(いわゆる「不快指
　数」) ………………………………… 165
「温度ゆらぎ」の名残り ……………… 172

か(カ)

貝 ……………………………… 38, 65
海王星の外側にある新天体を発見 … 174
絵画(ギリシア文化) ………………… 78
ガイガー H. ………………………… 147
「懐疑的な化学者」 …………………… 116
階級社会 ………………… 28, 69, 70, 74
「楷書」 ………………………………… 73
海図 …………………………………… 95
解析幾何学 …………………………… 114
「解体新書」刊行 ……………………… 122
回転運動化 …………………………… 125
解読(洞窟絵画の) …………………… 62
開法 …………………………………… 43
解剖 …………………………………… 43
解剖学 ………………………… 50, 103
解剖学の父 …………………………… 56
解剖用の「階段教室」 ………………… 115
海洋底拡大説の発展 ………………… 167
改良型高炉による銑鉄生産開始(釜石)… 142
改良型蒸気機関 ……………………… 121
カイロ ………………………………… 92
外惑星 ………………………………… 12

索 引

ガウス J.K.F. ………………………… 128
臥雲辰致 ……………………………… 137
「カオス」的な挙動 …………………… 167
「化学綱要」刊行 ……………………… 124
科学的医師の創始者 ………………… 50
科学的合理性を「コーラン派」に批判され追放 ……………………………………… 98
化学反応への量子力学的法則の適用 …… 170
化学兵器禁止条約調印(130ヵ国) …… 175
「化学変化」 …………………………… 39
ガガーリン Y. ………………………… 166
下級(3学):リベラルアーツ ………… 97
科挙始まる …………………………… 91
学芸は長く、生命は短い …………… 52
拡散でなく電界を駆動因子とするもの… 170
「核磁気共鳴NMR」=「磁気共鳴画像装置MRI」を医学診断に応用 …………… 171
各種蒸溜器など基準的操作 ………… 84
学術雑誌「アナル・ド・シミー」…… 124
革新系美濃部都知事当選 …………… 167
学生と教師の組合 …………………… 96
学制頒布(国民皆学) ………………… 134
各地のクローン動物の成育状況から、巨大化、肥大化などの異状 ……………… 176
「核は分裂」し「バリウム」になったと結論 ……………………………………… 156
撹拌と圧延の生産体系 ………… 23, 122
撹拌炉(パドリング) …………… 23, 122
学問奨励(カロリング・ルネサンス) … 95
学問に王道なし ……………………… 55
「学問の進歩」 ………………………… 114
「学問の道具」(オルガノン) ………… 55
「学問論」 ……………………………… 56
「学問論」または「自由七学科」 …… 88
撹錬炉の錬鉄塊(メナイ橋) ………… 128
「價原」 …………………………… 30, 123
カーケンダル E.O.とカーケンダル効果… 160
ガザーリー …………………………… 97
加算・減算の計算機 ………………… 115
賈思勰(かしきょう) ………………… 47
鍛冶職は高い地位 ……………… 28, 94
梶田隆章 ……………………………… 178
「舵」の描写 …………………………… 99
仮借のない領土拡張 ………………… 137
カストロ F.他キューバ革命成功 …… 165
「数の科学の3部作」 ………………… 106
数の原理がすべての事物の原理 …… 53
ガスリー F. …………………………… 138
「火成岩の進化」発行。マグマから火成岩の反応系列を樹立 ………………… 153

火箭(ロケット)を開発 ……………… 99
「家族」らしさ ………………………… 61
脚気に効く成分 ……………………… 149
「活字」印刷 …………………………… 97
カッシオドルス ……………………… 88
滑車 …………………………… 49, 56
カッチ平原 …………………………… 68
カッパドキア文書 …………………… 18
桂川周甫 ……………………………… 122
カディッシュの戦い ………………… 20
ガデス(カディス) …………………… 77
加藤与五郎・武井武 ………………… 154
カートライト E. ……………………… 125
カナダのチョーク・リバーで初めての原子炉事故 ……………………………… 163
「蟹工船」執筆 ………………………… 151
鍛冶(かねうち) ……………………… 92
歌舞伎 ………………………………… 117
「貨幣」経済 …………………………… 52
貨幣制 ………………………………… 78
カペラー M.A. ………………………… 118
カボチャ ……………………………… 67
「鎌」 …………………………………… 38
ガーマー L.H. ………………………… 152
釜石製鉄所でドイツ人技師ビヤンヒーと大島高任の意見対立 ………………… 136
カマーリング=オネス H. ……… 144, 146
「カマン・カレホユック」遺跡 ……… 176
紙 ……………………………… 46, 57, 83
カミオカンデグループが発表 ……… 174
カミオカンデで観測(超新星ニュートリノを) ……………………………… 172
亀川孝 ………………………………… 178
カメラの中で現像し陽画として出てくるカメラを発売(「ポラロイドランドカメラ」) ……………………………… 161
火薬 ……………………………… 46, 97
カーライル A. ………………………… 127
「カラーセンタ」論 …………………… 152
からむし ……………………………… 57
ガリバルディ G. ……………………… 133
カリブ海進出始まる ………………… 141
ガリレイ G. ……………… 112, 114, 115
ガルヴァーニ L. ……………………… 125
カルケドン …………………………… 56
カルシウム …………………………… 126
カール・シンツ ……………………… 134
カルステン K.J.B. …………………… 126
カルタゴ ……………………………… 77
カルダーノ G. ………………………… 108

188　索　引

カルデア周期(=サロス周期)………… 42, 44
カルテル……………………………… 137
「カルナック遺跡」…………………… 69
カルノー　N. L. S. …………………… 128
カルロスが「西ローマ皇帝」………… 95
ガレー船のオールの位置……………… 113
ガレノス………………………… 50, 84
「カロリング・ルネサンス」………… 92
川貝……………………………………… 67
為替・隊商路の発展………………… 95
河村瑞賢……………………………… 115
カーン　J. W. ………………………… 166
潅漑…………………………………… 42
潅漑工事…………………………… 69, 93
潅漑システム………………………… 89
管楽器………………………………… 74
岩窟寺院の掘り始め………………… 87
患者に心肺装置を使って執刀・成功した
　………………………………………163
「寛政丁巳暦」………………………… 117
間接的な戦争………………………… 137
「簡体字」……………………………… 73
ガンダーラ美術隆盛………………… 83
「カンツォニエーレ」:「悩める自我」を初め
　て詩に……………………………… 107
カント Ⅰ. ……………………… 120, 125
関東大震災…………………………… 151
関東の農民20万人の大一揆………… 123
鉋(かんな)…………………………… 57
鉄穴流し………………… 26, 114, 116
菅野勉………………………………… 178
間氷期………………………………… 63
カンピロバクター・ピロリ菌が胃炎を起こ
　す…………………………………… 171
漢方…………………………………… 48
関連する他の学問・技術との関連……… 2

き(キ)

キエフ公国成立……………………… 95
キエフに近いチェルノブイリ原子力発電所
　第4号炉が爆発…………………… 173
「機械学科(art mechanik)」の提唱……… 101
機械技師オフセット印刷発明……… 147
機械人間を"ロボット"と名付ける……… 151
機械の一部…………………………… 120
機械を作る機械……………………… 121
「幾何学原論」(「原論」)………… 51, 93, 98
幾何学的宇宙像……………………… 51
キケロ(政治家)……………………… 78
刻み目………………………………… 41

岸内閣総辞職………………………… 165
キシュ………………………………… 75
技術科学……………………………… 30
技術学…………………………… 39, 40
「技術学(Technologie)」の提唱………… 123
技術学的知識………………………… 40
技術学的労働…………………… 29, 40
技術史家……………………………… 138
技術者・科学者……………………… 136
技術者の梁令瓉……………………… 92
「技術と産業の記述(デスクリプション)」
　………………………………… 118, 123
技術の概念規定………………… 29, 35
技術は歴史の測距儀………………… 34
技術(ars)を定義……………………… 121
「魏志倭人伝」………………………… 85
記数法………………………………… 43
「奇跡の1905年」といわれている１年で、光
　量子・ブラウン運動・特殊相対論という
　画期的な論文を矢継早に発表……… 144
規化…………………………………… 39
規則合金(格子)を予見……………… 144
「気体運動論講義」…………………… 142
気体の熱膨張の法則………………… 126
北原五郎……………………………… 156
奇っ怪な「魔物」……………………… 62
ギニエ　A. …………………………… 156
ギニエ_プレストン ゾーンの発見……… 156
絹……………………………………… 64
絹織り「自動紋織機」考案…………… 121
キネトフォン………………………… 139
キノア………………………………… 67
木の実………………………………… 67
キビ…………………………………… 66
帰謬法………………………………… 53
ギブス　J. W. …………………… 25, 136
キプチャク・ハン国………………… 101
ギボン Jr. J. H. ……………………… 163
奇妙な文様がランダムに…………… 62
木村栄………………………………… 145
虐殺事件(ヒュパティア)…………… 86
逆数…………………………………… 43
客観的法則性の意識的適用………… 29
キャッサバ…………………………… 66
キャノン　W. B. 「ホメオスタシス(生体恒常
　性)」…………………………… 135, 153
キャベンディシュ H. ………………… 124
キャベンディッシュ研究所設立……… 134
弓形アーチ構造……………………… 91
球形のエンジン……………………… 82

球状黒鉛鋳鉄開発	160	ギリシア文献	100
「九章算術」	49, 82	ギリシア本土(線文字B)	72
旧石器時代	33	キリスト教公認	84
旧石器捏造事件発覚	174	「錐揉み」式	61
宮廷変革	117	ギルバート W.	112
急冷凝固実験始まる	164	記録	70
キューバの反スペイン騒動	141	銀河系外星雲が、銀河系からの距離に比例した速度で遠ざかっている	153
キュビエ G. L. C. F. D.	127	銀河系星雲の分類と進化仮説	124
キュリー P.	140	銀河の中心部にあるバルジ(膨らみ)を「棒状」とする説を出す	175
キュリー P. J. & キュリー P.	136	銀河より大きいサイズの光の「弧」を発見	172
キュリー M. & P. および化学者ベモン	142	禁書令を緩和	119
キュリー点	142	金星	41
キュレネ	56	金星神イナンナ	42
ギュンツ氷期	63	近世の思想・科学に大きな影響(コペルニクス)	108
喬維嶽	47, 95	「金星」の自転が他の惑星と逆向きであることを発見	169
「驚異的博士」	100	近世冶金技術の大著(鉄製煉は含まず)	110
教会博士	100	「金属」	75, 180
狭義の科学	40	「金属及び合金の性質に関する理論」	154
共産党「国民連合政府」よびかけ	181	金属系はMgB_2などの「高温超伝導」材料も現れている	172
「共産党宣言」	131	金属相互拡散の「俣野の解析法」	152
強磁性体の温度を上げると磁気のなくなる温度がある	140	「金属組織学(Lehrbuch der Metallographie)」	146
教授免許	96	金属組織学の研究始まる(日本)	144
「共晶(ユーテクシア)について」	138	金属組織学の実質的な始まり	132, 134, 136, 140, 142
行書体	71	金属組織学の歴史	164
京都と琵琶湖の「疎水」を完成	141	金属の語源	15
享保の改革:徳川吉宗	119	金属の誕生	12
享保の大飢饉(江戸時代三大飢饉の初)	119	金属の表面緩和と表面再構成	168
恐竜などの大量絶滅	171	「金属便覧」発行	162
「行列式」の展開法	116	近代細菌学の開祖	137
虚数の時間	10	近代的汚水処理施設	149
巨大隕石衝突	14	近代ヨーロッパ諸国法	89
巨大磁気抵抗効果(GMR)	172	禁中並公家諸法度(17条)	115
巨大歪み加工後の格子欠陥	178	均田制:男女に一定の	91
ギョーム C. E.	142	「金文」	73
ギリシア・アルファベット	74	金融市場混乱	179
ギリシア語からシリア語へ	89	金融資本	136
ギリシア古典文化	53		
ギリシア人の地中海植民	77	**く(ク)**	
ギリシア独立戦争	129	「空間と時間」で時間を第四の次元と考え相対論を進めた	144
ギリシアとペルシアの戦争	77	「クォーク概念」提唱	166
ギリシアの医学	50	クォークとグルオン	11
ギリシアの科学	50	クォークは6種あると提案	168
ギリシアの技術	49		
ギリシアの財政赤字からユーロ危機	177		
ギリシアの数学	51		
ギリシアの哲学	52		
ギリシアの天文学	51		
ギリシアの船乗り	83		
ギリシア文化とその模倣	55		

「クォーク模型（6種類）」……………… 166
楔形文字…………………………… 70, 71
クシャナ朝のカニシュカ王…………… 85
クシュ国…………………………… 75
「愚神礼賛」………………………… 109
グース……………………………… 170
クセノパネス………………………… 53
クセノフォン………………………… 54
靴………………………………… 64
クック W. F. ……………… 121, 129
クテシフォン………………………… 88
グーテンベルク……………………… 106
「駆動力（インペトゥス）」の考えを展開… 102
クニッピング P. …………………… 144
クニドス…………………………… 56
クノッソス…………………………… 72
クノッソス宮殿……………………… 72
グノーモン………………………… 82
クノール（M. Knoll）………………… 152
クーパー L. N ……………………… 164
グラヴェット文化…………………… 38
クラウジウス R. J. E. ……………… 130
クラーク F. W. …………………… 151
クラクトン文化……………………… 36
クラクフ大学……………………… 2
グラショー S. L. ……………… 168, 170
グラースノスチ（情報公開）…………… 173
クラゾメナイ………………………… 53
グラナダ王国アルハンブラ宮殿建設始まる
 ………………………………… 103
グリソム V. I. …………………… 166
クリック F. H. C. ……………… 163, 165
グリーニチを万国子午線……………… 139
グリニッジ天文台設立………………… 116
クリミア戦争………………………… 131
繰綿機発明………………………… 125
グリーンランド……………………… 89
グルタミン酸塩を主成分とする化学調味料
 「味の素」……………………… 147
クルチャートフ I. V. ……………… 161
クルックス W. …………………… 137
クルップ A. : 強靭鋼 ……………… 142
クルト・ネットー来日……………… 134
グレゴリオ暦……………………… 57
グレゴリオ暦の採用………………… 112
クレタ……………………………… 72
クロトン…………………………… 53
クロンプトン S. …………………… 123
鍬鉄……………………………… 94
クンツ T. ………………………… 169

「君臨すれども統治せず」…………… 117

け（ケ）

ケー J. …………………………… 119
「蹴上」に水力発電所………………… 141
ゲイ J. L.＝リュサック ……………… 126
軽元素とレプトン…………………… 11
「警察予備隊」発足………………… 163
形式論理の展開…………………… 53
芸術（ギリシアの）………………… 77
形状記憶合金（NITINOL）発見 ……… 166
形状記憶と熱弾性マルテンサイト変態… 168
系譜……………………………… 3
ケイメン M. D. …………………… 155
ケオス…………………………… 55
毛皮……………………………… 64
夏至……………………………… 41
血液の混合で凝集しない血液型を考察… 143
楔形（けっけい）文字……………… 70, 71
結晶異方性……………………… 128
「結晶学入門」（初の結晶学書）……… 118
結晶学の父……………………… 124
結晶によってX線が回折される（すなわち
 電磁波）現象の発見 ……………… 144
結晶の「空間群記号」確定…………… 140
「結晶の空間格子」概念……………… 128
結晶の単位格子を14種に分類（ブラヴェ格
 子）……………………………… 130
ゲーデル K. ……………………… 154
ケネディ大統領暗殺………………… 167
ケプラー J. ……………… 51, 112, 114
「ケプラーの3法則」………………… 114
M. ケマル-パシャ大統領 …………… 151
ケメニー J. ……………………… 169
けら（鍜）押し……………………… 27
ゲラルド（ゲラルドゥス）…………… 101
ゲーリケ O. ……………………… 114
ケルト人…………………………… 19
ゲルニカ…………………………… 153
「ゲルマニア」……………………… 85
ゲルマリオ………………………… 69
ゲル＝マン M. ……………… 162, 166
ゲルマン犂………………………… 89
ゲルマン民族大移動開始…………… 87
ケルンテン………………………… 90
ケレスカン………………………… 69
「原カナン文字」…………………… 73
研究機関（アレクサンドリア）………… 55
言語（の明確化）…………………… 61
現在国連加盟国の2/3が参加 ………… 167

索 引

「原子」……………………………………… 11
原子核の分解(?)実験……………………… 156
原子間力顕微鏡……………………………… 170
原始キリスト教団成立……………………… 83
原子スペクトルを磁場通過後に見ると分裂
　している現象＝「ゼーマン効果(正常)」を
　発見 …………………………………… 142
原子像の明確化……………………………… 146
「原シナイ文字」…………………………… 73
原子番号……………………………………… 146
原子炉「コールダー・ホール」を同地に設置
　…………………………………………… 165
原子論………………………………………… 53
建造後4ヵ月しか経っていない「タコマ・
　ナローズ・ブリッジ」が崩壊 ………… 155
「元素の周期律」の最初のもの…………… 132
現代アラビア文字…………………………… 74
現代ヘブライ文字…………………………… 74
現代ペルシア文字…………………………… 74
建築(ギリシア文化)………………………… 78
元朝始まる　フビライ(世祖)……………… 103
ケンドル E. C. ……………………………… 151
原フェニキア文字…………………………… 71
懸命な努力…………………………………… 65
倹約令を発す：寛政の改革………………… 125
「権利請願」………………………………… 115
権力闘争(アラブの)………………………… 91
元禄時代……………………………………… 117
「原論」……………………………………… 51, 55

こ(コ)

コー……………………………………………… 172
コアゼルベート……………………………… 155
小泉訪朝ピョンヤン声明…………………… 177
鋼(こう)→鋼(はがね)も見よ…… 23, 24, 27
高Mn特殊鋼に硬化 ………………………… 138
高温(黒体)物質からの波長と温度の関係
　(変位則)を発見…………………………… 140
高温期………………………………………… 63
高温物体の放射エネルギーは絶対温度の4
　乗に比例することを発見………………… 136
恒温変態……………………………………… 31
航海王子エンリケ…………………………… 106
「公害病」続く……………………………… 165
「高架から降ろされた線路」……………… 139
工学振興(コルベールの)…………………… 115
江華島事件…………………………………… 137
交換スプリングバック磁石発明…………… 174
好奇心………………………………………… 58
広義の科学…………………………………… 40

公共的性格の建造物………………………… 68
高強度シームレス油井管の開発…………… 178
合金系超高温伝導体MgB$_2$開発(−234℃)
　…………………………………………… 176
合金鋼の研究………………………………… 128
合金の安定相の規則………………………… 150
「考工記」…………………………………… 47
高効率モータ用無方向性電磁鋼板………… 176
高コスト−高リターン ……………… 35, 60
甲骨文字……………………………………… 73
甲午農民戦争(東学党農民戦争)…………… 141
「鉱山アカデミー」………………………… 111
「鉱山アカデミー」発足…………………… 122
鉱山学………………………………………… 106
「鉱山学校」(パリ)………………………… 123
鉱山学校(1761)も有名……………………… 98
光子…………………………………………… 11
孔子…………………………………………… 77
格子欠陥グループ発足……………………… 164
工場制手工業(マニュファクチュア)……… 120
甲状腺ホルモンを分離……………………… 151
光世…………………………………………… 94
「後成説」を批判…………………………… 120
恒星の位置変化・固有運動も発見………… 118
恒星の恒星絶対等級と色の関係…………… 149
恒星の年周視差……………………………… 129
光速(c)と同じ物理量 ……………………… 130
抗体及び免疫系の研究……………………… 172
光沢…………………………………………… 15
公地・公民…………………………………… 91
「黄帝内経」………………………………… 47
広範囲な学問………………………………… 55
鉱物を物理的性質で5種に………………… 122
光武帝の「金印」…………………………… 83
「後ウマイア朝」(イスラム帝国の分裂)… 93
閘門を発明 ……………………………… 47, 95
合理主義を守って批判と闘う……………… 98
光量子………………………………………… 144
香料貿易に利用……………………………… 83
高齢者………………………………………… 61
高炉計算機制御開始………………………… 168
高炉法がラインの支流ジーグ、ムーズで
　…………………………………………… 108
コーカソイド………………………………… 61
刀子(こがたな)……………………………… 86
極薄板(スチールホイル)開発……………… 166
国際結晶連合：「準結晶」の発見により「結
　晶」概念を拡張 ………………………… 174
国際的独占団体……………………………… 136
国際的には再軍備の第一歩………………… 163

国際標準のアンペア採択	144
国際連合発足	161
コークス高炉で製鉄法の改良	122
コークス高炉の発明	118
コークスるつぼ鋳鋼	120
「黒体放射」の式からエネルギー量子仮説を提唱	142
「国体変革・私有財産否認」に10年以下の実刑．1928年には「国体変革」に死刑を適用	151
国土も国民も大王	89
国内外で軍国主義がはびこる	139
国内外の世論で，アメリカのシリアへの軍事介入阻止	179
穀物	66
国連児童権利宣言	165
国連で「国際人権規約」発効	171
国連の反対にもかかわらずイラクを攻撃	177
「古事記」成立	92
小柴昌俊	176
ゴス N.P.	154
コス島	52
「固体の一群」	15
小平邦彦	162
ゴータマ゠シッダールタ	76
コーツ R.	118
国家機関・財界その他に残留組温存	161
コッホ R.	137
子供の頭骨	61
琥珀	41
小林多喜二	151
小林誠	168
小林誠・益川敏英「クォーク世代の対称性のやぶれ」	176
コペルニクス N.	2, 108
「コペルニクス的転回」	108
ゴマ	66
コミンフォルム結成	161
コムギ	66
暦	41, 44, 45, 48, 57, 76, 117, 121, 125, 131, 135
コラナ H.G	171
コーリ	170
コリオリ G.G.	129
ゴルギアス	54
コルチゾン	151
コルテス H.	107
コルドバ	92
コルドバ「大学」創設	94
ゴルトン F.	143

コルニュ P.	147
コルベール J.B.	110, 119
「コリオリの力」の発見	129
「コロナグラフ」発明	153
「コロヌス」制	88
コロポン	53
コロンブス C.	108
コワレフスカヤ S.V.	134
コンゴ自由国，ベルギー領に編入	147
コンゴ流域	62
根栽作物	66
コンスタンチノープル	88
コンスタンチノープルに「大学」	86
コンツェルン	137
混沌（カオス）	53
コンピュータ言語BASIC開発	169
コンピュータプログラム"FORTRAN"製作	165

さ（サ）

「最近の金属物理学の展望」（岩波）	158
最高裁に跳躍上告	165
最古のアウストラロピテクス・アファレンシスを発見	171
最古の「印刷地図」	99
最古の化石人骨	33
最古の装身具	62
最古の風車	90
歳差運動	56
祭司（バラモン）	76
最初の実用的冷却装置	137
最初の真空	114
最初の成文法	77
最初のフライング・バットレスゴシック教会	99
細石器	37, 63
財閥解体	161
裁判員制度成立	177
裁判も領主	88
サイフォンの原理	50
再分割	137
細胞が構成単位	129
西方ギリシア派	53
「細胞形成と細胞分裂 第3版」	141
裁縫道具	38
細胞の発見（コルク）	115
材料破面の考察	116
蔡倫（生没年不詳）	46, 83
坂田昌一	162
坂田昌一・井上健	156

魚	66	サンゴ文化	37
魚・貝の採取	36	「算術・幾何・比及び比例大全」	108
佐賀藩で杉谷雍介ら	132	三石塔	69
相良雅之	178	三大憲章	117
佐川真人	172	「三大陸周遊記」	104
「作業機(道具機)」	120	三帝同盟(独・露・墺)	135
「作業機」「伝達機」「動力機」	120	三内丸山	64
桜田門外の変	133	三藩	115
サグレス岬	106	サンプウイード	67
サゴヤシ	66	サンフランシスコ	167
ササゲ	67	サンフランシスコ条約・安保条約調印	163
ササン朝ペルシア	88	「算法統宗」	49
ササン朝ペルシア建国	85		
雑食性	58	**し(シ)**	
作家のH.チャペック	151	ジアスターゼを抽出	143
サッフォ	77	シェイクスピア W.	107, 113
薩摩藩主島津斉彬	132	「自衛隊」	163
砂鉄	92	ジェニー紡績機	120
砂鉄採取の場所が変化	114	シェパード Jr. A. B	166
佐藤勝彦	170	シェヒトマン D.	172
サトウキビ	66	シェラー P.	146
砂漠地帯	62	ジェルベール dA.	96
サバール F.	128	支援したのはアラゴン王国経理官とジェノ	
サバンナ	66	バ商人、フィレンツェ商人	107
ザビエル F.鹿児島に来る	111	ジェンナー E.	124
サービト・ブン・クッラ	89	シェーンフリース A.	140
サブプライムローン(低所得者向け住宅ローン)問題	177	塩	65
様々な存在	53	塩焼法	110
サマルカンド	85	視覚対象から目への光線	97
サモス島	53	磁化現象の解析的解明	128
サラマンダー	22	シカゴ大学で、E.フェルミ	156
サラミス	77	耳下腺の導管	115
サラム A.	168	時間・空間	10
サルファ剤発見	155	磁気の絶対測定	128
サレルノ医学校で医師免許制	99	磁極引力の逆二乗則	120
サレルノ大学創立	99	指極性	16
サレルノに医学校	95	磁区構造	144
「サレルノ養生訓」	95	ジッグラト	42
サロス周期(=カルデア周期)	42, 44	地獄の第一圏にいる	103
「三角形のすべて」「方向表」で三角法の集大成	106	シコクビエ	66
算学啓蒙	49	「自己治癒材料国際会議」	176
酸化精錬法	110	磁石	16, 46
酸化鉄	14	「磁石についての書簡」	100
酸化物系はHg-Ba系で130K	172	磁石の着磁法	82
残虐行為を告発	107	自主管理労組「連帯」結成	171
産業革命の発端	121	磁針が南北を指す	82
参勤交代制	115	地震計「地動儀」	47
三国同盟(独・墺・伊)	139	地震計による地震観測開始	135
		地震計を開発	139
		詩人・小説家ゲーテ	123

索引

磁針の利用	96
四姓(ヴァルナ)	76
自然的原因	52
「自然哲学の数学的諸原理(プリンキピア)」	116
「自然の諸相」(ビュフォン)	122
「自然の諸相」発表(フンボルト)	127
「自然の諸問題」(アデラード)	98
「自然の体系」(リンネ)	120
自然プネウマ	51
自然放射能(ウラン)を発見	142
時代を広く見て	3
自治都市	101
シチリア	100
「実験医学序説」	133
実験腫瘍学の祖	149
実在気体に近い気体の状態方程式を発表	134
「実践理性批判」	125
実に「意味深長」	62
失敗した例	65
実用的大気圧蒸気機関	119
実用的歴史	54
磁鉄鉱	41
磁鉄鉱からの製鉄	114
「支点があれば地球をも動かしてみせよう」	56
指導者	70
自動植字機	141
シトー派	96, 97
指南魚	46, 82
「指南魚」の記録	96
指南車	47, 85
「自発的対称性の破れ」提唱	164
磁場誘起相転移型超巨大磁気抵抗効果 (colossal MR)	174
渋川春海	117
「事物の本性について」	56
シプリ C.G.	173
「自分が知っていないことを知っている」	54
ジーベル	102
シーボルト事件	129
資本家	121
資本主義社会の解明と社会主義への展望	132
資本の輸出	136
資本輸出	137
「資本論」刊行開始	132
縞状「鉄鉱石」の形成	14
島原の乱	115
清水鉄吉	143
シーメンス W.	24
シーメンス W.	139
シーメンス兄弟(W.&F.)	132
シモニデス	77
下原重仲	124
下村修	177
下山事件	163
指紋を個人の同定に使おうとした	143
ジャイアント・インパクト	13
ジャイナ教	45
社会生活	59
社会的意味	60
社会の生産力としても機能	110
ジャガイモ	67
シャカ(ゴータマ=シッダルータ)仏教	77
ジャカード	125
ジャカール J.M.	121, 125
弱電理論のW粒子と中性Z粒子によりウィークボソンの検出に成功	172
写真発明	129
写真用ロールフィルム製造	141
ジャックリー農民一揆	105
シャテルペロン文化	38
ジャービル-イブン-ハイヤーム	102
車輪	39
シャル C.G.W.	160
シャルル J.	124
シャルルの法則を発見	124
ジャワ原人発見	141
ジャン・カルヴァン	109
ジュウイット D.	174
「周囲を冷やして運動は得られない」	130
「自由学芸七科」	56
「自由学芸」を七科目に整理	86
自由競争	136
従軍「慰安婦」	175
集合組織概念	164
緝古算経	49
十字軍始まる：第1回のみ成功	97
集中と独占	136
周転円(epikyklos)	84
自由な人間 の教養科目	96
「十二表法」(「市民法」とも)	77
「周髀算経」	48, 82
自由落下する物体	112
「重力」の分岐	10
シュケ N.	106
シュジェ A.	99
樹枝状晶観察	122

索　引

種々の走査型プローブ顕微鏡……………　172
数珠玉………………………………………　62
朱世傑………………………………………　49
シュタイエルマルク…………………………　90
シュタインハート P. J. ……………………　172
シュタール G. E. …………………………　119
出版物の増加………………………………　117
出版物の例…………………………………　111
シュテファン J. ……………………………　136
シュテファン-ボルツマンの法則 …………　136
種痘館設置…………………………………　133
首都コルドバ…………………………　93, 100
シュトラスマン F. …………………………　156
種の概念を確立……………………………　117
「種の起源：進化論」………………………　132
シュメール文字………………………………　71
シュライデン M. J. ………………………　129
ジュラルミン（Al-4Cu-0.5Mｇ）を開発 …　144
シュリーファー R. J ………………………　164
ジュール J. P. ……………………………　130
シュレーディンガー E. ……………… 152, 156
シュワーベン製鉄盛ん……………………　100
シュワン T. ………………………………　129
純金属などに見られる対称性の高い粒界
　………………………………………… 168
準結晶発見（5回対称の結晶出現）………　172
純酸素上吹き（LD）転炉操業開始 ………　162
純酸素底吹き転炉法（OBM法）の開発 …　168
春秋左氏伝…………………………………　47
「純粋理性批判」……………………………　125
ジュンディーシャープル……………………　88
順風・逆風でも自由な帆走…………………　85
シュンメトリア………………………………　49
「常温核融合」問題：フライシュマン・ポン
　ス ………………………………………　172
障害者………………………………………　61
傷寒雑病論…………………………………　48
蒸気圧効果…………………………………　138
蒸気機関……………………………………　117
蒸気機関改良………………………………　123
蒸気機関車……………………………121, 127
蒸気機関を採用……………………………　120
蒸気タービン発電機………………………　141
上級（4科）…………………………………　97
貞享暦………………………………………　117
貞享暦の改定………………………………　121
上下運動を回転運動化……………………　125
条件反射研究の創始者……………………　145
「尚書」堯典の中……………………………　48
正長の土一揆………………………………　109

小脳…………………………………………　50
消費税8％に………………………………　179
小氷期………………………………………　63
「情報スーパーハイウェイ」構想 …………　175
情報も交換…………………………………　60
正面の均整（ファサード）…………………　49
縄文文化……………………………………　64
「逍遙派」（ペリパトス派）…………………　55
剰余労働……………………………………　41
浄瑠璃………………………………………　117
小惑星状原子模型…………………………　144
初期の宇宙ステーション「スカイラブ」……　170
食餌療法……………………………………　50
植物学者テオフラストス……………………　56
「植物雑種の研究」（メンデルの法則）……　135
「植物に関する実験（日陰や暗がりで汚れた
　空気を浄化する偉大な力）」……………　122
「植物について」全16冊 ……………………　113
植物は二酸化炭素、酸素の放出、窒素を含む
　無機物を必要とする……………………　127
植物は水・ガス………………………………　113
植物分類の祖………………………………　113
植物由来の薬剤……………………………　50
植民地………………………………………　136
食物確保の集団……………………………　60
食物の在り処………………………………　33
食物論………………………………………　40
「女工哀史」：細井和喜蔵 …………………　151
諸工業学校…………………………………　111
諸国の反対を押し切って、ムルロア環礁な
　どで地下核実験（計6回） ………………　175
ジョージ H. M. ……………………………　170
抒情詩人……………………………………　77
ショスタコービッチ没………………………　171
女性の発情期………………………………　61
曙石器時代…………………………………　33
ショックレー W. B. …………………………　160
ショットキー欠陥論…………………………　150
「所得倍増計画」閣議決定 ………………　167
諸特権を持ち・3または4学部 ……………　96
ジョハンソン D. ……………………… 170, 173
庶民（ヴァイシャ）……………………………　76
ジョリオ＝キュリー F. & I. ………………　154
ジョーンズ H. ………………………………　154
白川英樹……………………………………　177
シラクサイ……………………………………　53
シリア・イラク周辺でIS（イスラム国）急浮
　上 ………………………………………　179
磁歪の研究…………………………………　142
新アレクサンドリア図書館完成……………　176

新オルガヌム	114
進化	58
辛亥革命	147
「新科学対話」	114
「神学大全」完成	102
鍼灸	48
秦九韶	49
「神曲」科学的にも重要な指摘	102
真空脱ガス精錬法開発	164
シンクレア J.E.	172
新KS磁石合金	152
「塵劫記」	49, 114
人工放射性元素を作る	154
ジンジャントロプス・ボイセイを発見	164
真珠の真円化に成功	147
壬申の乱	91
ジーンズ J.	140
新生気論	133
新政反対・貢租軽減要求などで一揆多発	135
神聖ローマ帝国	95
神聖ローマ帝国で「30年戦争」	115
心臓の三尖弁	55
人体解剖図	56
「人体生理学原論」	129
「人体の構造についての七つの本（略称ファブリカ）」	109
清朝滅ぶ	147
清で義和団の蜂起	141
浸透圧	138
浸透圧の法則	140
「人道に対する罪」	161
新日本製鉄株式会社設立	168
「新日本婦人の会」発足	167
秦の統一	78
「清」の初め	115
人類の出アフリカ	60
人類の全遺伝情報（ヒトゲノム）	174
人類は道具を作る動物である	33
人類はB.C.12万5000年より前にアフリカを旅立っていたとの説	178

す(ス)

「水圧の原理」	116
水銀	19
水銀電子のエネルギー間隔に対応することを示した	148
水車動力、炉も半永久である	132
スイス独立の始め（原初三州の「永久同盟」）	103
「彗星」の「尾」	91

「彗星の天文学の概算」	118
水素スペクトル・バルマー系列を発見	140
水素と電子のプラズマ状態	11
水道橋	50
水脈の探査	93
水力ふいご	82
水力紡績機	120
水力紡績機（ウォーターフレーム）発明	123
水路	42
スウェーデン	89
スウェーデンボルグ E.	118
数学	40
数学書「ブラーフマスプタ・シッダンタ」	90
「数学的総合（アルマゲスト）」	51, 82
数学と実験の結合	114
数学のイスラム化	93
「数学の諸問題」：23の問題を挙げて将来の研究方向を示す	142
数字"ゼロ"の始まり	56
数書九章	49
数100%も変形出来る	170
「数論」	51
スエズ運河会社の株式買収：エジプト太守から	137
スエズ運河開通	135
スエズ運河国有化宣言	165
犂	34, 39, 89
杉田玄白	122
ずく(銑)押し	27
スコットランド	2
鈴木章	176
鈴木梅太郎	149
「鈴木効果」	162
鈴木秀次	162
スターバースト	176
スターリング E.H.	145
スターリン死去	163
スーダン独立運動	139
スタンプ	72
スティーヴンソン G.	127
スティーヴンソン R.	130
ステンカラージンの大乱	115
ステンセン N.(ニコラウス・ステノ)	115, 116
ステンレス鋼開発	146
ストダート J.	128
ストックホルム・アピール採択	163
ストラスブルガー E.	141
ストラディヴァリ	119

索引　197

ストラボン　78
ストリップミル普及始まる　148
ストロマトライト　14
ストロンチウム　126
ストーンヘンジ　69
「砂川事件」起きる　165
スネーク J.L.　156
スパルタ　53
スパルタクス　78
スピノーダル分解の理論　166
スペイン継承戦争　119
スペイン人民戦線　153
スペインの無敵艦隊敗れる　113
スペースシャトル・コロンビア号帰還直前タイル剥離で空中分解・爆発　179
スペースシャトル・チャレンジャー号爆発　177
「すべての核は核より生ず」(O.ヘルトビット)　141
辷り線発見　142
スミゲルスカ A.D.　160
スミス A.　122
スミス C.S.　164
スミートン J.　23, 123
スミートンら　123
角倉了以　115
隅の丸い方形・多室構造　68
諏訪元　59, 175

せ(セ)

セーアンセン S.P.L.（セーレンセンとも）　146
「星界からの報告」　115
正極点図形測定の開発　160
「制御された連鎖核反応」が実現　156
「制限主権論」とその誤りを認めた　167
成功　65
製鋼・人絹・染料工業カルテル成立　145
生産手段の私有　75
生産物の私有　75
製紙原料を拡大した改良者　83
清少納言「枕草子」　96
生殖集団　60
精神精気（精神プネウマ）　50
聖戦（ジハード）　91
聖遷（ヒジュラ元年）　91
「成層圏」を発見　145
聖ソフィア大聖堂　89
製鉄　96, 97
正電荷を持つ球の「中」に電子が多数同心円

上に配列されている　144
青銅　17, 18, 30
青銅器　25, 74
「青鞜」始める　147
西南戦争　137
生物学　40
生物電気の発見　125
「生物時計」となりうると提唱　167
正方角錐台　43
正方形　43
斉民要術　47
生命精気（生命プネウマ）　50
「生命とは何か」　156
生命倫理学（バイオエシックス）の提唱　169
西洋最初の「紡ぎ車」に言及　101
生理学　50
生理学は物理学・化学に立脚すべき　133
「生理的・病理的組織学を基礎とする細胞病理学」　133
セイロン　163
セーヴァリ T.　117
セウェルス・セボクト　89
世界一周　107
世界最古の現存「銅活字本」　104
「世界史序説」　104
世界大恐慌　151
世界地図作成　107
世界秩序（コスモス）　53
世界度量衡会議（パリ近郊セーブル）で1kgの「標準器」　136
世界の最長大橋　173
世界初の開口合成型の電波干渉計を完成　165
「世界初のタイプ文書」　72
世界初の電子式テレビジョン発明。先駆者　153
世界貿易機関（WTO）発足　175
関ヶ原の戦い　113
関孝和　116
石材の利用効率　63
赤色部の外側　126
石刃石器　37
石鏃　39
「脊椎動物と無脊椎動物」を初めて区別　127
赤道天球儀の作成　85
石油深井採油に成功　133
石油精製法開発　133
「セクレチン」発見　145
石核石器　35
石器　33

楔形(せっけい)文字……………… 70, 71
「接触測角器」……………………… 124
絶対等級が分かる方法…………… 151
ゼノン………………………………… 53
ゼノンの逆説………………………… 53
ゼーバー L. A. …………………… 128
セビリアのイシドルス……………… 90
「ゼブラ・クロッシング」……… 163
ゼーマン P. P. …………………… 142
セリエ H. ………………………… 155
ゼーリック世銀総裁「G 8」から「G20」(そして「G192」)へ ……………… 177
セルジュク-トルコ成立 ……………… 97
ゼルニケ F. ……………………… 154
セルバンテス……………… 107, 113
セルビア軍コソボから撤退……… 177
セレウコス朝シリア………………… 78
セーレスが最高……………………… 82
ゼロと1から9までの10個の記号… 56
ゼロックス複写装置登場………… 165
「ゼロ」と「桁」…………………… 93
ゼロ(0)を西ヨーロッパに初めて紹介… 100
ゼロを初めて演算に使用………… 90
繊維工場……………………………… 89
「全科博士」とも呼ばれる………… 100
戦後初の銑鋼一貫製鉄所完成… 164
センジミアミルの開発…………… 152
戦争………………………………… 136
"戦争法"(安保法制)を国会で"議決" …… 179
戦争放棄・主権在民・基本的人権・地方自治など ……………………… 161
銑鉄………………………………… 23
銑鉄・屑鉄を溶解する平炉法 …… 134
先頭に土を垂直に切る鋤刀(草きり)…… 89
「セントラルドグマ」発表………… 165
「潜熱」の理論…………………… 122
旋盤の中ぐり盤(片持ち)……… 123
線文字A ……………………………… 72
線文字B ……………………………… 73
全ヨーロッパでペスト大流行……… 105

そ(ソ)

僧一行……………………………… 92
ソヴェト…………………………… 147
宋応星……………………… 47, 114
曹公亮…………………… 46, 96, 97
走査型電子顕微鏡(SEM)開発 …… 168
走査型トンネル顕微鏡(STM)発明 …… 170
草書体……………………………… 72
相対アーベル体「類体論」を発表…… 148
相対論的量子力学。陽電子の存在 …… 152
相律………………………………… 25
相律を発見・証明………………… 136
測円海鏡…………………………… 49
測天儀……………………………… 95
則天武后…………………………… 90
「束縛エネルギーと自由エネルギー」… 130
ソクラテス………………………… 54
粗鋼生産で世界第1位…………… 170
ソコラー E. S …………………… 172
咀嚼力……………………………… 61
ソシュール N. de ……………… 127
ソストラトス……………………… 56
ソディ F.・リチャーズ T. W.…… 149
ソテツの精子を発見……………… 143
ソフィスト………………………… 54
ソフォクレス……………………… 77
ソフトハンマー……………… 35, 36
租・庸・調………………………… 91
「素粒子」の「坂田モデル」発表…… 162
素粒子の相互作用」(中間子論)発表 …… 156
「素粒子」をアイソスピン(「素粒子」の荷電状態を区別する量子数の一つ)を量子数とする体系の提案 …………… 162
ソリュートレ文化………………… 38
ソルヴェイ A.開催で20世紀初頭には量子力学・相対論など大きな役割を果たした ……………………………… 146
ソルビ H. C. ……………… 132, 140
ソ連、アフガニスタンに侵入…… 171
ソ連軍出動………………………… 165
ソ連の原子炉作動開始…………… 161
ソ連邦解体………………………… 175
そろばん(算盤)…………………… 49
ソンガイ…………………………… 93
存在するもの……………………… 53
孫子算経…………………………… 49
孫文「中国革命同盟会」結成…… 145

た(タ)

第1インターナショナル(国際労働者協会)ロンドンに設立…………………… 135
第1次世界大戦…………………… 147
第1次ポーランド分割…………… 123
第1奴隷反乱……………………… 78
第1の相転移……………………… 10
第1回アジア・アフリカ バンドン会議(29ヵ国)……………………… 163
第一回近代オリンピック(アテネ)…… 141
「第1回原子戦争の危険から子どもの命を

索引

守るための世界母親大会」 ………… 163
第1回原水爆禁止世界大会 ……………… 165
第1回ソルヴェイ会議開催 …………… 146
第1回パグウォシュ「科学と国際問題に関する会議」 ……………………………… 165
対応粒界提唱 ……………………………… 168
大学 ………………………………………… 96, 97
大化の改新 ………………………………… 91
大気圧機関 ………………………………… 117
大企業に「雇い切られて」 ……………… 136
「大逆事件」(天皇暗殺でっちあげ事件)… 147
対キューバ敵視政策破綻。国交正常化交渉へ ………………………………………… 179
大工道具 …………………………………… 38
「体系そのもの」(アリストテレスの) …… 55
太鼓 ………………………………………… 74
第五福竜丸ビキニで被災 ………………… 163
第3の同素体 ……………………………… 172
第三勢力が大きな力を持つ ……………… 165
第3奴隷反乱(ベスビオス) ……………… 78
第3の相転移 ……………………………… 11
大乗仏教運動の大成 ……………………… 85
対人地雷全面禁止条約調印 ……………… 175
「大シンドヒンド天文表」 ………………… 90
体心立方格子 ……………………………… 31
「代数学」 …………………………………… 94
「大数学(Ars magna)」出版 ……………… 108
「大政奉還」vs.「王政復古」クーデターの応酬 ……………………………………… 135
大西洋横断無着陸単独飛行に成功 ……… 153
大西洋憲章 ………………………………… 161
大西洋を隔てて初の無線電信 …………… 145
大図書館(アレクサンドリア) …………… 55
大土地制度(ラティフンディウム) ……… 88
第2次「囲い込み」進む ………………… 121
第21代武帝 ………………………………… 73
第二の「宇宙背景放射探査機COBE」打ち上げ ……………………………………… 172
第2の相転移 ……………………………… 11, 170
「大日本沿海輿地全図」実測達成 ………… 127
大脳 ………………………………………… 50
大ハン国 …………………………………… 101
「対比列伝(英雄伝)」 ……………………… 85
大仏鋳造開始 ……………………………… 92
大ブリテン及びアイルランド連合王国成立 ………………………………………… 127
太平天国の乱 ……………………………… 131
太平洋を発見 ……………………………… 107
大砲の発明 ………………………………… 102
大マゼラン星雲の超新星ニュートリノ… 172

ダイムラー G. …………………………… 139
太陽から放出された粒子からなる「太陽風」が存在 ………………………………… 165
太陽系の起源として星雲説 ……………… 120
太陽系の形成 ……………………………… 12
太陽系惑星8個と定義 …………………… 176
太陽光から直接発電する太陽電池を開発 ………………………………………… 165
「太陽黒点活発化の太陽風」により、大気圏に墜落 ………………………………… 170
太陽神ウトゥ ……………………………… 42
太陽中心説 ………………………………… 52
「太陽風」の関係 …………………………… 91
帯溶融精製法 ……………………………… 162
太陽暦採用：1872年12月3日を明治6年(1873)1月1日とする ………………… 135
第4の量子数を導入(スピン量子数) …… 152
平清盛 太政大臣に ……………………… 99
平将門・藤原純友(天慶の乱) …………… 95
「大陸移動説」の提唱 ……………………… 149
対立物の移行性 …………………………… 52
大量生産の基礎 …………………………… 125
大旅行 ……………………………………… 54
「対話と数学的証明／機械学と地上運動での二つの新しい科学」 …………………… 114
ダーウイン C. …………………………… 132
高木貞治 …………………………………… 148
高木弘 ……………………………………… 148
高島秋帆 …………………………………… 130
高瀬舟を運行 ……………………………… 115
高殿 ………………………………………… 27, 114
高橋至時 …………………………………… 117, 125
高峰譲吉 …………………………………… 143, 145, 148
高柳健次郎 ………………………………… 153
タキツス …………………………………… 85
竹内栖 ……………………………………… 156
ダゲール L. J. M. ………………………… 129
ダゲレオタイプ写真法 …………………… 129
竹を使って多くの帆 ……………………… 85
「凧(たこ)」を使って雷からライデン壜に蓄電 ……………………………………… 123
多軸紡績機(ジェニー機)の発明 ………… 123
たそがれ(黄昏)の中で精巧・緻密・壮大なイスラム建築の粋 ……………………… 103
たたら ……………………………………… 26, 116
たたら製鉄復元実験 ……………………… 168
「たたら全生産量」を凌駕 ………………… 142
「たたら吹き」の歌 ………………………… 94
多地域進化説 ……………………………… 37, 61
脱進機の前身ともいうべき時間間隔の水時

計	92
「脱進装置」付き、重り駆動の機械時計開発	103
竪穴住居で集団化	68
立石	69
竪型炉	22
縦波(P波)	139
縦に引き伸ばされた人物像	62
「伊達判決」	165
ダート R.A.	151
田中好一	175
田中耕一	177
田辺朔郎	141
谷安正	156
田沼意次老中となる	123
種子島に鉄砲伝来	108
種蒔き機	82
ダービー父子	23, 118
ダービー A.(孫)	122
ダービー A.(息子)	120
ダマスカス鋼(→ウーツ鋼)	128, 130
ダマスクス	57
溜め池	42
タラス河畔の戦い	46, 83, 93
ダランベール J.L.R.	121
「ダル・アル・イム」	96
ターレス	42, 51, 52
ターレスの定理	43
タロイモ	66
俵国一	144
探究(ソクラテス)	54
弾性体力学	114
弾性率の温度変化が小さい合金	142
鍛造技術の発展	100
鍛造で鍛え	90
炭素14は半減期5730年と長いので、木片、泥炭、骨、貝殻などの年代測定に使える	155
炭疽病の原因となる微生物を発見・培養	137
炭素量とダマスカス模様	128
ダンテ A.	102, 107
タンマン G.	144, 146

ち(チ)

治安維持法	151
小さなトウモロコシ	67
チェコスロバキアで改革派ドプチェクの民主化を、ソ連のブレジネフが弾圧	167
チェザルピーノ A.	113
チェルノフ D.C.	134
チェレンコフ P.	154
「チェレンコフ効果」を発見	154
地学団体研究会	166
地殻とマントルの境界	149
地殻の化学的組成	151
地下鉄サリン事件	175
地球温暖化国際会議(京都)	175
地球重力の精密測定と地球密度の計算	133
地球の緯度変化について、一年周期で現れる「Z項」を発見	145
地球の大きさ	56
地球の形成	12
地球を取り巻く地球磁場粒子=「地球磁気圏」を発見	165
痴愚神礼賛	107, 109
「地向斜」概念	133
地磁気	13
着磁性	17
地租改正条例公布	135
チタンの量産開始	160
地中海貿易の発展	99
千々石清左衛門-ミゲル	113
地動説	112
地動説の時代背景	2
チトフ G.	166
チャウシェスク政権崩壊	173
チャガタイ・ハン国	101
チャタル・ヒュユク	68
チャーティスト運動	129
チャドウィック J.	154
「チャレンジャー号」による海洋調査	135
チャンピ文化	76
中華人民共和国成立	163
中華民国成立。孫文臨時大総統就任	147
中国語の「ローマ字表記」	167
中国最古の天文・数学書	82
中国船では多数の「隔壁」	85
中国第2の古数学書	82
中国に21ヵ条の要求	147
中国の医学	47
中国の技術	45
中国の技術書	47
中国の三大発明	46
中国の天文学	48
中性子線の回折	160
「中性子」の発見	154
鋳鉄	124
鋳鉄構造	122
鋳鉄と錬鉄から「鋼」	86
鋳鉄の鉄橋(通称アイアンブリッジ)	122

索引

鋳鉄の橋……………………………… 82
鋳鉄の柱……………………………… 90
鋳鉄の利用広がる…………………… 104
鋳鉄用の溶鉱炉……………………… 94
中南米八ヵ国首脳会議……………… 173
稠密六方格子………………………… 31
「治癒の書」…………………………… 95
チューリング A. …………………… 157
チュルク(鉄勒)族…………………… 97
超大型高炉($5000m^3$)操業開始 …… 170
超音速旅客機コンコルド墜落……… 177
超金属欠乏星………………………… 176
超高圧圧縮技術によりノーベル物理学賞受賞………………………………… 160
超抗張力鋼の研究(未完成)………… 176
彫刻(ギリシア文化)………………… 77
張思訓がチェーン駆動……………… 95
超ジュラルミン……………………… 152
超新星ニュートリノをカミオカンデで観測…………………………… 172
超新星爆発…………………………… 12
超新星爆発でレアメタル生成……… 176
超新星発生…………………………… 97
調整石核技法………………………… 36
朝鮮内戦開始………………………… 163
超塑性(Fe-30Niなど)の発見 ……… 170
張仲景………………………………… 48
超々ジュラルミン開発(ESDともいう)… 156
超伝導のBCS(三人の名前から)理論 … 164
超伝導発見…………………………… 146
徴兵令公布…………………………… 135
長方形………………………………… 43
直立・二足歩行……………………… 33
直径58cmの球形,重量83.6kg ……… 164
チョッパー……………………… 34, 35, 36
チョッピングツール………………… 35, 36
沈括………………………………… 46, 96
チンギス(タンジール)……………… 77
チンギスハン(汗)(太祖)と名乗り即位… 101
賃金労働者…………………………… 121
沈黙の春……………………………… 166

つ(ツ)

月……………………………………… 13
月神ナンナ(ル)……………………… 42
月と太陽の相対距離………………… 55
継ぎ目なし鋼管を作る一方法:穿孔法の開発………………………………… 140
土を垂直に切る犂刀(草きり)……… 89
土を水平に切り削る犂刃(刃板)…… 89

土を脇にどけて裏返す犂べら(発土板)… 89
ツッカーカンドル E. ……………… 167
「強い力」……………………………… 11, 170
釣針…………………………………… 39
徒然草…………………………… 30, 103
ツワイク G. ………………………… 166
ツンドラ地帯………………………… 62

て(テ)

テーア A.D. …………………… 121, 127
手当…………………………………… 40
ディオファントス…………………… 51
低温期………………………………… 63
帝国主義化の始まり………………… 137
低コスト−低リターン ……………… 34
「ティコの新星」の残骸からX線でクロームやマンガンなど………………… 176
定住…………………………………… 64
テイスラン・ド・ボール L.Pとアスマン H. ………………………………… 145
鄭成功(国姓爺)……………………… 115
ディーゼル R. ……………………… 143
ディーゼルエンジンの特許………… 143
ディッケ R.H. ……………………… 167
ディドロ D. ………………………… 121
テイラー G.I. ………………………… 154
テイラー R. ………………………… 174
ディラック P.A.M. ………………… 152
鄭和の第一次南海遠征……………… 109
デーヴィ H. ………………………… 126
デヴィッソン C.J. ………………… 152
「手形」(原始芸術)…………………… 62
「デカメロン」………………………… 107
デカルト R. ………………………… 114
テキサス大油田発見………………… 145
テクシフォンに医・哲学研究機関…… 90
出口修至……………………………… 175
てこ(梃子)……………………… 49, 56
出島に………………………………… 115
鉄……………………………………… 75
鉄以上の重元素(周期律上で)……… 12
デッカー……………………………… 160
哲学(ピロソピアー)………………… 54
哲学者………………………………… 127
哲学者カント………………………… 125
「哲学は神学の婢」…………………… 102
鉄器…………………………………… 75
鉄鋼業の進歩………………………… 121
鉄鋼生産増加…………………… 90, 94
鉄鉱石………………………………… 14

「鉄鋼のレース」といわれる横筋交いによって強風時の横揺れは22cmに抑えられている ………… 140
鉄鋼の連続鋳造を開発 ………… 158
鉄産地 ………… 94
「鉄山必用記事 全8巻」 ………… 124
鉄線の強度実験 ………… 106
鉄製の刑鼎 ………… 21
「鉄と鋼」創刊 ………… 146
鉄と炭素の化合物(パーライト)はフリーアイアン(フェライト)と炭素(セメンタイト)が層を成している ………… 140
鉄の原材料(朝鮮・中国から日本へ) ………… 82
鉄の原料からの精錬(日本) ………… 90
鉄の直接還元製鉄法 ………… 168
鉄の同素変態提唱 ………… 124
鉄の値段は金の8倍 ………… 18
鉄の変態 ………… 25
「鉄の変態」を発見 ………… 140
「鉄の歴史」執筆 ………… 138
鉄は民主的な金属 ………… 30, 166
鉄砲鍛冶の中心地(日本) ………… 112
鉄までの元素(周期律上で) ………… 12
「鉄冶金学ハンドブック」 ………… 138
「鉄冶金技術」 ………… 126
「鉄冶金ハンドブック」 ………… 126
「鉄を鍛えて鋼にする方法」 ………… 24, 118
鉄を生産するには悪い季節 ………… 19
デトロイトで黒人暴動 ………… 167
デーナ J. ………… 133
デバイ P. J. W. ………… 146
「デ・フェロ」(製鉄技術の体系的記述) ………… 118
デ・フォレスト L. ………… 147
デメトリオス ………… 55
デモクリトス ………… 53
デモティック ………… 72
デュエツ P. ………… 164
デュボア E. F. T. ………… 141
デュ・ボアーレーモン ………… 131
デュポン社で高純度シリコンの生産 ………… 162
デューラー A. ………… 106, 108
テラー E.たちによって水素核融合爆弾開発 ………… 163
寺田寅彦 ………… 146
デリーにある鉄柱 ………… 84
デルッチ M. ………… 103
テルフォード T. ………… 128
テルモピレー ………… 77
「デ・レ・メタリカ(鉱山学)全12巻」 ………… 110
「デ・レ・メタリカ」で職業病に ………… 109

テワカン谷 ………… 67, 68
天安門事件。大弾圧で国際的批判を浴びる ………… 173
転位と不純物の相互作用の一つとして化学的相互作用 ………… 162
転位の直接観察 ………… 164
転位のフランク-リード源(sourse)提唱 ………… 160
「転位論」 ………… 154
転位論国際会議(ブリストル) ………… 160
転位論の萌芽 ………… 150
転位論初紹介 ………… 156
電界イオン顕微鏡 ………… 162
電解によるカリウム・ナトリウムの分離 ………… 126
「天界の構造」 ………… 124
電界放射顕微鏡発明(FEM) ………… 154
電気的計算装置COLOSSUSを開発 ………… 157
電気の単位を決定した ………… 130
電気炉製鋼法発明 ………… 142
「点群」の導入 ………… 128
「天元術」の書籍 ………… 49
「天工開物」 ………… 22, 47, 114
電磁気力 ………… 170
「電磁気論」発表 ………… 134
電子計算機ENIAC(エッカート・モークリ)の先取権特許取り消される ………… 169
電子顕微鏡発表 ………… 152
電子工学の誕生はここから ………… 147
「電子に固有の、古典的には記述不可能な、その二値性に由来する特性」としかいわず、模型を拒否している ………… 152
電子の「コマの様な運動」は全くの「たとえ話」 ………… 152
電子の絶対静電単位3×10^{-10}を得た ………… 142
「電磁誘導現象」を発見 ………… 128
天正遣欧使節派遣 ………… 113
電磁力と弱い力 ………… 11
「電子レンジ」発売 ………… 161
電信機 ………… 121
「天体の回転」を出版 ………… 108
電池=「電池・電堆」を証明 ………… 125
天動説 ………… 51, 112
天然痘の最後の報告がソマリアであった ………… 171
「天然痘ワクチンの効果」 ………… 124
「天皇」 ………… 91
電波検出器に鉱石検波器(硬マンガン鉱)を使い回路に「うなり」を生じさせる ………… 145
てんびんふいご ………… 27

索 引

「天秤ふいご」による送風開発……………… 116
天変地異説を唱える…………………… 127
天保の大飢饉……………………… 129
天保暦………………………… 131
天文・宇宙論………………………… 10
天文学…………………………… 41
天文学的な知識…………………… 69
天文学のイスラム化………………… 93
「天文対話」…………………… 114
電流の磁気作用の発見…………… 128
電流は近くに置いた磁針に回転力を与える
　……………………………………… 128
転炉法…………………………… 23, 132
電話機の特許を取得……………… 137

と(ト)

ドイツ フライベルク ……………… 111
ドイツ関税同盟発足………………… 129
ドイツ鉄鋼カルテル成立…………… 137
ドイツでは農相辞任………………… 177
ドイツ統一………………………… 135
ドイツ統一達成(←東西ドイツから)…… 173
ドイツに対して 英・仏宣戦 ……… 155
ドイツ農業の先達者………………… 127
ドイツ農民戦争……………………… 109
ドイツの大学から初めての女性博士号… 134
ドイツ領東・西アフリカ植民地成立… 139
「同位体アイソトープ」と命名………… 149
東欧諸国で「バルカン症候群＝劣化ウラン
　弾等による白血病」の調査本格化…… 177
透過電顕による結晶構造像…………… 170
透過電顕による原子像……………… 168
トゥキディデス……………………… 54
東京オリンピック…………………… 167
東京・極東国際軍事裁判…………… 161
東京大空襲。全国的に大空襲・機銃掃射
　……………………………………… 157
東京地裁　伊達判決………………… 165
東京放送局(JOAK)ラジオ本放送開始… 151
道具…………………………… 34, 38, 39
洞窟絵画…………………………… 62
洞窟定住…………………………… 69
洞窟内の堅穴住居…………………… 68
道具を作る道具……………………… 38
刀剣の技術………………………… 94
陶弘景……………………………… 83
東西文化・民族の強制的交流………… 78
冬至………………………………… 41
当時の指導的な印刷された最初の代数学書
　……………………………………… 108

透磁率の大きい「パーマロイ」開発……… 146
同心天球…………………………… 51
唐成立：官僚制の始まり…………… 91
投槍器……………………………… 38
灯台(アレクサンドリア)……………… 56
唐で木版印刷……………………… 91
東南アジア………………………… 62
銅の大量生産確立………………… 132
銅の電解精錬法普及……………… 142
動物絵画…………………………… 62
動物・植物・鉱物についての情報…… 93
「動物哲学」で生物進化を主張……… 127
「動物電気の研究」………………… 131
「動物と植物の構造と生長の一致に関する
　顕微鏡的研究」…………………… 129
「動物の心臓と血液の運動に関する解剖学
　的研究」…………………………… 115
東部ニューギニアを英・独で分割……… 139
「東方見聞録」は1299年成る……… 103
東北大に鉄鋼研(金研〔1922年〕の前身)設置
　……………………………………… 148
東北地方大震災・津波。福島第一原発事故
　レベル7………………………… 177
東北帝国大学理科報告発刊………… 146
東北部の古都ゲルニカをドイツ空軍が無差
　別爆撃…………………………… 153
唐箕(とうみ)………………………… 82
同盟と対立………………………… 137
トウモロコシ……………………… 67
土器の焼成………………………… 39
土器の発展………………………… 65
"特異な刺激に対して一定の個体防衛反応
　が生じるという説(ストレス説)を発表"
　……………………………………… 155
独・墺・伊三国同盟………………… 139
独・墺同盟………………………… 139
毒ガス……………………………… 147
特殊相対論………………………… 144
特性(固有)X線の波長(k)が$\sqrt{k}=K(Z-s)$
　と変化するという法則(Z：原子番号＝電
　子数K. s：係数)を明確にした ……… 146
独ソ不可侵条約…………………… 155
ドクター…………………………… 96
「特定の病気の病因に対する病原菌論の発
　展」……………………………… 139
特別警察・治安維持法廃止………… 161
特別超過利潤……………………… 136
トークン…………………………… 41, 70, 71
「熔けた鋼」を造る「転炉」法を開発……… 132
戸坂潤……………………………… 156

204　　　　　　　　　　　索　引

杜詩	82
都市の空気	99
トスカネッリ P.	107
土星型原子模型	144
戸田広朗	176
特許	136
突然変異	65
トップクォークを確認：フェルミ研究所	174
ドップラー J.C.	130
ドップラー効果発見	130
トナカイ	62, 68
戸波親平	146
利根川進	172
飛杼（とびひ；flying shuttle）をもつ織機発明	119
ド＝ブロイ L.V.	150
ド・ブロイ波の実証	152
土木学校	111
土木（橋梁・道路）学校	111
「土木学校」創設	121
土木工兵隊	111
「土木工兵隊」編成	119
ドマーク G.	155
トーマス S.G.	24, 136
トマス・アクィナス	100
トムソン G.P.	152
トムソン J.J.	142, 144
トムソン W.（ケルビン）	130
「共に測る」	49
豊田佐吉	143
豊臣秀吉：全国統一	113
ドラヴィダ系	72
トラスト	137
トランジスタ発明	160
トランジスタを使った商品出現	163
トリチェリ E.	110, 114
「鳥の消化について」	120
トリュデーヌ D.	111, 121
度量衡	78
トリリトン	69
トルコ共和国成立	151
トルーマン・ドクトリン	161
「奴隷」制という生産方法は時代後れ	88
奴隷制に反対する「新法」制定	107
奴隷労働	53
トレヴィシック R.	127
ドレーク E.L.	133
ドレフュスが最高裁で無罪	145
ドレフュス事件	141
登呂遺跡	84

「ドワーフ・プラネット 矮惑星」	176
「ドン・キホーテ」	113
どんぐり	66
トンネル	49
トンブクトゥ・ジェンネ・ワタラを宗教と学問の街に	93

な（ナ）

ナイチンゲール F. の活躍	133
内燃機関の原型（火薬式）開発	117
「内部摩擦」のスネークピーク	156
「内陸記（アナバシス）」	54
内惑星	12
ナウマン E.	139
ナウマンゾウ・オオツノジカの化石	62
ナウマン：「日本列島の構造と起源」	141
中浦ジュリアン	113
長岡半太郎	144
中川淳庵	122
中ぐり盤改良（両持ち）	123
中村修二	179
中山平次郎	152
投げ槍	34, 38
ナスカ文化	83
ナセル	165
夏には（縄文文化）	64
ナノ構造を制御した触媒・光触媒材料の開発	178
ナポリに自然探究アカデミア創設	110
奈良県明日香村の高松塚古墳で、極彩色の人物壁画が石室内部から見つかる	171
ナーランダ大学	56
生業集団	60
縄	39
南極上空で「オゾン層」に穴が開いていることに気づく	173
南庄頭遺跡	68
南蛮絞り	110
「南蛮鉄」出回る	112
南部藩釜石（岩手県）で大島高任初の洋式高炉完成	132
南部陽一郎	164, 166
南部陽一郎「自発的対称性のやぶれ」	176
南米の先端	61
なんらかの「メッセージ」	62

に（ニ）

握り槌石器	35
ニクソンショック	169
ニコルソン W.	127

索　引

ニザーミー……………………………………… 97
西尾鉎次郎……………………………………… 152
西ゴート………………………………………… 88
仁科芳雄………………………………… 148, 156
西半球初の「選挙による」社会主義政権… 167
二次方程式……………………………………… 43
西廻り…………………………………………… 115
西ローマ帝国滅亡……………………………… 87
日英新条約……………………………………… 141
日英同盟………………………………………… 141
日英同盟成立…………………………………… 145
「日常的に使う」という意味………………… 72
日米安保条約改訂……………………………… 165
「二中間子論」を提唱………………………… 156
「二中間子」をともに立証…………………… 160
日露戦争………………………………………… 145
日韓基本条約調印……………………………… 167
日韓併合………………………………………… 147
日航ジャンボ機墜落事故、群馬県御巣鷹山
　に………………………………………………… 171
日食を予言……………………………………… 52
日清戦争………………………………………… 141
仁田勇…………………………………………… 153
日・中国交正常化……………………………… 171
「日朝修好条約」締結………………………… 137
「日本科学者会議」発足……………………… 167
日本共産党創立(非公然)……………………… 151
日本金属学会設立……………………………… 156
日本軍による重慶無差別爆撃………………… 153
日本軍による南京虐殺事件…………………… 153
「日本鉱業会」設立、初代会長大島高任 … 140
日本降伏………………………………………… 157
日本国憲法公布………………………………… 161
日本最初の算術書……………………………… 114
日本最初の翻訳書……………………………… 122
「日本資本主義発達史講座」発刊…………… 154
日本人初のフィールズ賞受賞………………… 162
日本製鉄解体…………………………………… 162
日本製鉄株式会社設立………………………… 152
日本で甘藷栽培を奨励………………………… 121
日本鉄鋼協会設立……………………………… 146
日本・ドイツ・イタリア三国防共協定…… 153
日本刀の基礎ともなる精巧な作品…………… 92
日本における旧石器時代の起源は約4万〜
　3万年前と修正……………………………… 174
「日本における地震と火山噴火」…………… 139
日本に到達(種子島)…………………………… 106
二本の電流相互の吸引・反発 ……………… 128
日本の平炉なくなる…………………………… 170
日本の無人深海探査機「かいこう」が、マリア

ナ海溝チャレンジャー海淵で水深10,911m
　に到達…………………………………………… 175
日本母親大会…………………………………… 165
日本への金属器の渡来………………………… 25
「日本霊異記」………………………………… 94
日本列島最古の人跡…………………………… 61
「日本列島」でナウマンのフォッサマグナに
　反論…………………………………………… 141
ニャーヤ・ヴァイシェーシカ………………… 45
ニューコメン T. ……………………………… 119
ニューディール政策始まる…………………… 153
ニュートリノに質量…………………………… 174
ニュートン I. …………………………… 115, 116
ニュートンの「神の手」……………………… 53
ニューヨーク…………………………………… 167
ニューヨークのエンパイアステートビル着
　工………………………………………………… 153
ニュルンベルク国際軍事裁判………………… 161
人間の「手の代わり」………………………… 120
「人間の肉体的制約から機械を解放する」
　……………………………………………………… 120
認識……………………………………………… 39

ぬ(ヌ)

縫針……………………………………………… 64
「ヌクレイン」………………………………… 135
布………………………………………… 39, 64
ヌフェール J. …………………………………… 109
ヌルハチ汗位…………………………………… 115

ね(ネ)

ネアポリス(ナポリの地下遺構)……………… 77
ネアンデルタール……………………………… 36
根岸英一………………………………………… 176
ネグロイド……………………………………… 61
ネストリウス派が追放される………………… 88
熱硬化性「プラスチック」を発明…………… 149
「熱天秤法」考案……………………………… 146
熱の仕事当量…………………………………… 130
「熱は運動から」……………………………… 124
「熱を低温から高温に移すことは出来ない」
　……………………………………………………… 130
ネブカドネザル………………………………… 76

の(ノ)

ノイマン F.E. ………………………………… 128
農学者：「合理的農業の原理」……………… 127
農芸化学………………………………………… 121
「農芸化学」無機肥料を導入………………… 131
農耕なしの定住………………………………… 64

索引

農耕・牧畜…………………… 64
農耕・牧畜と定住への進化…… 65
ノヴゴロド王国創建…………… 95
脳死を臨床的な死の判定に利用… 169
濃尾大地震……………………… 141
納品書…………………………… 70
農民戦争………………………… 109
農民は貧しく蜂起が…………… 95
ノギスの発明…………………… 83
鋸………………………………… 38
野尻湖人………………………… 62
野尻湖第一次発掘……………… 166
覗きからくり…………………… 85
後、アテナイの「アカデメイア」が避難 … 85
後にRh因子も ………………… 143
"後に反強磁性・強磁性・非強磁性・強磁
性相と4相に増やしたものも現れ、非磁性
相にアモルファスのAl–Oを使うと磁気抵
抗はいっそう大きくなりこれを「トンネル
磁気抵抗効果(tunnnel-type GMR)」" … 172
ノブゴロド公国………………… 89
野辺山天文台に45m電波望遠鏡… 170
ノーベル A.B. ………………… 137
ノーベル化学賞………………… 170, 176, 177
ノーベル生理学・医学賞……… 172, 178, 179
ノーベル物理学賞… 160, 166, 170, 176, 178, 179
ノーマン R. …………………… 112
飲む麻酔薬で乳ガンの摘出手術に成功… 127
野依良治………………………… 177
ノルマン人の活動始まる……… 95
ノルマンディー公ウィリアム… 97
ノルマンディー公国…………… 89
ノルマンの大移動……………… 89
野呂栄太郎……………………… 154
野呂景義………………………… 142

は（ハ）

ハイアー………………………… 164
バイオリン……………………… 117
俳諧発句………………………… 117
ハイゼンベルク W.K. ………… 152, 154
排他原理………………………… 152
肺における毛細血管の発見…… 115
肺はそれ独自の機関…………… 115
廃藩置県………………………… 135
パイプオルガン………………… 74
ハーヴェイ W. ………………… 84, 115
パウエル C.F. ………………… 160
パウリ W. ……………………… 152, 154
パウロ…………………………… 83

パヴロフ I.P.…………………… 145
パーカー E.N. ………………… 165
「バガウエダ」の決起…………… 87
バーガース J.M. ……………… 156
鋼（はがね）→鋼（こう）も見よ… 23
鋼の切手発行…………………… 166
パキスタン……………………… 163
馬鈞……………………………… 47
箔検電器を積んだ気球で「宇宙線」の存在を
確認…………………………… 146
バグダード…………………… 57, 85, 92
バグダード「大学」創立………… 96
バグダード天文台設立………… 97
バグダードに「知恵の館」……… 94
「白鳥の首のフラスコ」実験…… 133
白熱電球………………………… 139
「博物誌」……………………… 82, 83
剥片………………………………… 34, 36
ハーグリーヴス J.…………… 123
バケットで低地から高地へ…… 82
破砕分離法……………………… 110
間重富…………………………… 125
ハーシェル F.W ……………… 124
橋本初二郎……………………… 168
ハーシュ P.B. ………………… 164
パスカル B. …………………… 115, 116
バスク地方……………………… 94
パスツール L. ………………… 133, 139
パーソンズ C.A. ……………… 141
機織り…………………………… 39, 64
バーチェット W.G.：広島の惨状を世界に
報道…………………………… 161
パチオーリ L. ………………… 108
バッカス J.…………………… 165
発光するクラゲから「緑色蛍光蛋白質(GFP)」
を精製………………………… 177
「発生理論」……………………… 120
ハッセンフラッツ J.N. ……… 126
ハッドフィールド R.A. ……… 138
初の黒人大統領に（マンデラ氏就任）… 175
初の実用的内燃機関(石炭ガス)… 133
初の人工衛星（スプートニク1号）成功… 164
初の帝王切開…………………… 109
初の内燃機関（ガソリンエンジン）… 139
初の有人衛星（ボストーク1号）成功… 166
ハッブル E.P. ………………… 153
「ハッブル」宇宙望遠鏡(HST)打ち上げ
………………………………… 172
「ハッブルの法則」を発見……… 153
バーディーン J.……………… 160, 164

索　引

「波動力学」として量子力学のもう一つの提起 …… 152
バドリオ首相：英仏に降伏 …… 157
パドル・圧延法開発 …… 122
華岡青洲 …… 127
バナナ …… 66
パナマ運河地帯の永久租借 …… 145
「場の量子論」 …… 154
ハーバー F. …… 149
ハーバー・ボッシュ法 …… 149
パパン D. …… 117
パピルス …… 57
パピルス記録 …… 72
バビロニア王国 …… 76
ハープとリラ …… 74
バーブル Z. al-D. M. …… 109
ハムによる「精子」の発見を確認 …… 117
ハムラビ法典 …… 76
林忠四郎 …… 160
原田豊吉 …… 141
ハラッパー文化 …… 44
原マルチノ …… 113
ハラール（ハロルド）王 …… 89
パラントロプス属 …… 60
針穴写真機（カメラ・オブスキュラ） …… 113
バリウム …… 126
ハリカルナッソス …… 54
パリ・コミューン …… 135
パリ大学 …… 99
パリに鉱山学校 …… 122
パリ不戦条約調印 …… 151
バリャーグ人 …… 89
パリを通る子午線の4000万分の1を1メートルとする …… 124
春から夏（縄文文化） …… 64
ハルシュタット …… 19, 76
パルテノン神殿 …… 49
パルトリヌス E. …… 116
バルトロメウ・ディアス …… 106
バルボア V. N. de …… 107
バルマー J. J. …… 140
パルメニデス …… 53
ハルン-アル-ラシッド …… 95
ハレー E. …… 118
「ハレー彗星」が1758年に回帰 …… 118
パレスチナ人を追放 …… 161
バーロー …… 140
ハワイ島 …… 61
ハワイと合併条約（領土併合の一典型） …… 137
ハーン O. …… 156

ハン M. Y. …… 166
バンアレン J. A. …… 165
バンアレン帯 …… 165
反核運動 …… 148
ハンガリーからオーストリア・西独への集団脱出 …… 173
ハンガリー製鉄盛ん …… 100
ハンガリー反ソ暴動 …… 165
半球の公開実験 …… 114
ハンザ同盟成立 …… 101
反磁性体を考察 …… 130
蛮社の獄 …… 129
反射望遠鏡 …… 115
反射炉 …… 132
反射炉（原料銑は輸入） …… 132
反射炉での撹拌 …… 23
バーンズ …… 164
帆船 …… 39
バンダモン C. A. …… 25, 124
「判断力批判」 …… 125
ハンチントン H. B. …… 170
バンツー系住民の大移動 …… 75
バンツー系 …… 19
ハンツマン B. …… 120
バンディング G. W. …… 151
班田収授 …… 91
ハンドアックス …… 35
半導体Geの超精製法開発 …… 162
半導体で不純物を過剰に含んだpn接合に見られる「トンネル効果」を発見 …… 165
万能計算機 ENIAC 開発 …… 159
パンの木 …… 66
万物のもと（アルケー）は水である …… 42
万物流転 …… 52
万民法 …… 77
ハンメル R. E. …… 170
万有引力定数の測定 …… 124
万里の長城 …… 45

ひ(ヒ)

火 …… 60, 70
「火打ち石と火口（ほくち）」式 …… 61
稗（ひえ） …… 67
ピエゾ圧電効果とその逆効果 …… 136
ヒエラティック …… 71
ヒエログリフ …… 71, 72
ヒエロニムス …… 87
ビオ J. B. …… 128
「ビオ・サバールの法則」 …… 128
「比較解剖学講義 5巻」 …… 127

東アジア南部……………………………… 68
「東インド会社」設立……………………… 113
東日本大震災：三陸沖、マグニチュード9.0。
　津波などで福島第一原子力発電シビア事
　故…………………………………………… 177
東廻り……………………………………… 115
東ローマ皇帝ユスティニアヌスの禁令後
　……………………………………………… 55
東ローマ帝国滅ぶ………………………… 109
ピカソ没…………………………………… 171
光の速さを測定…………………………… 116
引き綱と鐙………………………………… 91
悲劇作家…………………………………… 77
ひげ結晶（whisker）注目され始める…… 158
飛行機、戦車、潜水艦…………………… 147
飛行機発明………………………………… 147
ピサのL.フィボナッチ（ピサのレオナルド）
　…………………………………………… 56, 100
ピサロ、インカ帝国征服………………… 107
ビザンチン………………………………… 89
ビザンツ帝国（東ローマ帝国）………… 89
ビザンティオン…………………………… 77
菱形盤電信機……………………………… 129
非晶質（アモルファス）合金の磁気ヘッド開
　発………………………………………… 170
非晶質物質の構造緩和…………………… 170
微少重力下での合金鋳造………………… 174
ピスタチオ………………………………… 66
ビスマルク O. E. L. ……………………… 135
ピタゴラス……………………………… 51, 53
ピタゴラス学派………………………… 50, 51
ピタゴラスの定理……………………… 43, 82
ヒッグス段階……………………………… 11
ヒッグス粒子発見………………………… 178
ビッグバン………………………………… 11
「ビッグバン」構想の最初……………… 153
ビッグバンでは陽子・中性子の混合物から
　ヘリウムまでが合成される…………… 160
ビッグバンは観測可能な「背景電波輻射」を
　残す……………………………………… 167
羊………………………………………… 66, 67
ヒッタイト語……………………………… 71
ヒットラー首相就任：ティッセン・フェー
　グラー・シプリングコルムらの鉄・石炭
　資本からの支援を得たヒットラー…… 153
引っ張りと片持ち梁の強度……………… 114
ヒッパルコス…………………………… 52, 56
ヒッピアス………………………………… 54
非鉄製錬の進歩…………………………… 110
非同盟諸国首脳会議…………………… 163, 167

ヒトゲノム………………………………… 176
「ヒト属」………………………………… 58
ヒト−他の大型類人猿より近く、500万〜600
　万年前である…………………………… 173
ヒト−チンパンジーの間………………… 173
ビーニッヒ G. K. ………………………… 170
比熱………………………………………… 31
「火の動力とその発生に適した機械の考察」
　…………………………………………… 128
非破壊検査の始め………………………… 146
微分形式でなく幾何学的で難解………… 118
微分・積分の記号………………………… 116
ヒポクラテス……………………………… 52
ヒポクラテス派…………………………… 50
ヒマワリ…………………………………… 67
卑弥呼の使節……………………………… 85
秘密保護法………………………………… 179
微妙な発音………………………………… 61
ヒモ（紐）………………………………… 10
干物………………………………………… 65
百姓一揆多発……………………………… 129
百姓一揆と打ちこわし多発……………… 135
「百万塔陀羅尼」の経本と小塔………… 93
「百科全書」……………………………… 121
百科全書的書物…………………………… 90
「非有機的」……………………………… 34
ヒュウム＝ロザリ W. …………………… 150
ヒュパティア……………………………… 86
ヒュパティア虐殺……………………… 86, 88
ビュフォン G. L. C. ……………………… 122
ビューラー W. J. ………………………… 166
ビュリダン J. …………………………… 102
ピューリタン（清教徒）………………… 109
ピューリタン革命………………………… 115
「ビュリダンのロバ」は資料にはない… 104
ピュール・ド・マリクール（ペトルス・ペ
　レグリヌスも見よ）…………………… 100
ピュロスの遺跡…………………………… 73
氷河期……………………………………… 63
兵庫県神戸市と淡路島を繋ぐ「明石海峡大
　橋」完成………………………………… 173
ヒョウタン……………………………… 66, 67
氷点降下…………………………………… 138
漂白作業…………………………………… 121
避雷針を発明……………………………… 121
平瀬作五郎………………………………… 143
平塚明子（らいてう）…………………… 147
ピラミッド…………………………… 42, 43, 69
ビリングチオ V. ………………………… 108
ヒル A. …………………………………… 171

索　引　　209

比類なき貢献者……………………………… 101
ピルグリム・ファーザーズ………………… 115
ヒル・ストーン……………………………… 69
ヒルベルト D. ……………………………… 142
広島・長崎に原子爆弾投下………………… 157
広島の惨状を世界に報道…………………… 161
「ピロテクニカ(火工術)」…………………… 108
広中平祐……………………………………… 168
広場(アゴラ)………………………………… 55
ピンドロス…………………………………… 77
ヒントン C. ………………………………… 165

ふ(フ)

ファイストスの円盤………………………… 72
ファインズ M. W. ………………………… 172
ファージのDNAを切断する酵素を仮定
　……………………………………………… 167
ファブリッキオ G. ………………………… 113
ファラデー M. ……………………… 128, 130
ファレロン…………………………………… 55
ファーン W. G. …………………………… 162
ファン・デル・メーア S. ………………… 172
ファント-ホフ J. …………………………… 140
ファン・ヘルモント J. B. ………………… 113
ファン・レーヴェンフック A. …………… 115
ふいご(鞴)→ふみふいご、てんびんふいご
　も見よ…………………………… 19, 22, 27
フィッシャー R. A. ………………………… 151
「フィボナッチ数列」………………………… 100
フィールズ賞受賞………………… 162, 168, 172
フィルヒョウ R. …………………………… 133
フィレンツェのメディチ家執政始まる… 109
フィロン……………………………………… 89
笛……………………………………………… 74
フェッセンデン R. A. ……………………… 147
フェドロフ E. S. …………………………… 140
フェニキア・アルファベット……………… 73
フェニキア人の地中海植民地……………… 77
フェニキア文字……………………………… 71
フェライト磁石(Mn-Zn, Ni-Zn)などの発明
　……………………………………………… 154
フェリ磁性…………………………………… 154
フェリス A. C. ……………………………… 133
プエルトリコのアレシボ高層大気観測所
　……………………………………………… 169
フェルマーの大定理の証明発表。プリンス
　トン大学が誤りはないと認定…………… 174
フォース橋…………………………………… 2
フォース橋完成　平炉鉄鋼橋　上部構造に5
　万トン以上の鋼…………………………… 140

「フォッサマグナ」(日本の地質構造上重要
　な中央亀裂)………………………………… 141
フォン・フンボルト A. …………………… 127
フォン・リンデ K. ………………………… 137
フォン・リンネ C. ………………………… 120
不確定性原理………………………………… 152
不可触賤民(パリヤー)……………………… 76
プガチョフの乱……………………………… 123
不可分な原子………………………………… 53
「不完全性定理」を証明……………………… 154
福井謙一……………………………………… 170
複屈折現象…………………………………… 116
複数の方法…………………………………… 58
福田(景山)英子:「世界婦人」創刊………… 145
複動蒸気機関特許…………………………… 125
武家諸法度(13条)…………………………… 115
武家の政治・力の政治として日本の中世が
　始まる……………………………………… 99
ぶげら(歩鉧)………………………………… 27
フーコー J. B. L. …………………………… 131
「フーコー振り子」で地球の自転を証明… 131
富士山大噴火(宝永山)……………………… 119
藤田裕………………………………………… 176
フス J.:ボヘミアの宗教改革者…………… 109
フス戦争……………………………………… 109
豚……………………………………………… 66
二つの源泉(もう一つはゲルマン法)……… 89
ブダペストで民主化デモ…………………… 173
普通選挙法:満25歳以上の男子のみ……… 151
伏角…………………………………………… 112
仏教…………………………………………… 45
仏経書………………………………………… 93
仏教伝来……………………………………… 89
フック R. ………………… 110, 114, 115, 116
フックの法則………………………………… 114
ブッダ(真理を悟った者)…………………… 77
沸点上昇……………………………………… 138
ブッラ…………………………………… 70, 71
「物理化学」…………………………………… 140
物理工学研究所設立………………………… 140
「風土記」:「野だたら製鉄」………………… 92
プトレマイオス…………………… 51, 52, 82, 93
プトレマイオス朝エジプト(アレキサンド
　リア)………………………………………… 78
プトレマイオスの天文学…………………… 94
不入権(インムニテート)…………………… 88
船の「舵」……………………………………… 83
不変鋼(インバー合金)発明………………… 142
ふみふいご…………………………………… 27
ブーメラン…………………………………… 39

冬になると ································· 64
ブライト J. ······························· 165
フライベルク ····························· 122
フライベルク銀山開掘 ················ 98
フライベルクで「鉱山アカデミー」開講··· 123
ブラヴェ A. ······························ 130
ブラウン R. ······························ 128
ブラウン K.F. ··························· 145
「ブラウン運動」 ························· 128
ブラウン運動 ····························· 144
フラウンホーファー J.:「フラウンホー
　ファー線」を発見 ····················· 126
プラエーテ ································· 77
ブラジル ···································· 62
ブラスチングゼラチンを発明(安全なダイ
　ナマイト) ································ 137
ブラック J. ······························· 122
ブラッグ W.H.＆W.L.父子 ·········· 146
ブラッティン W.H. ···················· 160
プラトン ······························ 51, 55
プラトン哲学 ······························ 94
「プラハの春」 ···························· 167
ブラフマグプタ ··························· 90
フランク(国名) ·························· 88
フランク F.C. ··························· 160
フランク J. ······························· 146
プランク M.K.E.L. ···················· 142
フランク王国三分裂 ····················· 95
「フランク王国」成立 ···················· 87
プランク理論を原子模型に適用 ··· 146
フランクリン B. ················· 121, 123
フランシス・ベーコン ·············· 114
フランス パリ ························· 111
フランス科学アカデミー:脳死を ······· 169
フランス学士院として復活 ··············· 110
フランス七月革命 ····················· 129
フランス人民戦線結成 ·············· 153
フランス大革命 ························· 124
フランス大革命始まる(バスチーユ襲撃)
　··· 125
フランス、タヒチ島占領 ·············· 141
フランス二月革命 ····················· 131
フランスの医師・数学者。聖バーソロミュー
　の大虐殺で死す ······················· 112
フランスのエロー ······················ 85
フランスのエローに、ヨーロッパ最初の製
　紙工場 ···································· 99
フランスの科学アカデミー ·········· 110
フランソア1世の招きでアンボアーズに赴
　く ·· 109

ブランドン D.G. ······················· 168
「振子時計」 ······························· 116
ブリタニア ································· 77
ブリタニア・カレドニア ·············· 83
ブリタニア侵入 ··························· 87
ブリッジマン P.W. ···················· 160
フリッシュ R. ··························· 156
フリードマン M. ······················· 170
フリードリッヒ W. ···················· 144
プリニウス ························· 82, 83
プリマス上陸 ···························· 115
ブリューゲル P. ························ 107
古い竪穴住居 ···························· 68
古いホモ・サピエンス ················ 60
ブルグマンス ···························· 122
ブール戦争(南ア戦争) ·············· 141
「プルダウンメニュー」 ················ 171
プルタルコス ····························· 85
ブルネレスキ ···························· 106
ブルーノ G. ······························ 112
ブレアリー H. ·························· 146
ブレアン J.R. ··················· 25, 128
プレストン G.D. ······················· 156
ブレトン・ウッズ協定発効(戦後国際通貨
　体制) ······································ 161
フレミング A. ·························· 153
フレミング J.A. ······················· 147
フレンケル J.(フレンケリ) ········ 150
フレンケル欠陥論 ····················· 150
「フロギストン説」をまとめた ······· 119
フロギストン説の誤り ·············· 122
プロシア王国成立 ····················· 119
プロタゴラス ····························· 54
ブロックハウス B.N. ················· 160
フロッピーディスク考案される ··· 169
フロンがオゾン層を破壊すると警告··· 170
フロンティヌス S.Y. ··················· 83
フロン(フレオン)と考えられる ··· 173
文永・弘安の役 ························ 103
「文化大革命」始まる ················· 167
分割されないもの ······················ 53
分割陽極マグネトロンを発明・特許··· 153
「分子磁場」仮説で強磁性を解明 ··· 144
焚書坑儒の暴挙 ························ 78
粉末と見なし得る細かな多結晶体を試料と
　し、単色のX線による回折斑点を観察す
　る。試料からの複数の反射(回折)斑点が
　観測される ···························· 146
分類学の創始 ··························· 117

索　引

へ（ヘ）

米・英に宣戦 157
平均寿命世界最高、男女共 171
ベイダ 68
米で同時多発テロ 177
米、ベトナム北爆開始 167
平方根 43
ベイリス W. M. 145
平炉鉄鋼 2
平炉法 23, 134
「平和に対する罪」 161
「平和に対する罪」など大きな意義を持つ 161
平和・発展・民主主義のためのアカプルコ合意→米州機構骨抜き 173
ベーカー B. 140
北京周口店で「北京原人（シナントロプス）」を発見。火を利用していた 151
「ベークライト」 149
ベークランド L. H. 149
ベクレル A. H. 142
ヘーゲル G. W. F. 127
ペシャワール 83
ヘス H. 167
ヘス V. F. 146
ヘースチングの戦い 97
ベスト C. H. 151
ベック L. 138
ベックマン J. 123
ヘッジファンド 177
ベッセマー H. 24, 132
ベッセル F. W. 129
ヘッセル J. F. C. 128
ベッチャー J. J. 115
ベトナム戦争でも活躍 161
ベトナム反戦デモ 167
ベドノルツ J. G 172
ベートーベン L. van 125
ペトラルカ F. 107
ペトルス・ペレグリヌス（ピュール・ド・マリクールも見よ） 100
ペドロ・アルヴァレス・カブラル 106
ペトロシアン V. 172
ペニシリン 153
ペロネ J. R. 111
ヘブライズム 78
ヘラクレイトス 52
ペラン J. = P. 144
ベリー C. 157
ヘリウム液化に成功 144

ペリー浦賀に来航 131
ペリクレス 77
ヘリコプターの始め 147
ペリゴール文化 38
ペリマン T. O. 24, 124
ベリー類や堅果の採集 67
ベーリング V. J.：ベーリング海峡発見 119
ベル I. L. 134
ベル A. G. 137
ベル研のチェビーン・フラー・ピーターソン 165
ペルシア遠征 78
ペルシア語をアラビア語へ 92
ペルシア戦争 53
ペルシアによるオリエント統一 77
ペルセポリス語 71
ヘルツ H. R. 141
ヘルツ G. L. 148
ヘルツスプルング H. 149
ヘルツスプルング＝ラッセル恒星進化図 149
ベルトレ C. L. C. 24, 124, 125
ベルナール C. 133
ヘルマン・モーガン 140
ヘルムホルツ H. L. F. 130
ベルリン科学アカデミー 110
ベルリン陥落 157
ベルリンの壁撤去開始 173
ベルリン列国会議（ベルリン条約） 137
ペレストロイカ（改革） 173
ヘレニズム 55, 78
ヘロドトス 42, 54
ペロネ J. R. 111, 121
ヘロフィロス 50, 56
ペロポネソス戦争 54, 77
「ペロポネソス戦争」記 54
ヘロン 89
偏角 46
偏角の再発見 108
偏角の発見 96
変形 15
ペンジアス A. A. 166
ペンジアス・ウイルソン 11
ペンシルバニア州南部のスリーマイル島、第2原子炉事故 171
ペンタエリスリトール結晶のX線回折で従来の誤りを正す 153
ペンダント 62
変動相場制に移行 169

ヘンリ J.	128
ヘンリー・コートの方法	23, 122
ペンローズ	170

ほ(ホ)

ボーア N.H.	146
ポアソン S.D.	128
「ポアソン比」	128
「保安隊」	163
ホイートストン C.	121, 129
ホイットニー E.	125
ホイヘンス C.	116, 117
ボイル R.	110, 116
「ボイルの法則」を発見	116
ボーイング社の修理ミスといわれているが、疑問も	171
望遠鏡	113
望遠鏡を工夫し約30倍	115
方角・距離などを正確化	85
帽子	64
放射線検出器(ガイガー・カウンター)を開発	147
放射能をまき散らし数週間に数十名の死者、30km以内は疎開	173
紡績機の考案	107
紡績機の紡錘	120
「法哲学綱要」	127
彭頭山遺跡	68
放物面鏡	97
豊富な知識の百科全書	83
「方法叙説」	114
法隆寺の鉄釘	88
宝暦暦	121
ボーエン N.L.	153
牧畜	65
母系制から父系制共同体	38, 63
星の等級	56
ボース N.S.	150
「ボース−アインシュタイン統計」	150
ポズナニ反ソ暴動。ソ連軍出動	165
細田秀樹	178
墓地に集まる	66
ボッカチオ G.	107
ボッシュ K.	149
ポッター V.R.	169
ポツダム宣言受諾	157
ボッティチェリ	106
ボーネ R.W.	164
ホフマン R.	170
ホメイニによる王政廃止革命	171
ホモ・エレクタス	35, 58, 60
ホモ・サピエンス	36, 37, 58, 61, 64
ホモ属	58
「ホモ属」の出現	59
ホモ・ネアンデルターレンシス	36, 58, 60
ホモ・ハイデルベルゲンシス	36, 58, 60
ホモ・ハビリス	34, 58, 59, 60, 164
ホモ・ハビリスの四肢の骨を発見	173
ボーラー(糸がらみ)	39
ポーラス・発泡金属国際会議(ブレーメン)	174
ポラニー M.	154
ポーランドで政治スト	171
ボリシェビキが政権を握った	147
ボリビアでポトシ銀山発見	107
彫りもの	38
ポリュビオス(歴史家)	78
ポーリング L.	167
ホール C.M.	140
ホール J.	133
ポルタ G.B.	113
ボルツマン L.	142
ポルトガル、ギニア領有	139
ホルバイン H.(息子)	107
ボルマン W.	164
「ホルモン」と命名	145
ボローニア大学創立	96
ホワイト T.	173
帆を持ち風力で走る車	89
本多光太郎	146, 148
本多光太郎・増本量・白川勇記	152
ボンド R.	168
本当の書記	70
ポンプの発達	106
ポンペイ、ヘルクラネウム	83

ま(マ)

マイアー J.R.	130
マイケルソン A.、モーリー E.W. の実験	140
マイコンキット「アルテア8800」登場	171
磨石斧	39
マイスナー	152
マイトナー L.	156
「マウス」	171
前野良沢	122
マガダ(西ベンガル)	19
鉄(マガネ)	92
マガリャンイス(マゼラン)	107
マーキュリー3号のカプセルに乗り15分間	

「弾道飛行」に成功	166
マク(膜)	10
マクスウェル J.C.	134
「マグナ・カルタ」制定	101
マグネシウム	126
マグマオーシャン	13
マクラウド J.J.R.	151
マケドニアのアレクサンドロス	78
マーゲン(メルゲン)ターラー O.	141
摩擦撹拌接合：イギリス溶接研究所	174
正恒	94
摩擦溶接法	166
マーシャル B.J.	171
マーシャルプラン	161
マシューズ D.	167
益川敏英	168, 176
マスター	96
マーストリヒト条約調印	175
増本健	168
増本量：超不変鋼(スーパーインバー)発明	150
磨製石器	38, 65
マゼラン海峡	107
俣野仲次郎	152
マッカイ A.L.	170
マッカーサー	161
松川事件	163
松川事件差し戻し裁判、全員無罪	167
マックスウエルの電磁波(ラジオ波)の存在を証明	141
マッサリア(マルセイユ)	77
松平定信	125
松本サリン事件	175
マディン R.	168
マテオ-リッチ	113
マドレーヌ文化	38
マハービーラ	76
マフディ国家	139
マヤ文化	76
マラー H.J.	148
マラガ	77
マララ・ユスフザイさんにノーベル平和賞	179
マリ	93
マルキウス・カペラ	96
マルクス K.H.	132
マルクスも引用	113
マルコーニ G.	145
マルコ-ポーロは有名	103
マルタン P.É.	24, 134
マルティアヌス・カペラ	56, 86
マルテンサイト	31
マルテンサイト命名	136
マルテンス R.	136
マルピーギ M.	115
マンサムーサ王	93
マンティネイアの戦い	54
マンネスマン R.	140
マンネスマン効果	140
マンモス	62
マンモス猟とその骨による住居	36

み(ミ)

ミイラ	43
三浦梅園	30, 123
「見えざる大学(Imvisible College)」	114
未解読	72
「右ネジ」の法則	128
御木本幸吉	147
ミクログラフィア	116
ミクロの世界では粒子であると共に波動性もあるという理論(ド・ブロイ波)	150
ミケランジェロ di L.B.S.	106
三島徳七	152
ミーシャー J.F.	135
水先案内人	95
水時計	93
水の電気分解	127
水は酸素と「水素」の結合による	124
三鷹事件	163
ミッチェル J.	120
ミッドウエー海戦で破局的敗北	157
光世→「こうせい」も見よ	94
ミディ運河(ラングドック運河)	115
ミトコンドリア・イブ説	37, 61
緑のサハラ	75
水俣病公式発見	165
南アフリカのボーア人、反英暴動	139
南太平洋の島々	61
源頼朝征夷大将軍	99
ミノア人の宮殿から	72
ミノア文明の文字	72
宮嶋陽司	178
宮本顕治・百合子：「12年の手紙」の始まり	153
ミュラー E.W.	154, 162
ミュラー J.	129
ミュラー K.A.	172
ミュール走錘紡績機	123
ミュンヘン会談	153

ミラー W.H. 128
「未来予測性」... 36
「ミラー指数の表記法」を導入............... 128
未臨界核実験実施.. 175
ミレトス... 52, 53
ミレトスのイシドロスの設計............... 89
ミンコフスキー H. 144
ミンデル氷期.. 63

む(ム)

ムガール帝国を建設................................. 109
ムスティエ文化..................................... 36, 37
ムセイオン.. 55
「無生物からの自然発生説」を否定...... 133
ムッソリーニ：ローマ進軍................... 151
宗近... 94
ムハンタ... 68
ムハンマド(マホメット)によるイスラム教
　成立... 91
紫式部「源氏物語」...................................... 96
村中隆弘... 176
無理数の矛盾... 53
室町幕府成立... 105

め(メ)

明治維新。五箇条の誓文....................... 135
メカニカルアロイングの確認............. 172
メスバウアー R.L. 164
メスバウアー効果発見.......................... 164
メソポタミア都市国家群........................ 75
メソポタミアの商人................................. 44
メソポタミアの「数学」............................. 43
メタグラス(アモルファス合金)発表.... 168
滅菌法と培養法... 133
メディチ家.. 2, 109
メネック.. 69
「メヘルガル」遺跡............................... 44, 68
メルカトール G. 109
「メルカトール図法」の地図................. 109
「メレンコリア」.. 108
メロエ.. 75
「面角一定の法則」.................................. 116
綿糸紡績装置「ガラ紡」を発明............. 137
メンデル G.J. 135
「メンデル性遺伝の機構」..................... 148
メンデレーエフ D.I. 132

も(モ)

「燃える土」という元素を発表............. 115
モーガン T.H. 153

「舞草銘」の無装刀発見.......................... 152
木製動力織機を完成................................ 143
木炭の代わりに石炭................................. 84
木版印刷... 97
モークリー J.W. 159
モース E.S. 137
モスクワ大公国自立................................ 109
モスクワ四国外相会議.......................... 161
モーズリ H.G.J. 146
モーズレー H. 125
「もち鉄」... 114
モット N.F. 154
最も遠い光.. 11
最も早い独占資本化................................ 121
「物語歴史」の典型...................................... 54
モーペルチュイ P.L.M.de 120
モヘンジョダロ... 44
モホロビチ A. 147
モホロビチ不連続線............................... 147
木綿.. 64
模様織機発明.. 125
モーリー E.W. 140
モールス S.F.B. 121, 129
モールス信号を紙に「型押し」........... 129
もろこし... 66
モロッコ、事実上フランスの保護領となる
.... 145
紋紙(カード)式に改良........................... 125
「門戸開放」「機会均等」原則................. 141
モンゴロイド... 61
モンジュ G. 24, 124
モンスーンの風... 83
モンテーニュ M.de 107
モンテファーノで製紙工場運転開始..... 101
モンペリエ医学校..................................... 99

や(ヤ)

山羊.. 66
八木アンテナを発明・特許................... 153
焼き入れ.. 31
八木秀次... 151
冶金術... 106
「冶金術の基本」....................................... 120
薬学.. 40
薬草・ワイン.. 97
役に立つ諸情報.. 93
鏃(やじり).. 37, 86
やす(魚攵)... 38
野生植物... 66
ヤナック J.F. 170

索　引

八幡製鉄所再建高炉成功(野呂景義により
　ようやく成功)‥‥‥‥‥‥‥‥‥‥‥ 144
八幡製鉄所操業開始:160トン高炉火入れ.
　1902年に休止‥‥‥‥‥‥‥‥‥‥‥ 144
八幡戸畑に1500トン高炉‥‥‥‥‥‥‥ 164
山極勝三郎‥‥‥‥‥‥‥‥‥‥‥‥‥ 149
山口珪次‥‥‥‥‥‥‥‥‥‥‥‥‥‥ 150
山師‥‥‥‥‥‥‥‥‥‥‥‥‥‥‥‥　28
山下吹き‥‥‥‥‥‥‥‥‥‥‥‥‥‥ 110
山中伸弥‥‥‥‥‥‥‥‥‥‥‥‥‥‥ 178
山部恵造‥‥‥‥‥‥‥‥‥‥‥ 78, 173, 175
ヤムイモ‥‥‥‥‥‥‥‥‥‥‥‥‥‥　66
弥生時代‥‥‥‥‥‥‥‥‥‥‥‥‥‥　76
弥生中期の鉄剣発見‥‥‥‥‥‥‥‥‥ 152
槍や皮剥用の石器と骨器‥‥‥‥‥‥‥　62
ヤンセン父子と母親‥‥‥‥‥‥‥‥‥ 113

ゆ(ユ)

「唯物論全書」刊行開始‥‥‥‥‥‥‥‥ 156
「唯物論と経験批判論」‥‥‥‥‥‥‥‥ 146
ユーイング J. A.‥‥‥‥‥‥‥‥ 139, 142
「有核」原子模型‥‥‥‥‥‥‥‥‥‥‥ 146
釉薬‥‥‥‥‥‥‥‥‥‥‥‥‥‥‥‥　17
有理面指数の法則‥‥‥‥‥‥‥‥‥‥ 124
有輪犂‥‥‥‥‥‥‥‥‥‥‥‥‥‥‥　89
湯川秀樹‥‥‥‥‥‥‥‥‥‥‥‥ 154, 160
湯川秀樹ら:「Progress of Theoretical
　Physics」創刊‥‥‥‥‥‥‥‥‥‥‥ 160
ユグノー‥‥‥‥‥‥‥‥‥‥‥‥‥‥ 109
ユグノー戦争‥‥‥‥‥‥‥‥‥‥‥‥ 113
ユスティニアヌス‥‥‥‥‥‥‥‥‥‥　77
豊かな自然‥‥‥‥‥‥‥‥‥‥‥‥‥　64
弓形アーチ構造‥‥‥‥‥‥‥‥‥‥‥　91
弓形の翼を使った最初のグライダーを開発
　‥‥‥‥‥‥‥‥‥‥‥‥‥‥‥‥‥ 137
弓・矢‥‥‥‥‥‥‥‥‥‥‥‥‥‥‥　38
ユーラシア大陸‥‥‥‥‥‥‥‥‥‥‥　61
ユリウス暦‥‥‥‥‥‥‥‥‥‥‥‥‥　57
ユンガス S.‥‥‥‥‥‥‥‥‥‥‥‥‥ 158

よ(ヨ)

洋学所設置‥‥‥‥‥‥‥‥‥‥‥‥‥ 132
楊輝‥‥‥‥‥‥‥‥‥‥‥‥‥‥‥‥　49
楊輝算法‥‥‥‥‥‥‥‥‥‥‥‥‥‥　49
熔鋼‥‥‥‥‥‥‥‥‥‥‥‥‥‥‥‥　23
熔鉱炉‥‥‥‥‥‥‥‥‥‥‥‥‥‥‥　22
熔高炉内の化学反応と熱バランス‥‥‥ 134
「鎔鉱炉の火は消えたり」(八幡製鉄所スト
　ライキ)刊行:浅原健三‥‥‥‥‥‥‥ 151
「庸・調」に当てても良い‥‥‥‥‥‥‥　90

羊皮紙‥‥‥‥‥‥‥‥‥‥‥‥‥‥‥　57
良く鍛えて不純物も取り除いて‥‥‥‥　88
横波(S波)‥‥‥‥‥‥‥‥‥‥‥‥‥ 139
横笛(フルート)‥‥‥‥‥‥‥‥‥‥‥　74
与謝野晶子:「君死にたまふこと勿れ」‥ 145
吉田(卜部)兼好→うらべけんこう‥‥ 30, 103
吉田光由‥‥‥‥‥‥‥‥‥‥‥‥ 49, 114
四つの「偶像論(イドラ)」‥‥‥‥‥‥‥ 114
米沢藩主上杉治憲(鷹山)‥‥‥‥‥‥‥ 125
ヨーロッパ最古の文字‥‥‥‥‥‥‥‥　72
ヨーロッパ最初の「閘門工事」‥‥‥‥‥ 103
ヨーロッパでは1634年が最初の「覗きからく
　り」‥‥‥‥‥‥‥‥‥‥‥‥‥‥‥　85
ヨーロッパの製紙は12世紀‥‥‥‥‥‥　57
弱い力‥‥‥‥‥‥‥‥‥‥‥‥‥‥‥ 170
弱い力と電磁気力の統一理論を提唱‥‥ 168

ら(ラ)

ライト W. & O. 兄弟‥‥‥‥‥‥‥‥ 147
ライノタイプ‥‥‥‥‥‥‥‥‥‥‥‥ 141
ライノタイプを改良して数行の文章を一度
　に作り、校正をしやすくした‥‥‥‥ 141
ライプニッツ G. W.‥‥‥‥‥‥‥‥‥ 116
ライムギ‥‥‥‥‥‥‥‥‥‥‥‥‥‥　66
ラウエ M. T. F.‥‥‥‥‥‥‥‥‥‥‥ 144
ラヴォアジエ A.‥‥‥‥‥‥‥‥ 122, 124
ラヴジョイ O.‥‥‥‥‥‥‥‥‥‥‥‥　59
ラガシュの楔形文字‥‥‥‥‥‥‥‥‥　71
ラ・コンダミーヌ C. M. de‥‥‥‥‥‥ 120
ラザフォード E.‥‥‥‥‥‥‥‥ 146, 147
「ラジウム」を発見‥‥‥‥‥‥‥‥‥‥ 142
「ラジオ放送」の実験に成功‥‥‥‥‥‥ 147
「ラジオメーター」考案‥‥‥‥‥‥‥‥ 137
羅針盤‥‥‥‥‥‥‥‥‥‥‥‥‥‥‥　97
羅針盤(磁石式)‥‥‥‥‥‥‥‥‥‥‥　84
ラス・カサス B. de‥‥‥‥‥‥‥‥‥ 107
「らせん転位」導入‥‥‥‥‥‥‥‥‥‥ 156
らせんによる揚水器‥‥‥‥‥‥‥‥ 49, 56
ラッセル H. N.‥‥‥‥‥‥‥‥‥‥‥ 149
ラッダイトの打ちこわし運動‥‥‥‥‥ 127
ラテーヌ‥‥‥‥‥‥‥‥‥‥‥‥‥‥　77
ラテン語聖書(ウルガータ)‥‥‥‥‥‥　87
ラバ‥‥‥‥‥‥‥‥‥‥‥‥‥‥‥‥　67
ラファエロ S.‥‥‥‥‥‥‥‥‥‥‥‥ 106
ラマルク J. de‥‥‥‥‥‥‥‥‥‥‥ 127
ラムス P.‥‥‥‥‥‥‥‥‥‥‥‥‥‥ 112
ラムフォード C.‥‥‥‥‥‥‥‥‥‥‥ 124
ラモン・ルルス‥‥‥‥‥‥‥‥‥ 97, 101
ランゴバルド‥‥‥‥‥‥‥‥‥‥‥‥　88
ランストン T.‥‥‥‥‥‥‥‥‥‥‥‥ 141

索 引

ランド E. ……………………………… 161
ランドシュタイナー K. ……………… 143, 155
ランバディウス W. A. ………………… 124

り（リ）

リヴィウス ……………………………… 78
リエージュ国立鋳砲所における「鋳造砲」を
　翻訳する ……………………………… 132
リエージュ（ベルギー）で最初の木炭高炉
　………………………………………… 102
リオ B. F. ……………………………… 153
理化学研究所設立 ……………………… 148
リーキー L. S. B. & リーキー M. …… 164
力学 ……………………………………… 41
力織機発明 ……………………………… 125
力織機を蒸気機関で運転 ……………… 125
陸地から海へ風車で排水 ……………… 107
利子計算 ………………………………… 43
李春 ……………………………………… 91
離心円（ekkentros） …………………… 84
リス氷期 ………………………………… 63
理性（ヌース） ………………………… 53
リード W. T. …………………………… 160
リバヴィウス A. ……………………… 112
リービッヒ J. ………………………… 121, 131
リボン状アモルファス合金作成 ……… 168
リーマンショック ……………………… 177
李冶 ……………………………………… 49
リヤマ …………………………………… 67
硫化銅鉱への浮遊選鉱法開発 ………… 148
劉徽 ……………………………………… 49
硫酸 ……………………………………… 121
「硫酸」の製造 ………………………… 121
柳条溝事件起こる ……………………… 151
流体力学（「流率法」＝微分・積分法）…… 111
「流体力学の父」 ……………………… 114
「リュケイオン」 ……………………… 55
リュミエール L. & A. 弟・兄 ………… 143
両院合同の決選投票でアジェンデ当選… 167
良質の鉄はキズワトナでは …………… 18
量子統計（フェルミ-ディラックの統計）
　………………………………………… 152
「領主-農奴制」 ………………………… 88
量子力学としての論文を「行列力学」の名前
　で発表 ………………………………… 152
「量子力学の基礎方程式」 …………… 152
量子を考慮した統計力学 ……………… 150
呂氏春秋（リョシシュンジュウ） …… 46, 47
呂不韋（リョフイ） …………………… 46, 47
リリー S. ……………………………… 30

リリエンタール O. …………………… 137
リール J. B. L. R. de ………………… 124
隣家に行く構造 ………………………… 68
リンズ C. R. …………………………… 172
リンドバーグ C. A. …………………… 153
リンマン S. …………………………… 122

る（ル）

ルイ・エマニュエル・グルナー ……… 134
ルイ14世の親政 ………………………… 115
ルクレティウス ………………………… 56
ルクレティウス「物の本性について」がラテ
　ン語に翻訳 …………………………… 106
ルスカ（E. Ruska） …………………… 152
ルター M. ……………………………… 109
ルターは支持せず ……………………… 109
ルターは（コペルニクスを）「馬鹿者の愚説」
　と罵倒 ………………………………… 108
ルッベ …………………………………… 22
ルノアール J. J. E. …………………… 133
ルバロワ技法 …………………………… 36
ルバロアポイント ……………………… 37
ルビア C. ……………………………… 172
ルブラン N. …………………………… 129
ルブラン法 ……………………………… 121
「ルブラン法」による硫酸製造 ……… 129
ルーベル I. W. ………………………… 147
ルペンバ文化 …………………………… 37
ルーマニア食料デモ …………………… 173
ルメートル G. F. ……………………… 153

れ（レ）

レイ J. ………………………………… 117
「隷書」 ………………………………… 73
レイチェル・カーソン ………………… 166
隷民（シュードラ） …………………… 76
レイリー J. …………………………… 140
レヴァント ……………………………… 68
レウキッポス …………………………… 53
レオナルド・ダ・ヴィンチ … 106, 107, 109
レオナルド・ダ・ヴィンチ、アンボアーズへ
　………………………………………… 109
レオナルド・ダ・ヴィンチの手稿 …… 109
レオナルド・ダ・ヴィンチの鉄線 …… 106
レオナルド・ダ・ヴィンチのU字型飛び子
　………………………………………… 107
レオミュール R. A. F. …… 24, 118, 120, 123
レオンティノイ ………………………… 54
暦 …… 41, 44, 45, 48, 57, 76, 117, 121, 125, 131, 135
レギオモンタヌス J. M. …………… 2, 106

索　引

歴史学者	54
歴史の測距儀	34
歴史の父	54
礫石器	34
レコンキスタ＝国土回復運動	97
レセップス F.	135
列強による中国領の租借	141
レッドパージ	163
レーデブア A.	138
レーニン V. I.	146
レバイン D.	172
レパントの海戦(対トルコ勝利)	113
レーマー O. C.	116
レーマン J. G.	122
レン C.	110
煉瓦	39
錬金術	84
「錬金術」	102
連合国共同宣言	161
レンズ作用を偶然発見	113
レンズ豆	66
連続体の転位	144
錬鉄	2, 23, 132
「錬鉄」構造物	122
錬鉄製！	140
錬鉄・鋼・銑鉄の湿式分析残渣が炭素	124
レントゲン W. C.	140

ろ(ロ)

炉	39
ロイアル・ソサイエティ	110
労働手段の体系	28
労働対象	39
労働問題急増	121
ろくろ	39
ロケットメーカー技師の忠告を無視し、大統領の威信を高めるために強行	173
蘆溝橋事件	153
ロザムステッド農事試験所での経験から「実験計画法」「推測統計学」を生み出す	151
ロシア科学アカデミー	111
ロシア革命	147
ロシア使節レザノフ、長崎に	127
ロシア・トルコ戦争	137
呂氏春秋(→りょししゅんじゅう)	46, 47
ロジャー・ベーコン	100
ローズ J. B.	121
ローゼボーム H. W. B.	25, 140, 142
ローゼンハイン W.	142
ロータル港湾	44
ロドス島	56
ロバ	67
ロバーツ＝オーステン W. C.	25, 142
ロバーツ＝オーステン：示差熱分析法	142
ローバック J.	121, 122
呂不韋(→りょふい)	46, 47
露仏独の三国干渉	141
ローマからコンスタンチノーブルへ	85
ローマ教皇、進化論を認める	175
ローマ教皇領	89
ローマ帝国成立	78
ローマ帝国東西に分裂	87
「ローマの水道　2巻」	83
「ローマ法大全」	77
「ローマ法大全」完成	89
ローマ(ラテン)文字	74
ロモノーソフ M. V.	120
ローラー H.	170
ローラードラフト紡績機	120
ローラードラフト紡績機(引き伸ばし多段ローラー付き)	121
ローレンツ E. N.	167
論証数学	51
論争を経て結論	3
ロンドンタイムズ紙が「輪転機」印刷による新聞発行	133
ロンドンで科学グループ	110

わ(ワ)

ワイアット J.	121
ワイス P.	144
ワイルズ A.	174
ワインバーグ S	168
ワガズーの黄金	93
分かれ道	60
ワーグナー C. & ショットキー W.	150
和算の飛躍に大きく貢献	116
ワット J.	123, 125
ワットタイラー　農民一揆	105, 109
ワーテルローの戦い	127
和同開珎(和銅開宝)	92
ワトソン J. D.	163
罠	39
倭奴国王	83
ワルシャワ条約機構	163
割れない	15
ワレン J. R.	171

あとがき

　「金属」の研究をやってきて、ここで「金属の歴史」を書き、やっと一つの責任を果たした気がします（「物性論」研究者としてはまだです）。

　「金属」があまりにも多く使われ、日常化したのであらためて金属について考えることも少ない毎日です。しかし考えてみると実に多くの金属製品にかこまれて暮らしているのです。

　何かしら時にはそれを振り返って見る必要もあるのではないか。そんな思いを強くしています。

　さていま、日本の大学・高級研究機関の問題は重大です。

　大学の問題は「大学の法人化」が大きな節目でした。そこから立て直すつもりで頑張る必要があるのではないでしょうか。

　軍事研究への道も問題ですし、STAP細胞のように成果を追う姿勢も問題です。

　一方、すでに組み込まれた"軍需産業"の企業はどうでしょうか。『湾の篝火』はどうなっているでしょう。"死の商人"が大手をふっているのではないでしょうか。

　しかし、"シールズ"の諸君と"18歳選挙権"が明るい未来です。

　みんなであれこれ考え行動していきましょう。

2016年1月20日
山部　恵造

経歴

山部 恵造

- 1934年　神戸市に生まれる
- 1954年　東京大学・理科1類入学
- 1958年　工学部冶金学科卒業
- 1958年　日本電信電話公社（現ＮＴＴ）電気通信研究所入所
  物性研究、金属・磁性材料の研究・開発に従事
- 1995年　定年退職
- 1996年　アグネ技術センター入所
  月刊誌「金属」の編集、長期連載執筆、材料関係の事・辞典編纂などに従事
- 2004年　退職

専攻は物質論、技術論

編集書

『金属の百科事典』　丸善　2003
『金属用語辞典』　アグネ技術センター　2004
『材料名の事典』　アグネ技術センター　1997, 2005

著書

『この10年』　2005（非売品。国会図書館所蔵 ISBN4-902386-04-5 C0057)
『金属学 ミニマム&マキシマム』　けやき出版　2006
『磁石のふしぎ 磁場のなぞ』　けやき出版　2006
　　　　　　　　　　　　　　　（日本磁気学会 出版賞）

『フランス百科全書と技術学』　山部美登里と共著　けやき出版　2009
『通研・金属・人々／通研の歴史的立場』　けやき出版　2013

日本金属学会、日本物理学会、日本科学史学会、日本科学者会議、「九条」科学者の会　各会員

金属の歴史　学問・技術・社会

2016年5月20日 第1刷発行

著　者　山部　恵造

発行所　株式会社 けやき出版
　　　　東京都立川市柴崎町3－9－6　高野ビル
　　　　TEL 042-525-9909　FAX 042-524-7736

DTP　ムーンライト工房

印刷所　株式会社 平河工業社

©YAMABE Keizo 2016　Printed in Japan
ISBN978-4-87751-560-7　C3050
落丁・乱本はお取り替えいたします。